吃透SQL

从入门到实战

张明星◎编著

中国铁道出版社有限公司
CHINA RAILWAY PUBLISHING HOUSE CO., LTD.

内 容 简 介

随着大数据时代的到来，SQL 语言作为访问和处理数据库的标准计算机语言，已成为数据分析的必备技能。本书循序渐进地讲解了使用 SQL 语言操作数据库的核心知识，并通过具体示例的实现过程演练了查询、更新、删除、添加、维护数据的方法和流程。全书简洁而不失其技术深度，内容丰富全面，以精炼的文字介绍了复杂的案例，帮助读者从知识点讲解平滑过渡到动手实践。

本书旨在帮助数据分析从业人员更加细致深入地了解SQL语言的基础语法和应用技能，并在此基础上进一步提高自己运用 SQL 语言高效解决实践问题的能力；除此之外，系统的知识脉络和嵌入其中的经典案例让本书还可以作为大专院校相关专业以及培训学校的参考用书。

图书在版编目(CIP)数据

吃透 SQL：从入门到实战：精讲视频版/张明星编著.—北京：中国铁道出版社有限公司, 2022.8

ISBN 978-7-113-28602-6

Ⅰ.①吃… Ⅱ.①张… Ⅲ.①SQL 语言 Ⅳ. ①TP311.132.3

中国版本图书馆 CIP 数据核字（2021）第 247160 号

书　　名： 吃透 SQL：从入门到实战（精讲视频版）
CHITOU SQL:CONG RUMEN DAO SHIZHAN(JINGJIANG SHIPIN BAN)

作　　者： 张明星

责任编辑： 荆　波　　**编辑部电话：**（010）51873026　　**邮箱：** the-tradeoff@qq.com

封面设计： MXK DESIGN STUDIO

责任校对： 孙　玫

责任印制： 赵星辰

出版发行： 中国铁道出版社有限公司（100054，北京市西城区右安门西街 8 号）

印　　刷： 北京铭成印刷有限公司

版　　次： 2022 年 8 月第 1 版　2022 年 8 月第 1 次印刷

开　　本： 787 mm×1 092 mm 1/16　**印张：** 19　**字数：** 396 千

书　　号： ISBN 978-7-113-28602-6

定　　价： 79.00 元

前　言

在软件开发应用中，数据库是实现动态软件的基础。无论是桌面软件还是Web程序，都需要借助于数据库技术实现动态交互功能。而熟练运用数据库技术的前提便是扎实掌握结构化查询语言（Structured Query Language，简称SQL）；SQL语言是一种数据库查询和程序设计语言，用于存取、查询、更新数据以及管理数据库系统。

SQL语言是数据库开发技术的核心，是国际上公认的标准数据库处理语言。无论是MySQL、SQL Server、Oracle和DB2数据库，还是其他非关系型的数据库，都是用SQL语言实现数据的添加、修改、删除和维护等操作。

从应用场景和岗位需求来讲，SQL更是程序员必备的一项技能，无论做后端开发、大数据开发、数据分析、DBA还是产品经理，SQL都是必须要掌握的，这是笔者写作本书的主要目的，希望通过SQL基本技能和实践案例的细致讲解，帮助读者夯实基础，提升工作效率。

本书的特色

1. 内容全面

本书详细讲解了SQL语言开发技术，循序渐进地阐述和演示了各个知识点的使用方法和技巧，帮助读者快速步入SQL应用高手之列。

2. 适用于主流数据库

本书中的绝大部分示例都适用于MySQL、SQL Server和Oracle数据库，这3种数据库是当今开发领域中主流的数据库产品，可满足本书读者的学习要求以及在不同数据库之间切换的实践需要。

3. 示例驱动教学

本书采用理论加示例的讲解方式，通过对这些示例的细致演示实现了对知识点的横向切入和纵向比较，让读者有更多的实践演练机会，并且可以从不同的方位展现一个知识点的用法，真正实现了拔高的学习效果。

4. 提供精彩讲解视频

本书针对每节内容录制了讲解视频，视频中既包括示例讲解也包括知识点讲解，帮助读者更透彻地理解书中内容并清楚示例运行过程。

本书的读者对象

本书可帮助以下几类读者提升数据处理和分析的实践能力。

（1）数据库管理和开发人员

帮助他们更加系统地了解SQL语言的基础语法和应用技能，并在此基础上进一步提高自己运用SQL语言高效解决实践问题的能力。

（2）数据分析行业非技术人员

SQL 语言可以较高地提升数据分析统计的效率，可帮助该类读者适当提升数据应用技能，提升工作效率。

（3）相关专业和培训班学生

本书具备较为系统的知识脉络和嵌入其中的经典案例，可以帮助大专院校相关专业以及培训学校的学生夯实 SQL 语言基础，提高动手能力。

整体下载包

笔者为书中每节内容录制了讲解视频，为了帮助不同网络环境的读者顺利获取到本书的视频内容，笔者将所有视频按照章节序号做成了整体下载包，下载链接和二维码放在了本书封底上方，读者可获取使用。

致谢

本书在编写过程中得到了中国铁道出版社有限公司各位编辑的大力支持，正是各位编辑的求实、耐心和效率，才使得本书能够以更优化的表现方式出版。

另外，也十分感谢我的家人给予的巨大支持。

笔者水平有限，书中存在纰漏之处在所难免，诚请读者提出宝贵的意见或建议，以便修订并使之更臻完善。

最后感谢您购买本书，希望本书能成为您数据分析和应用之路上的领航者，祝您阅读快乐！

张明星

2022 年 5 月

目　录

第 1 章　数据库技术的相关概念

1.1　数据库的定义..1
　1.1.1　数据..1
　1.1.2　数据库..2
　1.1.3　数据库管理系统..2
　1.1.4　数据库的种类..2
1.2　SQL 基础..3
　1.2.1　SQL 的优势和功能..4
　1.2.2　SQL 的结构..4
1.3　准备数据..4

第 2 章　数据的基本查询

2.1　使用 SELECT 语句的基本语法..9
2.2　单列查询..9
　2.2.1　单列查询的基本操作..10
　【示例 2-1】查询数据库表 goods 中保存的商品名称..10
　【示例 2-2】查询数据库表 goods 中保存的商品价格..10
　2.2.2　大小写问题..11
　【示例 2-3】查询数据库表 goods 中商品的库存信息..11
2.3　多列查询..11
　2.3.1　多列查询的基本操作..11
　【示例 2-4】同时查询数据库表 goods 中商品的名称和价格信息..12
　【示例 2-5】同时查询数据库表 goods 中商品的名称、价格和库存信息..12
　2.3.2　空格的问题..12
　【示例 2-6】同时查询数据库表 goods 中商品的名称、价格、库存和销量信息..13
2.4　查询所有的列..13
　【示例 2-7】查询数据库表 goods 中所有列的信息（使用通配符“*”）..14
　【示例 2-8】查询数据库表 goods 中所有列的信息（列出所有列名）..14
2.5　在查询时使用别名..15
　2.5.1　为列设置别名..15

【示例 2-9】为数据库表 goods 中的商品列设置别名 15
2.5.2 为表设置别名 16
【示例 2-10】为数据库表 goods 设置别名 16
2.6 在查询时删除重复的数据 16
2.6.1 删除重复数据的基本语法 16
2.6.2 不使用 DISTINCT 和使用 DISTINCT 后的对比 16
【示例 2-11】查询数据库表 goods 中商品制造商的信息 17
【示例 2-12】查询数据库表 goods 中商品制造商的信息（删除重复数据） 17
2.6.3 在查询多列信息时使用 DISTINCT 18
【示例 2-13】使用 DISTINCT 语句查询数据库表 goods 中制造商和价格的信息 18
2.7 使用 WHERE 子句过滤查询结果 19
2.7.1 使用 WHERE 子句的语法 19
2.7.2 简单的限制查询 19
【示例 2-14】查询数据库表 goods 中价格是 45 的数据 19
【示例 2-15】查询数据库表 goods 中价格高于 50 的数据 20
2.7.3 涉及多列的限制查询 20
【示例 2-16】查询数据库表 goods 中价格是 45 的商品名称 20
2.7.4 WHERE 子句的位置问题 21
【示例 2-17】查询数据库表 goods 中价格高于 50 的商品名称（错误用法） 21
2.8 限制查询结果 21
2.8.1 在 SQL Server 数据库中限制查询结果 22
【示例 2-18】查询数据库表 goods 中前 5 个商品的详细信息 22
【示例 2-19】查询数据库表 goods 中前 5 个商品的名称信息 22
2.8.2 在 MySQL 数据库中限制查询结果 23
【示例 2-20】查询数据库表 goods 中前 5 个商品的详细信息 23
【示例 2-21】查询数据库表 goods 中第 5 行以后的 5 个商品信息 24
【示例 2-22】查询数据库表 goods 中第 3 行以后的 5 个商品信息 24
2.8.3 在其他数据库中限制查询结果 25
【示例 2-23】查询数据库表 goods 中前 5 个商品的详细信息（Oracle 版） 25
【示例 2-24】查询数据库表 goods 中前 5 个商品的详细信息（DB2 版） 26
2.9 使用注释 26
【示例 2-25】同时查询数据库表 goods 中商品的名称和价格信息（SQL Server 版） 27
【示例 2-26】同时查询数据库表 goods 中商品的名称和价格信息（MySQL 版） 27
【示例 2-27】同时查询数据库表 goods 中商品的名称和价格信息（SQL Serve/MySQL 版） 28

第 3 章　数据过滤的深入探讨

3.1 在 WHERE 子句中使用比较操作符 29

3.1.1 使用“=”过滤查询数据 30

【示例 3-1】查询数据库表 goods 中价格是 45 的商品的详细信息 30

3.1.2 使用“>”过滤查询数据 30

【示例 3-2】查询数据库表 goods 中价格高于 60 的商品的详细信息 30

【示例 3-3】查询数据库表 goods 中销量高于 500 的商品信息 31

3.1.3 使用“<”过滤查询数据 31

【示例 3-4】查询数据库表 goods 中价格低于 60 的商品的详细信息 31

3.1.4 使用“>=”过滤查询数据 32

【示例 3-5】查询数据库表 goods 中价格大于等于 80 的商品的详细信息 32

3.1.5 使用“<=”过滤查询数据 32

【示例 3-6】查询数据库表 goods 中库存小于等于 60 的商品的详细信息 33

3.1.6 使用“!>”过滤查询数据 33

【示例 3-7】查询数据库表 goods 中库存不大于 60 的商品信息 33

3.1.7 使用“!<”过滤查询数据 34

【示例 3-8】查询数据库表 goods 中库存不小于 60 的商品信息 34

3.1.8 使用“!=”和“<>”过滤查询数据 35

【示例 3-9】查询数据库表 goods 中售价不是 45 的商品信息（使用“!=”） 35

【示例 3-10】查询数据库表 goods 中生产厂家不是“公司 A”的商品信息（使用“<>”） 35

3.2 空值处理 36

3.2.1 在数据库中创建空值 36

3.2.2 判断某个值是否为空值 37

【示例 3-11】查询数据库表 goods 中销量值为空的商品信息 37

【示例 3-12】查询数据库表 goods 中销量值不为空的商品信息 38

第 4 章　在查询中使用运算符和表达式

4.1 使用算术运算符和表达式 39

4.1.1 常用的算术运算符 39

4.1.2 在 WHERE 子句中使用算术运算符 39

【示例 4-1】查询数据库表 goods 中价格是 45 的商品的详细信息 40

【示例 4-2】查询数据库表 goods 中商品编号是 2 的商品的详细信息 40

【示例 4-3】查询数据库表 goods 中价格是 45 的商品的详细信息（混合运算形式） 40

4.1.3 在 SELECT 子句中使用算术运算符 41

【示例 4-4】分别查询并显示数据库表 goods 中商品的正常价格和两倍价格信息 41
【示例 4-5】分别查询并显示数据库表 goods 商品的正常价格和统一加 2 后的价格信息 42
【示例 4-6】计算数据库表 goods 中每种商品的销售额 42
【示例 4-7】分别查询并显示数据库表 goods 中商品的正常价格和 6 倍价格信息 44
4.1.4 在 TOP 子句中使用算术运算符 44
【示例 4-8】查询数据库表 goods 中前 5 个商品的详细信息（SQL Server 版）....44
4.2 使用逻辑运算符和表达式 45
4.2.1 常见的逻辑运算符 45
4.2.2 使用 NOT 运算符 45
【示例 4-9】查询数据库表 goods 中单价不大于等于 80 的商品信息 46
4.2.3 使用 OR 运算符 47
【示例 4-10】查询数据库表 goods 中单价是 55 或 77 的商品信息 47
【示例 4-11】查询数据库表 goods 中单价是 55 或销量大于 2000 的商品信息 48
4.2.4 使用 AND 运算符 48
【示例 4-12】查询数据库表 goods 中单价是 45 并且销量大于 200 的商品信息 49
4.2.5 使用逻辑运算符处理 NULL 值 50
【示例 4-13】查询数据库表 goods 中单价是 45 或者销量为 NULL 的商品信息 51
【示例 4-14】查询数据库表 goods 中单价是 60 并且销量为 NULL 的商品信息 52

第 5 章 数据排序

5.1 数值排序 54
5.1.1 数值排序的基本语法 54
5.1.2 升序排列和降序排列 54
【示例 5-1】查询数据库表 goods 中的商品信息并按照价格升序排列 55
【示例 5-2】查询数据库表 goods 中的商品信息并按照价格降序排列 56
5.1.3 不使用 ASC 和 DESC 的排序 57
【示例 5-3】查询数据库表 goods 中的商品信息并按照销量升序排列 57
5.1.4 按照别名进行排序 57
【示例 5-4】查询数据库表 goods 中商品的名称和销量信息并按照销量升序排列 58
5.1.5 多列排序 58
【示例 5-5】查询数据库表 goods 中商品的信息并按照价格和销量升序排列 59
【示例 5-6】查询数据库表 goods 中商品的信息，先按照价格升序排列，价格相同时可按照销量降序排列 60
5.1.6 排序的简写形式 60
【示例 5-7】查询数据库表 goods 中商品的信息并按照价格进行升序排列

（简写形式）......61
5.1.7 对指定的行数进行排序......62
【示例 5-8】按照价格升序排列数据库表 goods 中前 5 个商品的详细信息（SQL Server 版）......62
【示例 5-9】找出数据库表 goods 中销量最高的商品......63
【示例 5-10】按照价格升序排列数据库表 goods 中前 5 个商品的详细信息（MySQL 版）......63
【示例 5-11】按照价格升序排列数据库表 goods 中第 3 行以后的 3 个商品......64
【示例 5-12】按照价格升序排列数据库表 goods 中前 5 个商品的详细信息（Oracle 版）......64
【示例 5-13】按照价格升序排列数据库表 goods 中前 5 个商品的详细信息（DB2 版）......65
5.1.8 使用比较运算符限制排序......65
【示例 5-14】按照销量升序排列数据库表 goods 中价格是 45 的商品信息......66
【示例 5-15】查询数据库表 goods 中销量大于 60 的商品信息，并将查询结果按照降序排列......66
【示例 5-16】升序排列数据库表 goods 中售价不等于 45 的商品信息......66
5.2 文本排序......67
5.2.1 英文字符串的排序......67
【示例 5-17】查询数据库表 goods 中的商品信息并按照列“ship”的值升序排列......68
5.2.2 中文的默认排序......69
【示例 5-18】查询数据库表 goods 中的商品信息并按照名称升序排列......69
5.2.3 按照姓氏笔画排序......71
【示例 5-19】查询数据库表 goods 中的商品信息并按照名称的姓氏笔画升序排列（SQL server 版）......72
【示例 5-20】查询数据库表 goods 中的商品信息并按照名称的姓氏笔画升序排列（Oracle 版）......73

第 6 章 多条件查询和模糊查询

6.1 多个条件的匹配......74
6.1.1 传统的 OR 操作符......74
6.1.2 使用 IN 解决问题......75
【示例 6-1】查询数据库表 goods 中制造商是“公司 A”或“公司 B”的商品信息......75
【示例 6-2】查询数据库表 goods 中价格是 45、56 和 77 的商品信息......76
6.2 操作符 IN 的主流用法......76
6.2.1 在 IN 表达式中使用算术表达式......76
【示例 6-3】查询数据库表 goods 中价格是 45、60 和 77 的商品信息

（使用算术表达式）......76
6.2.2 将列作为 IN 的选项值......77
【示例 6-4】查询数据库表 goods 中价格是 60 或库存是 60 的商品信息......77
6.2.3 使用 NOT IN 查询不满足多个条件的数据......77
【示例 6-5】查询数据库表 goods 中价格不是 20、60 或 100 的商品信息......77
【示例 6-6】查询数据库表 goods 中价格不是 60 或库存不是 60 的商品信息......78
【示例 6-7】查询数据库表 goods 中最后 3 条数据的信息......79
6.3 使用通配符实现模糊查询......79
6.3.1 操作符 LIKE......79
6.3.2 使用通配符“%”......80
【示例 6-8】查询数据库表 goods 中商品名称的开头包含“商”的商品信息......80
【示例 6-9】查询数据库表 goods 中商品名称的结尾包含“商”的商品信息......81
【示例 6-10】查询数据库表 goods 中商品名称包含“商”的商品信息......81
6.3.3 使用通配符“_”......82
【示例 6-11】查询数据库表 goods 中商品名称的第一个字符是“商”，并且后面两个字符为任意值的商品信息......82
【示例 6-12】查询数据库表 goods 中商品名称有 4 个字符，并且第二个字符是“商”，其他 3 个字符为任意值的商品信息......83
6.3.4 使用通配符“[ ]”......83
【示例 6-13】查询数据库表 goods 中商品名称以“商”或“固”开头的商品信息......84
【示例 6-14】查询数据库表 goods 中商品名称以“商”或“7”结尾的商品信息......84
【示例 6-15】查询数据库表 goods 中价格是以 5 到 7 结尾的商品信息......84
【示例 6-16】查询数据库表 goods 中商品名称以字母“a-z”开头的商品信息......85
6.3.5 使用通配符“[^]”......86
【示例 6-17】查询数据库表 goods 中商品名称不是以“商”或“7”开头的商品信息......86
【示例 6-18】查询数据库表 goods 中商品名称不是以字母“a-z”开头的商品信息......86

第 7 章 范围查找

7.1 使用 BETWEEN 的语法格式......88
【示例 7-1】查询数据库表 goods 中商品价格在 45~60 的商品信息......88
7.2 排序某范围内的数据......89
【示例 7-2】降序排列数据库表 goods 中商品价格在 45 ~ 60 的商品信息......89
7.3 查询不在某范围内的数据......90
【示例 7-3】查询数据库表 goods 中商品价格不在 45 ~ 60 的商品信息......90
7.4 BETWEEN 的组合用法......91

7.4.1 BETWEEN 和逻辑运算符的混合用法......91
【示例 7-4】查询数据库表 goods 中销量在 200~300 并且价格在 45~60 的商品信息......91
【示例 7-5】查询数据库表 goods 中销量在 200 ~ 300 或者价格在 45 ~ 60 的商品信息......91
7.4.2 BETWEEN 和操作符 IN 的混合用法......92
【示例 7-6】查询数据库表 goods 中价格在 45 ~ 60 并且制造商是“公司 A”或“公司 B”的商品信息......92
【示例 7-7】查询数据库表 goods 中制造商是“公司 A”或“公司 B”，或者价格在 45 ~ 60 的商品信息......92
7.4.3 BETWEEN 和操作符 NOT IN 的混合用法......93
【示例 7-8】查询数据库表 goods 中制造商不是“公司 A”或“公司 B”，并且价格在 45 ~ 60 的商品信息......93
7.4.4 BETWEEN 和通配符 LIKE 的混合用法......94
【示例 7-9】查询数据库表 goods 中商品名称的开头包含文字“商”，并且价格在 45 ~ 60 的商品信息......94
7.4.5 BETWEEN 和 ORDER BY 的混合用法......94
【示例 7-10】降序排列数据库表 goods 中价格不是在 45 ~ 60 的商品信息......94
【示例 7-11】降序排列数据库表 goods 中商品名称以“商”或“固”开头，并且价格在 45~60 的商品信息......95

第 8 章 和日期、时间相关的操作

8.1 查询和日期相关的信息......96
8.1.1 准备数据......96
8.1.2 和时间相关的查询操作......98
【示例 8-1】查询数据库表 goods 中在某个时间上架的商品信息......98
【示例 8-2】查询数据库表 goods 中在某个时间以后上架的商品信息......98
【示例 8-3】查询数据库表 goods 中在某个时间段上架的商品信息......99
8.1.3 根据上架时间逆序显示商品信息......100
【示例 8-4】根据上架时间逆序排列数据库表 goods 中的商品信息......100
8.1.4 和操作符 IN 的混合用法......101
【示例 8-5】查询数据库表 goods 中制造商是“公司 A”或“公司 B”，并且满足指定上架时间的商品信息......101
8.1.5 和通配符 LIKE 的混合用法......102
【示例 8-6】查询数据库表 goods 中商品名称的开头包含文字“商”，并且满足指定上架时间的商品信息......102
8.2 数据库的日期格式化处理函数......102
8.2.1 使用函数 GETDATE()获取当前日期......102

【示例 8-7】显示当前服务器的当前日期和时间 102
8.2.2 使用函数 DATEADD()获取前一天的日期 103
【示例 8-8】查询数据库表 goods 中在某个日期和其昨天之间上架的商品信息 103
8.2.3 在 SQL Server 数据库中使用函数 CONVERT()转换日期格式 103
【示例 8-9】将数据库表 goods 中商品上架时间的格式修改为“年/月/日”格式 104
【示例 8-10】将数据库表 goods 中商品上架时间的格式修改为“日.月.年”格式 105
8.2.4 混用函数 CONVERT()和 DATEADD()检索在某时间段内的数据信息 106
【示例 8-11】将数据库表 goods 中商品上架时间的格式修改为“年/月/日”格式，并检索在该时间段内上架的商品信息 106
8.2.5 使用函数 DATEDIFF()计算两个日期的间隔 106
【示例 8-12】返回“2020 年 12 月 1 日”和“2021 年 10 月 1 日”间隔的天数 107
【示例 8-13】返回“2021 年 12 月 1 日”和“2020 年 10 月 1 日”间隔的天数 107
【示例 8-14】返回“2020 年 12 月 1 日”和“2021 年 10 月 1 日”间隔的小时数 108
8.2.6 使用函数 DAY()提取日期中的“天”数 108
【示例 8-15】返回“2015-04-30 01:01:01.1234567”这个日期中“天”的数值 108
【示例 8-16】提取数据库表 goods 中商品上架时间的天数 108
8.2.7 使用函数 MONTH()提取日期中的“月份”数 109
【示例 8-17】返回“2015-04-30 01:01:01.1234567”这个日期中“月份”的数值 109
【示例 8-18】提取数据库表 goods 中每个商品上架时间的“月份”数 110
8.2.8 使用函数 YEAR()提取日期中的“年份”数 110
【示例 8-19】返回“2015-04-30 01:01:01.1234567”这个日期中“年份”的数值 110
【示例 8-20】提取数据库表 goods 中每个商品上架时间的“年份”数 111
【示例 8-21】提取数据库表 goods 中在 2020 年 1 月上架的商品信息 111
8.2.9 在 MySQL 数据库中使用函数 DATE_FORMAT()转换日期格式 112
【示例 8-22】将数据库表 goods 中商品上架时间的格式修改为“年-月-日”格式（m、d 为小写形式） 113
【示例 8-23】将数据库表 goods 中商品上架时间的格式修改为“月/日”格式 114
【示例 8-24】将数据库表 goods 中商品上架时间的格式修改为“年-月-日”格式（M、D 为大写形式） 114
8.2.10 在 Oracle 数据库中使用函数 TO_CHAR()转换日期格式 115
【示例 8-25】将数据库表 goods 中商品上架时间的格式修改为“年-月-日”格式 116
8.2.11 使用函数 CAST()转换数据类型 116
【示例 8-26】将文本格式的“209”转换为整数格式 117
【示例 8-27】将小数“20.9”转换为整数格式 117
【示例 8-28】将数据库表 goods 中商品进货时间的格式修改为整数格式 118

第 9 章 高级行操作

9.1 使用 EXISTS 运算符判断某行信息是否存在 119

9.1.1 使用 EXISTS 运算符的基本语法 119
9.1.2 查询数据库中第 *n* 行信息 119
【示例 9-1】查询数据库表 goods 中第 6 个商品的信息 120
9.2 随机查询某行数据 121
9.2.1 在 SQL Server 数据库中随机查询某行数据 121
【示例 9-2】随机返回数据库表 goods 中的信息 121
【示例 9-3】随机返回数据库表 goods 中某一行数据的信息 121
9.2.2 在 MySQL 数据库中随机查询某行数据 122
【示例 9-4】随机返回数据库表 goods 中的信息 122
【示例 9-5】随机返回数据库表 goods 中某一行数据的信息 122
9.2.3 在 Oracle 数据库中随机查询某行数据 123
【示例 9-6】随机返回数据库表 goods 中某一行数据的信息（方案 1） 123
【示例 9-7】随机返回数据库表 goods 中某一行数据的信息（方案 2） 123
9.3 在结果中添加编号 124
【示例 9-8】为查询结果中添加编号 124
9.4 隔行显示数据 124
9.4.1 SQL Server 数据库中的隔行显示 124
【示例 9-9】为查询结果添加编号，并显示隔行数据 125
【示例 9-10】为查询结果添加编号，并显示偶数行的数据 125
9.4.2 Oracle 数据库中的隔行显示 125
【示例 9-11】为查询结果添加编号，并显示隔行数据 126
9.5 查询指定范围内的所有行数据 126
【示例 9-12】查询数据库表 goods 中第 2 ~ 7 行的数据信息 126

第 10 章 常用的内置函数

10.1 注意函数的兼容性问题 127
10.2 文本处理函数 128
10.2.1 拼接字段 128
【示例 10-1】拼接数据库 goods 中商品名称和制造商的信息 128
【示例 10-2】使用内置函数 Concat()拼接数据库表 goods 中商品名称和制造商的信息 129
【示例 10-3】使用内置函数 Concat()拼接数据库表 goods 中商品名称和商品价格的信息 130
10.2.2 删除空格 131
【示例 10-4】使用函数 RIGHT()去掉字符串右边的空格 131
【示例 10-5】使用函数 LTRIM()删除数据左侧空格 131
10.2.3 返回类似的结果 132

【示例 10-6】检索数据库表 goods 中名称类似于“鼠”的商品信息 133
10.2.4 返回字符串左侧或右侧的部分内容 133
【示例 10-7】返回数据库表 goods 中每个商品名称中最左侧的一个字符 133
10.2.5 获取字符长度 134
【示例 10-8】获取数据库表 goods 中商品名称的字符长度（SQL Server 版）......134
【示例 10-9】获取数据库表 goods 中商品名称的字符长度（MySQL/Oracle 版）......135
10.2.6 大小写转换 136
【示例 10-10】将数据库表 goods 中商品名称中的字母转换为大写形式 136
【示例 10-11】将数据库表 goods 中商品名称中的字母转换为小写形式（SQL Server/Oracle 版）......137
【示例 10-12】将数据库表 goods 中商品名称中的字母转换为小写形式（MySQL 版）......138
10.3 日期操作函数 138
10.3.1 提取年月日 138
【示例 10-13】分别提取数据库表 goods 中商品上架时间中的年、月、日信息（SQL Server 版）......139
【示例 10-14】分别提取数据库表 goods 中商品上架时间中的年、月、日信息（MySQL 版）......141
10.3.2 提取年份相关信息 141
【示例 10-15】查询数据库表 goods 中在 2020 年上架的商品信息（MySQL 版）......141
【示例 10-16】查询数据库表 goods 中在 2020 年上架的商品信息（Oracle 版）......142
10.4 数值处理函数 143

第 11 章 数据汇总

11.1 SQL 中的聚集函数 144
11.2 计算平均值 144
11.2.1 函数 AVG()的基本用法 145
【示例 11-1】计算数据库表 goods 中保存的商品的平均价格 145
11.2.2 计算多个列的平均值 146
【示例 11-2】分别计算数据库表 goods 中保存的商品的平均价格和平均销量 146
11.2.3 在函数 AVG()中使用算术运算符 146
【示例 11-3】在计算平均价格和平均销量时使用算术运算符 146
11.2.4 函数 AVG()和 WHERE 子句的混用 147
【示例 11-4】计算数据库表 goods 中价格大于 70 的商品的平均价格 147
11.2.5 设置计算结果的精度 147

【示例 11-5】在计算平均价格时保留两位小数 147
11.2.6 AVG 函数与 WHERE 子句的嵌套使用 148
【示例 11-6】检索数据库表 goods 中商品价格高于平均价的商品信息 148
11.3 获取结果集的行数 148
11.3.1 函数 COUNT()的基本用法 148
【示例 11-7】统计数据库表 goods 中列“price”的行数 149
11.3.2 使用函数 COUNT()统计所有列的行数 149
【示例 11-8】统计数据库表 goods 中所有数据的行数 149
11.3.3 计算多个列的平均值 150
【示例 11-9】分别计算数据库表 goods 中保存的商品的平均价格和平均销量 150
【示例 11-10】分别计算数据库表 goods 中保存的商品的平均库存和平均销量 151
11.3.4 函数 COUNT()和 WHERE 子句的混用 151
【示例 11-11】统计数据库表 goods 中价格大于 70 的商品个数 152
11.4 计算最大值与最小值 152
11.4.1 函数 MAX()和 MIN()的基本用法 152
【示例 11-12】分别获取数据库表 goods 中售价最高和最低的两个商品的信息 153
11.4.2 参数可以是字符串和时间 153
【示例 11-13】分别获取数据库表 goods 中最新上架和最早上架的两个商品的信息 153
【示例 11-14】分别获取数据库表 goods 中商品名称的最大值和最小值 153
11.4.3 函数 MAX()/MIN()和 WHERE 子句的混用 154
【示例 11-15】只统计数据库表 goods 中价格大于 70 的商品售价的最大值和最小值 154
11.4.4 与 AVG()函数的混合使用 154
【示例 11-16】统计数据库表 goods 中去掉最高和最低售价后商品的平均价格 155
11.5 求和 155
11.5.1 函数 SUM()的基本用法 155
【示例 11-17】计算数据库表 goods 所有商品的总销量 155
11.5.2 计算多个列的和 156
【示例 11-18】分别计算数据库表 goods 中所有商品的总库存和总销量 156
11.5.3 函数 SUM()和 WHERE 子句的混合使用 156
【示例 11-19】计算数据库表 goods 中价格大于 70 的商品的总销量 156
11.5.4 函数 SUM()、WHERE 子句和 BETWEEN 子句的混合使用 157
【示例 11-20】计算数据库表 goods 中第 3 季度所有商品的销量总和 157
11.5.5 在函数 SUM()中使用算术运算符 157
【示例 11-21】计算数据库表 goods 中制造商是“公司 A”的所有商品的销售总额 157
11.6 聚集函数的联合使用 158

【示例 11-22】分别计算数据库表 goods 中在售商品的数量、最高价、最低价和平均价 158

第 12 章　数据分组

12.1　使用 GROUP BY 子句创建分组 159
12.1.1　GROUP BY 子句的基本用法 159
【示例 12-1】统计数据库表 goods 中不同制造商的商品数量 159
12.1.2　聚合键中包含 NULL 值的情况 161
【示例 12-2】统计数据库表 goods 中不同类别的在售商品的数量 161
12.1.3　联合使用 GROUP BY 子句和 WHERE 子句 162
【示例 12-3】分组统计数据库表 goods 中某时间段内不同制造商的商品数量 162
12.2　使用 HAVING 子句过滤分组 163
12.2.1　使用 HAVING 子句的基本用法 163
【示例 12-4】将数据库表 goods 中至少包含 4 个商品的制造商进行分组 164
12.2.2　联合使用子句 GROUP BY、HAVING 和 WHERE 164
【示例 12-5】过滤分组统计数据库表 goods 中商品在某时间段内上架且至少包含 4 个商品的制造商信息 165
12.3　分组和排序 165
12.3.1　比较子句 ORDER BY 和 GROUP BY 165
12.3.2　使用子句 ORDER BY 和 GROUP BY 对分组数据进行排序 166
【示例 12-6】分组统计数据库表 goods 中不同类别在售商品的数量并降序排列 166
12.4　创建多列分组 166
【示例 12-7】分组统计数据库表 goods 中每个制造商旗下各类商品的数量 167
12.5　在分组中使用其他聚集函数 167
【示例 12-8】分组统计数据库表 goods 中每个制造商旗下各类商品的数量、最高价、最低价和平均价 167
12.6　使用 GROUP BY 子句时的常见错误 168
12.6.1　使用了多余的列 168
12.6.2　在 GROUP BY 子句中使用了列的别名 169
12.6.3　在 WHERE 子句中使用了聚合函数 170
12.7　总结 SELECT 常用子句的特点与编写顺序 171

第 13 章　子 查 询

13.1　子查询的基本语法 172
13.2　单行子查询 172
【示例 13-1】查询数据库表 goods 中价格为 77 的商品的制造商包含的所有商品信息 173

【示例 13-2】查询数据库 goods 中价格高于 100 并且销量高于 200 的商品信息......174
13.3 多行子查询......176
13.3.1 嵌套的多行子查询......176
【示例 13-3】查询数据库表 goods 中制造商是“公司 A”或“公司 B”的商品信息......176
13.3.2 操作符 IN 中的多行子查询......177
【示例 13-4】查询数据库表 goods 中商品类别名字包含“数码”的商品信息......177
13.3.3 操作符 ANY 中的多行子查询......178
【示例 13-5】检索出数据库表 goods 中价格高于任何“生鲜”类别的商品信息......178
13.3.4 操作符 ALL 中的多行子查询......179
【示例 13-6】检索出数据库表 goods 中价格高于所有“生鲜”类别的商品信息......179
13.4 多列子查询......180
13.4.1 成对比较的多列子查询......180
【示例 13-7】检索出数据库表 goods 中和商品名“鼠标”相同价格和相同分类的商品信息......180
13.4.2 非成对比较的多列子查询......181
【示例 13-8】检索出数据库表 goods 中每类商品中售价最高的商品信息......182
13.5 在子查询中使用比较运算符......182
13.5.1 基本用法......182
【示例 13-9】检索出数据库表 goods 中售价高于“鲈鱼”的商品信息......183
13.5.2 在子查询中使用比较运算符时不能返回多个值......183
13.5.3 在子查询中使用比较运算符时不能包含 ORDER BY 子句......184
13.6 在子查询中使用聚合函数......184
13.6.1 检索价格高于平均价格的商品信息......184
【示例 13-10】检索数据库表 goods 中价格高于平均价格的商品信息......184
13.6.2 检索价格高于某一类商品平均价格的商品信息......185
【示例 13-11】检索出数据库表 goods 中价格高于“生鲜”类商品平均价格的商品信息......185
13.7 在子查询中实现分组功能......185
13.7.1 分组检索价格高于某一类商品平均价格的商品信息......186
【示例 13-12】分组检索数据库表 goods 中价格高于“生鲜”类商品平均价格的商品信息......186
13.7.2 使用 HAVING 子句过滤检索价格高于平均价格的商品信息......186
【示例 13-13】分组过滤检索数据库表 goods 中价格高于“未分类”商品平均价格的商品信息......186

第 14 章 连 接

14.1 什么是连接......188

14.1.1 关系表 188
14.1.2 为什么使用连接 189
14.1.3 新建一个表示制造商信息的表 189
14.2 内连接 191
14.2.1 等值连接 191
【示例 14-1】查询每个商品制造商的办公地址 191
【示例 14-2】查询每个商品制造商的办公地址（INNER JOIN 方案） 192
14.2.2 不等值连接 194
【示例 14-3】查询数据库表中售价高于 70 的商品信息和制造商的办公地点 194
14.2.3 自然连接 195
【示例 14-4】查询数据库表中商品编号和制造商编号相同的商品信息和制造商信息 195
14.2.4 使用聚合函数 195
【示例 14-5】统计数据库表中每家制造商的名字和对应的商品数量 195
14.3 外连接 196
14.3.1 左外连接 196
【示例 14-6】查询数据库表中每个商品对应的制造商名字 197
14.3.2 右外连接 197
【示例 14-7】查询数据库表中每个商品对应的制造商名字 197
14.3.3 全外连接 198
【示例 14-8】查询数据库表中每个商品对应的制造商名字 198
14.4 自连接 199
【示例 14-9】返回两列所有制造商的名字（过滤后） 200
14.5 使用表别名 201
【示例 14-10】在查询每个商品制造商的办公地址时使用数据库表别名 201

第 15 章 组合查询

15.1 操作符 UNION 203
15.1.1 使用 UNION 的基本语法 203
【示例 15-1】查询数据库表 goods 中商品名称和类别的信息 203
15.1.2 使用 UNION 组合操作两个数据库表 205
【示例 15-2】查询数据库表中的商品名称和制造商信息 205
15.1.3 两个查询语句中列的数目必须相同 205
15.1.4 使用 WHERE 子句限制查询结果 207
【示例 15-3】查询数据库表 Vendors 中制造商为“公司 D”以及数据库表 goods 中商品类型是“生鲜”或“未分类”的数据信息 207
15.1.5 使用 ORDER BY 子句进行排序 207

【示例 15-4】使用操作符 UNION 查询数据库表 Vendors 中制造商为“公司 D”以及数据库表 goods 中商品类型是“生鲜”或“未分类”的数据信息，并将结果降序排列......207
15.2 操作符 UNION ALL......208
15.2.1 UNION ALL 的基本语法......208
【示例 15-5】使用操作符 UNION ALL 查询数据库表 goods 中商品名称和商品类别的信息......209
15.2.2 UNION ALL 的其他用法......209
【示例 15-6】在查询两个数据库表中的数据时使用 ORDER BY 子句进行排序......209
15.3 使用运算符 EXISTS......210
15.3.1 运算符 EXISTS 的基本语法......210
【示例 15-7】查询数据库表 goods 中制造商是“公司 A”的商品信息......210
15.3.2 使用 NOT EXISTS......211
【示例 15-8】查询制造商不是“公司 A”的商品信息......211
15.3.3 EXISTS 和 UNION 的混用......211
【示例 15-9】查询制造商不是“公司 A”的商品信息......212
15.3.4 比较 IN 和 EXISTS......212

第 16 章 添加数据

16.1 INSERT INTO 语句的基本用法......214
16.1.1 使用 INSERT INTO 语句的语法......214
【示例 16-1】向数据库表 Vendors 中添加一条新的制造商信息......215
16.1.2 注意数据重复的问题......215
16.1.3 注意主键的问题......216
16.1.4 省略部分列......217
【示例 16-2】向数据库表 Vendors 中添加一条新的制造商信息（省略列 id 和 phone）......217
16.2 插入多行数据......218
16.2.1 使用 INSERT INTO 插入多行数据的语法格式......218
【示例 16-3】向数据库表 Vendoes 中添加 3 条新的制造商信息......218
16.2.2 使用 INSERT SELECT 语句插入多行查询结果数据......219
【示例 16-4】将数据库表 Vendors 中的数据全部添加到表 company 中......220
【示例 16-5】将数据库表 Vendors 中办公地址是“上海市”的数据信息添加到表 company 中......221
16.2.3 复制数据的另一种方式......222
【示例 16-6】将数据库表 Vendors 中办公地址是“上海市”的数据信息添加到表 companyA 中......222

第 17 章　更新数据

17.1　使用 UPDATE 语句更新数据 224
17.1.1　使用 UPDATE 语句的语法 224
【示例 17-1】修改数据库表 company 中所有制造商的办公地点信息 224
17.1.2　修改指定行的数据信息 225
【示例 17-2】修改数据库表 company 中编号为 25 的制造商的办公地点信息 225
17.1.3　修改多个列的信息 226
【示例 17-3】修改数据库表 company 中所有制造商的办公地点和联系电话信息 226
17.1.4　使用运算符 226
【示例 17-4】同时修改数据库表 company 中编号为 11 和 12 的两个制造商的办公地点信息（使用运算符 OR） 226
【示例 17-5】将数据库表 goods 中“数码”类型的商品价格统一加 2（使用加法运算符） 227
17.1.5　NULL 清空 228
【示例 17-6】将数据库表 company 中编号为 11 的制造商的办公地点信息修改为 NULL 228
17.2　使用 DELETE 语句删除数据 229
17.2.1　使用 DELETE 语句的语法 229
【示例 17-7】删除数据库表 company 中编号是 12 的制造商信息 229
17.2.2　使用 WHERE 子句设置删除条件 230
【示例 17-8】删除数据库表 company 中编号大于 36 的制造商信息 230
【示例 17-9】删除数据库表 company 中经理是“老张”和“老崔”的制造商的信息 230
17.2.3　删除所有的数据 231
【示例 17-10】删除数据库表 company 中所有制造商的信息 231
17.3　总结数据更新和删除 231

第 18 章　使用视图

18.1　初步认识视图 233
18.1.1　视图的基本概念 233
18.1.2　使用 CREATE VIEW 语句创建视图 234
【示例 18-1】创建一个名字为 GoodsPrice 的视图 234
18.1.3　使用 DROP VIEW 语句删除视图 236
【示例 18-2】删除名字为 GoodsPrice 的视图 236
18.2　视图的基本用法 236
18.2.1　通过视图简化查询操作 236

18.2.2 使用视图过滤数据 238
【示例 18-3】创建查询价格高于 60 的商品信息的视图 238
18.2.3 在视图中使用聚合函数 239
【示例 18-4】创建计算数据库表 goods 中所有商品平均价格的视图 239
18.2.4 在视图中使用数学运算符 239
【示例 18-5】创建查询并显示数据库表 goods 中商品的正常价格和两倍价格信息的视图 239
18.3 通过视图添加、更新和删除数据 240
18.3.1 通过视图添加数据 240
【示例 18-6】通过视图 COM 向数据库中添加一行新的制造商信息 241
18.3.2 通过视图更新数据 242
【示例 18-7】通过视图 COM 修改数据库表 Vendors 中编号大于 21 的制造商信息 242
18.3.3 通过视图删除数据 242
【示例 18-8】通过视图 COM 删除数据库表 Vendors 中编号是 22 的制造商信息 243

第 19 章 使用存储过程

19.1 初步认识存储过程 244
19.1.1 存储过程的工作机制 244
19.1.2 存储过程的优缺点 245
19.2 SQL Server 数据库中的存储过程 245
19.2.1 内置的系统存储过程 246
19.2.2 使用 SQL Server Management Studio 创建存储过程 246
19.2.3 使用 SQL 创建存储过程 248
【示例 19-1】创建存储过程 GoodsPrice（查询价格是 55 或销量大于 2 000 的商品信息） 249
19.2.4 调用并执行存储过程 249
【示例 19-2】查询当前服务器引擎中的数据库名字 249
19.2.5 修改存储过程 250
【示例 19-3】修改存储过程 GoodsPrice（查询数据库表 goods 中价格是 55 的商品信息） 250
19.2.6 删除存储过程 251
19.3 MySQL 数据库中的存储过程 251
19.3.1 使用 SQL 命令创建存储过程 251
【示例 19-4】创建存储过程 GetAllProducts（查询数据库表 goods 中所有的商品信息） 252
19.3.2 使用可视化界面创建存储过程 252
【示例 19-5】使用 phpMyAdmin 创建一个名为 GetAllVendors 的存储过程

（查询数据库表 Vendors 中的制造商信息）......252
19.3.3 调用并执行存储过程......253
19.3.4 修改存储过程......254
【示例 19-6】使用 phpMyAdmin 修改存储过程 GetAllVendors 的功能为：查询数据库表 Vendors 中编号大于 10 的制造商信息......254
19.3.5 删除存储过程......256

第 20 章 数据库管理

20.1 SQL Server 数据库的基本操作......257
20.1.1 在 SQL Server 中创建数据库......257
【示例 20-1】新建数据库 Sales 并设置数据库的属性信息......259
20.1.2 在 SQL Server 中修改数据库......260
20.1.3 收缩数据库的大小......263
20.1.4 收缩数据库文件的大小......264
20.1.5 删除数据库......265
20.2 MySQL 数据库的基本操作......266
20.2.1 在 MySQL 中创建数据库......266
【示例 20-2】在创建 MySQL 数据库时设置字符集和校对规则......267
20.2.2 在 MySQL 中查看数据库......267
20.2.3 修改数据库......268
20.2.4 删除数据库......269

第 21 章 数据库表管理

21.1 SQL Server 数据库表的基本操作......270
21.1.1 在 SQL Server 中创建数据库表......270
【示例 21-1】创建一个保存学生信息的数据库表......272
【示例 21-2】创建一个员工信息表，并为“员工性别”这一列设置一个默认值......273
21.1.2 查看数据库表基本信息......273
21.1.3 查看数据库表中的数据行数和存储空间......274
21.1.4 修改数据库表......274
【示例 21-3】向数据库表 OA 中添加一个数据类型是 varchar(255)的新列......275
21.1.5 删除数据库表......277
21.2 MySQL 数据库表的基本操作......278
21.2.1 在 MySQL 中创建数据库表......278
【示例 21-4】创建一个数据库表 OA，并将其中的列“OAID”设置为主链......279
21.2.2 查看数据库表基本信息......280
21.2.3 修改数据库表......280

第 1 章　数据库技术的相关概念

数据库是存放数据的仓库，可以存放百万条、千万条、甚至上亿条数据。像我们日常生活中浏览的新闻信息、网上购物中的商品信息、交友软件中的聊天信息等，都是被保存在数据库中的。在本章中，将详细介绍数据库的基本知识和常用数据库技术的知识。

1.1　数据库的定义

当今世界是一个充满着数据的互联网世界，充斥着大量的数据，即这个互联网世界就是数据世界。数据的来源有很多，比如出行记录、消费记录、浏览的网页、发送的消息等等。除了文本类型的数据，图像、音乐、声音都是数据。

1.1.1　数据

数据是指对客观事件进行记录并可以鉴别的符号，是对客观事物的性质、状态以及相互关系等进行记载的物理符号或这些物理符号的组合。数据不仅是指狭义上的数字，还可以是具有一定意义的文字、字母、数字符号的组合、图形、图像、视频、音频等，也是客观事物的属性、数量、位置及其相互关系的抽象表示。例如，“0，1，2…”“阴、雨、下降、气温”“学生的档案记录”“货物的运输情况”等都是数据。数据经过加工后就成为信息，例如商品信息、新闻信息、天气信息等。

在计算机领域中，数据是指所有能输入计算机并能够被计算机程序处理的符号的总称，是具有一定意义的数字、字母、符号和模拟量等的通称。随着科学技术的发展，计算机能够存储和处理的对象变得越发广泛，所以计算机中“数据”这一概念也随之变得越来越复杂；除了常见的文字、图像、音频和视频类型的数据外，还包括大数据、机器学习、人工智能等领域的数据。

注意：信息与数据既有联系，又有区别。数据是信息的表现形式和载体，可以是符号、文字、数字、语音、图像、视频等；而信息是加载于数据之上的，对数据作具有含义的解释。数据和信息是不可分离的，信息依赖数据来表达，数据则生动具体表达出信息。数据是符号，是物理性的，信息是对数据进行加工处理后所得到的并对决策产生影响的数据，是逻辑性和观念性的；数据是信息的表现形式，信息是数据有意义的表示。数据是信息的表达、载体；信息是数据的内涵，是形与质的关系。数据本身没有意义，数据只有对实体行为产生影响时才成为信息。

1.1.2 数据库

数据库是一个根据指定的结构来存储和管理数据的计算机软件系统；实际上，数据库的概念包括如下两层含义：

（1）数据库是一个实体，能够合理保管数据的“仓库”，在该“仓库”中存放需要的数据，“数据”和“库”两个概念结合成为数据库；

（2）数据库是实现数据管理的新方法和技术，能更合适地组织数据，更方便地维护数据，更严密地控制数据和更有效地利用数据。

在数据库中并不是随意存放数据，而是要遵守一定的规则，否则查询的效率会很低。在保存各类数据之前，需要根据数据的类型、映射关系进行划分，将不同的数据保存到数据库的不同位置。

1.1.3 数据库管理系统

数据库管理系统（DBMS）是为管理数据库而设计的计算机软件系统。数据库管理系统可以依据它所支持的数据库模型进行分类，例如关系型、非关系型；或者依据所用查询语言进行分类，例如 SQL、XQuery 等。

数据库管理系统是数据库系统的核心组成部分，主要功能是实现对数据库的操纵与管理功能，实现数据库对象的创建、数据库存储数据的增删查改和数据库的用户管理、权限管理等。

1.1.4 数据库的种类

早期比较流行的数据库分类有三种，分别为层次式数据库、网络式数据库和关系型数据库，这些数据库的分类是依据不同的数据结构。而在当今的计算机应用中，最常用的数据库模型主要有两种，即关系型数据库和非关系型数据库。

1．关系型数据库

关系型数据库是指采用关系模型来组织数据的数据库。关系模型是指二维表格模型，而关系型数据库就是由二维表及其之间的联系所组成的数据组织。关系模型中的常用概念如表 1-1 所示。

表 1-1　关系模型中的常用概念

概念	说明
关系	一张二维表，每个关系都具有一个关系名，也就是表名
元组	二维表中的一行，在数据库中被称为记录
属性	二维表中的一列，在数据库中被称为字段

续表

概念	说明
域	属性的取值范围，也就是数据库中某一列的取值限制
关键字	一组可以唯一标识元组的属性，数据库中常称为主键，由一个或多个列组成
关系模式	指对关系的描述。其格式为：关系名(属性 1，属性 2，……，属性 N)，在数据库中成为表结构

在现实应用中，常见的关系型数据库有：Oracle、Microsoft SQL Server、MySQL、PostgreSQL、DB2、Microsoft Access、SQLite、Teradata 和 SAP 等。

2. 非关系型数据库

非关系型数据库是指非关系型的、分布式的且一般不保证遵循 ACID（Atomic 原子性，Consistency 一致性，Isolation 隔离性，Durability 持久性）原则的数据存储系统。非关系型数据库以键值对存储，其结构不固定，每一个元组可以有不一样的字段，每个元组可以根据需要增加一些自己的键值对，不局限于固定的结构，可以减少一些时间和空间的开销。

非关系型数据库是为了满足某些特定的应用需求而出现的。依据结构化方法以及应用场合的不同，非关系型数据库主要分为以下几类。

（1）面向高性能并发读/写的 key-value 数据库

Key-value 数据库是以键值对存储数据的一种数据库，可以将整个数据库理解为一个大的 map，每个键都会对应一个唯一的值；因此 key-value 数据库具有极高的并发读/写性能。

此类数据库的主流产品有 Redis、Amazon DynamoDB、Memcached、Microsoft Azure Cosmos DB 和 Hazelcast。

（2）针对海量数据访问的面向文档数据库

这类数据库的主要特点是在海量的数据中快速地查询数据。文档存储通常使用内部表示法，可以直接在应用程序中处理，主要是 JSON。JSON 文档也可以作为纯文本存储在键值存储或关系数据库系统中。

此类数据库的主流产品有 MongoDB、Amazon DynamoDB 和 Couchbase。

1.2　SQL 基础

SQL 语言于 1974 年由 Boyce 和 Chamberlin 提出，并首先在 IBM 公司的关系数据库系统 SystemR 上实现。由于具有功能丰富、使用方便灵活、语言简洁易学等突出的优点，深受计算机工业界和计算机用户的欢迎。1980 年 10 月，经美国国家标准局（ANSI）的数据库委员会 X3H2 批准，将 SQL 作为关系数据库语言的美国标准，同年公布了标准 SQL。在此后不久，国际标准化组织（ISO）也做出了同样的决定。

本节中会简要讲解 SQL 语言的优势、功能和不同类型的 SQL 语言。

1.2.1 SQL 的优势和功能

SQL 是非过程化的高级编程语言，允许用户在高层数据结构上工作。SQL 不要求用户指定对数据的存放方法，也不需要用户了解具体的数据存放方式，即使具有完全不同底层结构的不同数据库系统也可以使用相同的结构化查询语言作为数据输入与管理的接口。结构化查询语言语句可以嵌套，这使它具有极大的灵活性和强大的功能。

SQL 从功能上可以分为 3 部分：数据定义、数据操纵和数据控制。SQL 的核心部分相当于关系代数，但又具有关系代数所没有的许多特点，如聚集、数据库更新等。SQL 是一款综合的、通用的、功能极强的关系数据库语言。

1.2.2 SQL 的结构

SQL 结构化查询语言包含 6 个部分，各部分的具体说明如表 1-2 所示。

表 1-2　SQL 结构化查询语言的组成

SQL 结构化查询语言	说明
数据查询语言（DQL）	用于从表中获得数据，确定数据怎样在应用程序给出。保留字 SELECT 是 DQL（也是所有 SQL）用得最多的动词，其他 DQL 常用的保留字有 WHERE，ORDER BY，GROUP BY 和 HAVING。这些 DQL 保留字常与其他类型的 SQL 语句一起使用
数据操作语言（DML）	其操作语句包括动词 INSERT、UPDATE 和 DELETE，分别用于实现数据的添加、修改和删除功能
事务控制语言（TCL）	其操作语句能确保被 DML 语句影响的表的所有行及时得以更新，包括 COMMIT（提交）命令、SAVEPOINT（保存点）命令、ROLLBACK（回滚）命令
数据控制语言（DCL）	其操作语句通过 GRANT 或 REVOKE 实现权限控制，确定单个用户和用户组对数据库对象的访问。某些 RDBMS 可用 GRANT 或 REVOKE 控制对表单个列的访问
数据定义语言（DDL）	其操作语句包括动词 CREATE、ALTER 和 DROP。在数据库中创建新表或修改、删除表（CREATE TABLE 或 DROP TABLE），为表加入索引等
指针控制语言（CCL）	其操作语句与 DECLARE CURSOR，FETCH INTO 等类似，用于对一个或多个表单独行的操作

1.3 准备数据

在前面的内容中提到过，SQL Server、MySQL 和 Oracle 是当今软件开发领域中主流的关系型数据库。本书将详细讲解在这 3 种数据库中使用 SQL 语言的知识。假设大家已经在计算机中安装好 SQL Server、MySQL 和 Oracle，接下来将以 SQL Server 数据库为例，介绍创建数据库表并添加数据资料的方法，为后面讲解 SQL 做好准备。

（1）打开“Microsoft SQL Server Management Studio”，弹出“连接到服务器”对话框，

如图 1-1 所示。

图 1-1　“连接到服务器”对话框

我们看一下该对话框中相关信息的填写和选择。

- 服务器名称：在此选择要连接的服务器，在安装 SQL Server 的过程中已经设置服务器的名称。
- 身份验证：主要有“SQL Server 身份验证”和“Windows 身份验证”两种方式，为了提高数据库的安全性，建议选择“SQL Server 身份验证”方式。
- 登录名：在安装 SQL Server 的过程中已经设置登录名。
- 密码：在安装 SQL Server 的过程中已经设置密码。

（2）输入正确的用户名和密码，单击“连接”按钮，进入“对象资源管理器”界面，如图 1-2 所示。

（3）右击“数据库”，然后在弹出的快捷菜单中选择“新建数据库”命令，如图 1-3 所示。

（4）弹出“新建数据库”窗口，在“数据库名称”中设置数据库的名字；例如，创建一个保存商城信息的数据库，设置名字为 shop，其余选项使用默认配置，如图 1-4 所示。

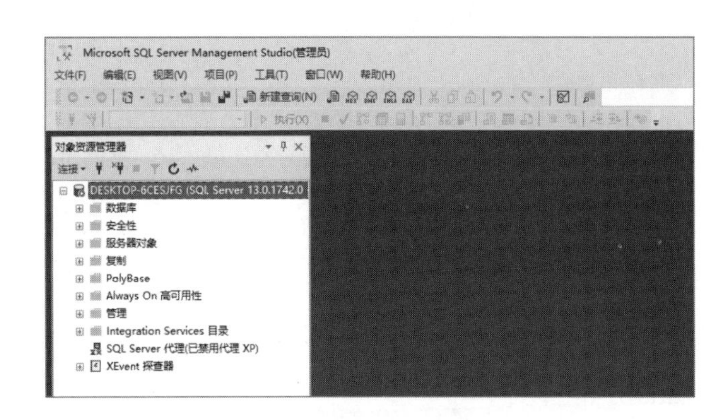

图 1-2　“对象资源管理器”界面

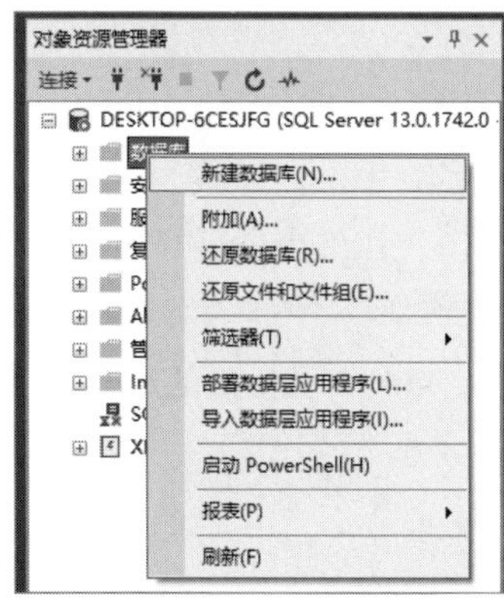

图 1-3　选择“新建数据库”命令

（5）单击“确定”按钮，在“对象资源管理器”界面的“数据库”选项下面会发现刚刚成功创建的数据库 shop，如图 1-5 所示。

图 1-4 “新建数据库”窗口

图 1-5 成功创建的数据库 shop

（6）在“对象资源管理器”界面单击“shop”左侧的图标“+”，然后右击“表”，在弹出的快捷菜单中依次选择“新建”→“表”命令，如图 1-6 所示。

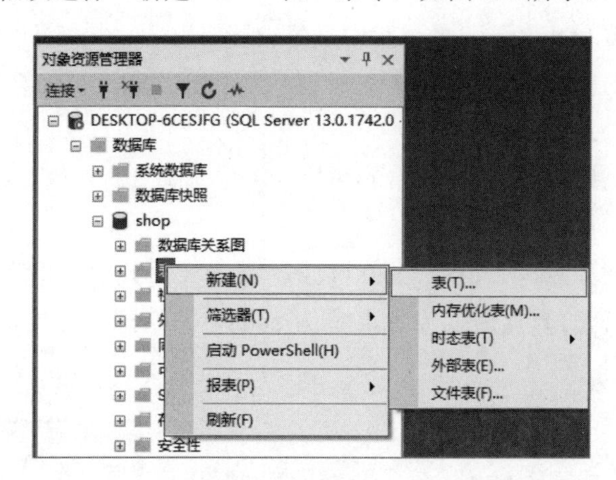

图 1-6 选择“新建”→“表”命令

（7）在弹出的新界面中为数据库表设置不同的列，为了便于举例，我们分别设置下面的列。

- id：表示商品的编号，bigint 类型，设置“标识规范”为“是”，设置“标识增量”为“1”。
- name：表示商品的名字，nchar(10)类型。
- price：表示商品的价格，nchar(10)类型。
- reserve：表示商品的库存，nchar(10)类型。

- sales：表示商品的销量，nchar(10)类型。

最终的设计界面效果如图 1-7 所示。

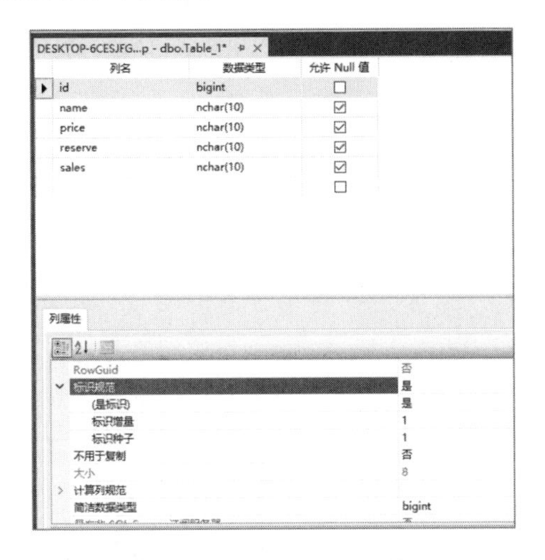

图 1-7　最终的设计界面效果

（8）保存当前设计的数据库表，在弹出的“选择名称”对话框中为这个表设置名字，将这个表命名为 goods，如图 1-8 所示。

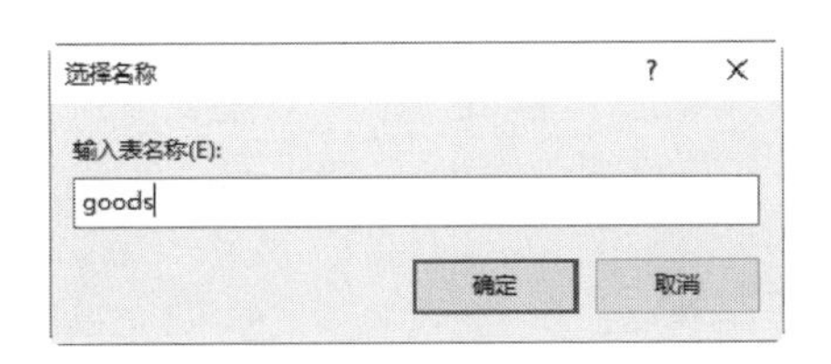

图 1-8　表命名

（9）刷新数据库 shop，在“对象资源管理器”界面中可以看到刚刚创建的数据库表 goods 及其结构，如图 1-9 所示。

图 1-9　表“goods”的结构

（10）右击“对象资源管理器”界面中的表 goods，在弹出的快捷菜单中选择“编辑前 200 行”命令，在弹出的新界面中可以添加或修改表 goods 中的数据，如图 1-10 所示。

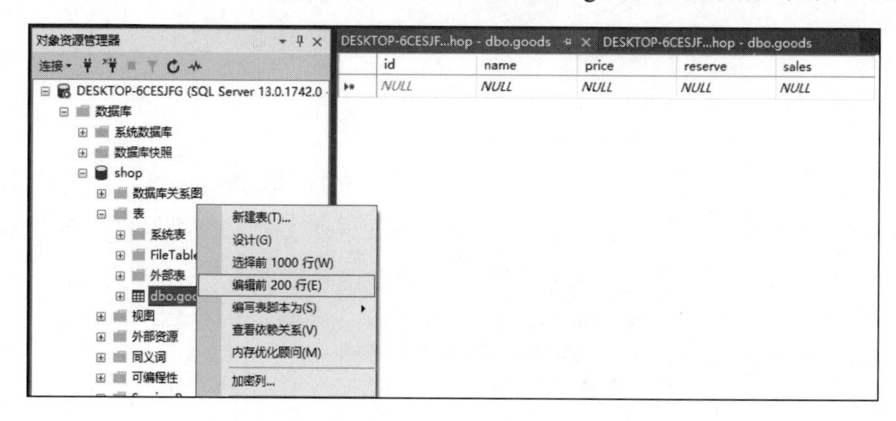

图 1-10　选择“编辑前 200 行”命令

例如，在表 goods 中添加了 10 个商品的信息，如图 1-11 所示。

DESKTOP-6CESJF...hop - dbo.goods

id	name	price	reserve	sales
1	商品1	23.1	155	290
2	商品2	45	34	23
3	商品3	456	2345	2999
4	商品4	56	100	200
5	商品5	32	200	500
6	商品6	56	12	700
7	商品7	77	20	600
8	商品8	99	45	50
9	商品9	87	67	45
10	商品10	55	60	67
NULL	NULL	NULL	NULL	NULL

图 1-11　在表 goods 中添加了 10 个商品的信息

到此为止，已经成功创建数据库 shop，并在数据库中创建表 goods，并在其中添加了 10 个商品信息。在后面的内容中，将详细讲解使用 SQL 操作数据库 shop 中商品信息的知识。

第 2 章　数据的基本查询

在数据库中保存了大量的数据，例如，前面介绍的商品信息表 goods 中，保存了商品的名字、价格、库存和销量等信息。为了及时了解商品的信息，可以在数据库中查询某个商品的价格信息和库存信息，也可以通过查询及时了解数据库中某个商品的销量信息。那么，这些查询操作是如何实现的呢？在本章中将告诉你答案，介绍使用 SQL 查询数据库信息的知识和具体方法。

2.1　使用 SELECT 语句的基本语法

SQL 语句是由简单的英语单词构成的，我们将这些单词称为关键字，每个 SQL 语句都是由一个或多个关键字构成的。最常用的 SQL 语句是 SELECT 语句，其功能是从一个或多个数据库表中查询信息。

SELECT 是 SQL 语句中使用最多也是最基本的 SQL 语句，英文 SELECT 有“选择”之意，表示从数据库中选取某些数据，并将结果存储在一个结果表中，通常将这个结果表称为结果集。将通过 SELECT 语句查询并选取必要数据的过程称为匹配查询或查询。

使用 SELECT 语句的语法格式如下：

```
SELECT <列名>, ……
  FROM <表名>;
```

语法说明：

- SELECT 语句包含 SELECT 和 FROM 两个子句（clause），子句是 SQL 语句的组成要素，是以 SELECT 或者 FROM 等作为起始的短语；
- 在 SELECT 子句中列举了希望从表中查询的列的名称，而 FROM 子句则指定选取数据的表的名称；
- 如果有多条 SQL 语句，则必须使用分号“;”进行分隔。多数数据库管理系统（DBMS）不需要在单条 SQL 语句后面加分号，但也有 DBMS 必须在单条 SQL 语句后面加上分号。笔者建议在每一条 SQL 语句后面加上分号，并养成这个习惯。

2.2　单列查询

通过使用 SELECT 语句，可以查询数据库表中某一个指定列的信息。例如，在前面介绍的商品信息表 goods 中，可以使用 SELECT 语句单独查询表 goods 中的商品名字、价格、库存和销量等信息。

2.2.1 单列查询的基本操作

我们先通过两个简单的示例来了解一下最简单的单列查询，对 SQL 语句有个基本认识。

【示例 2-1】查询数据库表 goods 中保存的商品名称。

我们看一下具体的 SQL 语句，如下：

```
SELECT name FROM goods;
```

在上述 SQL 语句中，SELECT name 就是 SELECT 的子句。上述 SQL 语句的功能是查询数据库表 goods 中列“name”的所有信息。列名写在关键字 SELECT 之后，关键字 FROM 的功能是设置从哪个表中检索数据。执行结果如图 2-1 所示，目前在数据库表 goods 中有 10 个商品。

【示例 2-2】查询数据库表 goods 中保存的商品价格。

具体的 SQL 语句如下：

```
SELECT price FROM goods;
```

上述 SQL 语句的功能是查询数据库表 goods 中列“price”的所有信息，执行结果如图 2-2 所示。

图 2-1　执行结果

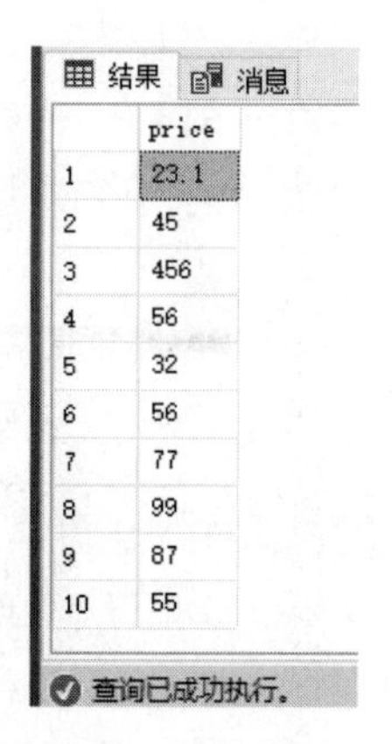

图 2-2　执行结果

如果使用具体的 DBMS 和客户端，可能会看到一条信息说明检索了多少行以及花了多长时间。例如，MySQL 命令行会显示如下信息：

```
9 rows in set (0.01 sec)
```

注意：如果使用 SQL 语句进行查询操作，可能会发现输出的数据顺序与图 2-1 和图 2-2 中显示的不同。请不要担心，出现这种情况十分正常。如果没有明确排序查询结果，则返回的数据没有特定的顺序。返回数据的顺序可能是数据被添加到表中的顺序，也可能不是。只要返回相同数目的行，就是正常的。

2.2.2　大小写问题

SQL 语句不区分大小写，也就是说，SELECT 与 select 相同。同样，写成 Select 也没有关系。大多数 SQL 开发人员喜欢使用大写形式的 SQL 关键字，而对列名和表名使用小写，这样做可以使 SQL 语句的代码更易于阅读和调试。

【示例 2-3】查询数据库表 goods 中商品的库存信息。

SQL 语句如下：

```
select reserve From goods;
```

在上述 SQL 语句中，使用了 select 的全部小写形式，使用了 From 的首字母大写形式，执行后可以成功查询表 goods 中列“reserve”的信息，执行结果如图 2-3 所示，SQL 语句不区分大小写。

结果　消息

	reserve
1	155
2	34
3	2345
4	100
5	200
6	12
7	20
8	45
9	67
10	60

图 2-3　执行结果

虽然 SQL 语句不区分大小写，但是一定要注意：数据库的表名、列名和值可能会区分大小写；不同的数据库产品有所不同，这取决于具体的 DBMS 及其如何配置。

2.3　多列查询

通过使用 SELECT 语句，可以同时查询数据库表中某几个指定列的信息。例如，商品信息表 goods 中，可以使用 SELECT 语句同时查询表 goods 中两个或两个以上列的信息。

2.3.1　多列查询的基本操作

我们同样通过两个具体的示例了解多列查询的 SQL 语句和具体实现。

【示例 2-4】同时查询数据库表 goods 中商品的名称和价格信息。

SQL 语句如下：

```
SELECT name,price FROM goods;
```

上述 SQL 语句的功能是，同时查询数据库表 goods 中列“name”和列“price”的所有信息，执行结果如图 2-4 所示。由此可见，在查询多列时需要使用逗号进行分隔，查询结果中列的顺序和 SELECT 子句中的顺序相同。例如，上面 SQL 语句的查询子句中，name 在 price 的前面，这表示先查询列“name”，然后再查询列“price”。在图 2-4 所示的查询结果中，前面显示列“name”的查询结果，后面显示列“price”的查询结果。

注意：在选择多个列时，一定要在列名之间加上逗号，但最后一个列名后不加。如果在最后一个列名后加了逗号，将出现错误。

【示例 2-5】同时查询数据库表 goods 中商品的名称、价格和库存信息。

SQL 语句如下：

```
SELECT name,price,reserve FROM goods;
```

上述 SQL 语句的功能是，同时查询数据库表 goods 中列“name”“price”和“reserve”的所有信息。执行结果如图 2-5。

结果 消息

	name	price
1	商品1	23.1
2	商品2	45
3	商品3	456
4	商品4	56
5	商品5	32
6	商品6	56
7	商品7	77
8	商品8	99
9	商品9	87
10	商品10	55

图 2-4　执行结果

结果 消息

	name	price	reserve
1	商品1	23.1	155
2	商品2	45	34
3	商品3	456	2345
4	商品4	56	100
5	商品5	32	200
6	商品6	56	12
7	商品7	77	20
8	商品8	99	45
9	商品9	87	67
10	商品10	55	60

图 2-5　执行结果

注意：在不同的数据库产品中，显示列的顺序也可能存在与上述执行结果不同的情况。为了提高程序的稳定性，我们可以设定 SELECT 语句执行结果中列的显示顺序，具体设置方法将在后面的章节中进行讲解。

2.3.2　空格的问题

在处理 SQL 语句时，其中所包含的所有空格都会被忽略，我们可以将 SQL 语句写成长长的一行，也可以分开写为多行。

例如，下面这 3 种写法的作用是一样的。

第 1 种写法如下：

```
SELECT name FROM goods;
```

第 2 种：

```
SELECT name
FROM goods;
```

第 3 种：

```
SELECT
name
FROM
goods;
```

下面的示例使用换行的写法查询表 goods 中商品的名称、价格、库存和销量信息。

【示例 2-6】同时查询数据库表 goods 中商品的名称、价格、库存和销量信息。

SQL 语句如下：

```
SELECT
name,
price,
reserve,
sales
FROM goods;
```

上述 SQL 语句的功能是，同时查询数据库表 goods 中列“name”“price”“reserve”和“sales”的所有信息。在本示例中，指定了查询 4 个列的信息，列名之间用逗号分隔。与前面例子的区别是，本示例的 SQL 语句使用换行书写格式。执行后结果如图 2-6 所示。

结果　消息

	name	price	reserve	sales
1	商品1	23.1	155	290
2	商品2	45	34	23
3	商品3	456	2345	2999
4	商品4	56	100	200
5	商品5	32	200	500
6	商品6	56	12	700
7	商品7	77	20	600
8	商品8	99	45	50
9	商品9	87	67	45
10	商品10	55	60	67

图 2-6　执行结果

2.4　查询所有的列

通过使用 SELECT 语句，可以查询某个数据库表中所有列的信息。使用 SELECT 语句查询某个表所有列的语法如下：

```
SELECT * FROM <表名>;
```

在 SELECT 中，星号“*”是一个通配符，代表全部列的意思。有时我们不知道在某个数据库表中有哪些列，通过使用通配符“*”可以检索出数据库选中所有列的信息，这也是使用“*”的优点之一。

例如，在商品信息表 goods 中，可以使用 SELECT 语句查询表 goods 中所有列的信息。

【示例 2-7】 查询数据库表 goods 中所有列的信息（使用通配符“*”）。

SQL 语句如下：

```
SELECT * FROM goods;
```

因为在数据库表 goods 中有 5 个列：id、name、price、reserve 和 sales，所以上述 SQL 语句的功能是同时查询数据库表 goods 中所有列（上述 5 个列）的信息。执行结果如图 2-7 所示。

结果　消息

	id	name	price	reserve	sales
1	1	商品1	23.1	155	290
2	2	商品2	45	34	23
3	3	商品3	456	2345	2999
4	4	商品4	56	100	200
5	5	商品5	32	200	500
6	6	商品6	56	12	700
7	7	商品7	77	20	600
8	8	商品8	99	45	50
9	9	商品9	87	67	45
10	10	商品10	55	60	67

图 2-7　执行结果

在示例 2-7 中的 SQL 语句和示例 2-8 中的 SQL 语句的功能完全是等效的。

【示例 2-8】 查询数据库表 goods 中所有列的信息（列出所有列名）。

SQL 语句如下：

```
SELECT id,name,price,reserve,sales FROM goods;
```

执行后会查询数据库表 goods 中所有列的信息，具体查询结果和图 2-7 所示的查询结果相同。由此可见，使用星号“*”查询所有信息的方法更加简练，可以减少 SQL 代码编写量。

注意：在现实应用中，除非你确实需要查询数据库表中的每一个信息，否则不建议使用通配符“*”。虽然使用通配符“*”确实能减少编写 SQL 语句的数量，不用明确列出列的名字，节省开发时间。但是在使用通配符“*”时会检索不需要的列，这样会降低检索速度和应用程序的性能。

2.5　在查询时使用别名

在使用 SQL 语句的过程中，可以为表名或列名指定一个别名。通过创建别名，可以让表的名称或列的名称的可读性更强。

2.5.1　为列设置别名

在 SQL 语句中，使用关键字 AS 为列设置别名，具体语法格式如下：

```
SELECT column_name AS alias_name
FROM table_name;
```

其中，table_name 表示数据库的名字；column_name 表示原来列的名字，也就是在表 column_name 中真实的、确实存在的列的名字；alias_name 表示设置的别名。

【示例 2-9】 为数据库表 goods 中的商品列设置别名。

SQL 语句如下：

```
SELECT
name AS "名字",
price AS "价格"
FROM goods;
```

通过上述 SQL 语句为数据库表 goods 中两个列设置别名。

- 列“name”：设置别名为汉语形式的“名字”。
- 列“price”：设置别名为汉语形式的“价格”。

注意：别名可以使用中文，在使用中文设置别名时，建议使用双引号括起来，注意不是单引号。如果别名是英文格式的，可以不用双引号括起来。

执行上述 SQL 语句后查询列“name”和列“price”中的信息，查询结果如图 2-8 所示。由此可见，通过使用关键字 AS，在查询结果中成功将列“name”的名字修改为“名字”，将列“price”的名字修改为“价格”。

结果　消息

	名字	价格
1	商品1	23.1
2	商品2	45
3	商品3	456
4	商品4	56
5	商品5	32
6	商品6	56
7	商品7	77
8	商品8	99
9	商品9	87
10	商品10	55

图 2-8　执行结果

2.5.2 为表设置别名

在 SQL 语句中，使用关键字 AS 为表设置别名，具体语法格式如下：

```
SELECT column_name
FROM table_name AS alias_name;
```

其中，table_name 表示数据库原来的名字，也就是数据库中真实的、确实存在的名字；alias_name 表示设置的别名。

【示例 2-10】为数据库表 goods 设置别名。

SQL 语句如下：

```
SELECT
name,
price
FROM goods AS "商品";
```

通过上述 SQL 语句为数据库表 goods 设置别名为“商品”。

2.6 在查询时删除重复的数据

在使用 SQL 语句查询数据库中的数据时，有时可能会查询到很多条相同的数据，而在很多时候这些多余的数据没有任何意义，这时可以在 SQL 查询语句中设置删除重复的数据。

2.6.1 删除重复数据的基本语法

在 SQL 语句中，DISTINCT 关键词用于返回唯一不同的值。通过使用 SELECT DISTINCT 语句可以返回某列中唯一不同的值，这样可以达到在查询时删除重复数据的目的。

使用 SELECT DISTINCT 语句的语法格式如下：

```
SELECT DISTINCT column_name1,column_name2
FROM table_name;
```

我们了解一下相关参数。

- column_name1 和 column_name2：两个列的名字。
- table_name：数据库的名字。

上述 SQL 语句的功能是查询数据库表 table_name 中列“column_name1”“column_name1”中的信息，并且在查询结果中删除重复的数据，只显示独一无二的信息。

2.6.2 不使用 DISTINCT 和使用 DISTINCT 后的对比

为了更清晰地展示二者的差别，我们首先在数据库表 goods 中添加新的列“company”，用于表示商品的制造商，此时在数据库表 goods 中保存如图 2-9 所示的数据。

id	name	price	reserve	sales	company
1	商品1	23.1	155	290	公司A
2	商品2	45	34	23	公司B
3	商品3	456	2345	2999	公司C
4	商品4	56	100	200	公司A
5	商品5	32	200	500	公司B
6	商品6	56	12	700	公司C
7	商品7	77	20	600	公司A
8	商品8	99	45	50	公司B
9	商品9	87	67	45	公司C
10	商品10	55	60	67	公司A
NULL	NULL	NULL	NULL	NULL	NULL

图 2-9　添加数据后的表

接下来，我们通过两个示例对比一下查询结果的差异。

【示例 2-11】 查询数据库表 goods 中商品制造商的信息。

SQL 语句如下：

```
SELECT company FROM goods
```

上述 SQL 语句的功能是，查询数据库表 goods 中列“company”的所有信息。执行结果如图 2-10 所示。

	company
1	公司A
2	公司B
3	公司C
4	公司A
5	公司B
6	公司C
7	公司A
8	公司B
9	公司C
10	公司A

图 2-10　执行结果

通过上述执行效果可以看出，在查询结果中显示所有商品制造商的信息，即展示了 10 个商品所对应的商品信息。其实这些信息很多都是重复的，实际上这 10 个商品只是 3 家制造商（公司 A、公司 B 和公司 C）制造的。在实际应用中，我们很可能只希望获得这 3 家制造商的信息，不需要重复的信息，此时就可以使用 SELECT DISTINCT 语句实现这一功能。

【示例 2-12】 查询数据库表 goods 中商品制造商的信息（删除重复数据）。

SQL 语句如下：

```
SELECT DISTINCT company FROM goods
```

上述 SQL 语句的功能是，查询数据库表 goods 中列“company”的所有信息，并且使用 DISTINCT 设置每一个查询结果是独一无二的。执行结果如图 2-11 所示。

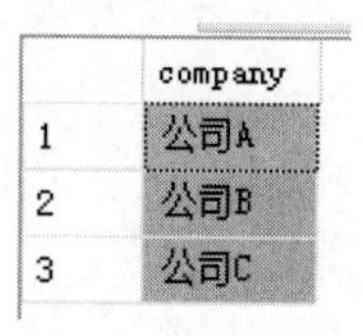

	company
1	公司A
2	公司B
3	公司C

图 2-11　执行结果

2.6.3　在查询多列信息时使用 DISTINCT

在前面的示例中，我们只在查询一个列的信息时使用 DISTINCT 语句；其实也可以在查询多列时使用 DISTINCT 语句，此时需要将 DISTINCT 放在第一个列名的前面。下面我们通过一个示例来了解一下具体应用。

【示例 2-13】使用 DISTINCT 语句查询数据库表 goods 中制造商和价格的信息。

我们先来看一个错误的用法，SQL 语句如下：

```
SELECT
price,
DISTINCT company
FROM goods;
```

在上述 SQL 语句中，查询的第 1 个列名是“price”，第 2 个列名是“company”，但是并没有将 DISTINCT 放在第 1 个列名“price”的前面，所以执行后会出错，如图 2-12 所示。

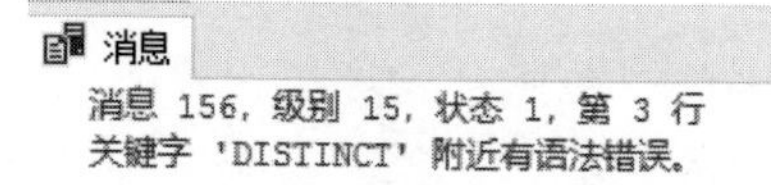

图 2-12　执行后出错

我们来看一下正确的 SQL 语句，如下：

```
SELECT
DISTINCT company,
price
FROM goods;
```

在上述 SQL 语句中，将 DISTINCT 放在第 1 个列名“price”的前面，所以执行后不会出错，如图 2-13 所示。由此可见，这样并没有将列“company”的数据实现独一无二的操作，但是将同名字的分组放在一起。

	company	price
1	公司A	23.1
2	公司A	55
3	公司A	56
4	公司A	77
5	公司B	32
6	公司B	45
7	公司B	99
8	公司C	456
9	公司C	56
10	公司C	87

图 2-13　成功运行

2.7　使用 WHERE 子句过滤查询结果

在 SQL 语句中，WHERE 子句用来过滤查询记录。在前面介绍的例子中，都是将表中存储的数据全都选取出来。但是在实际应用中，并不是每次都需要选取全部数据，经常需要选取满足某些条件的数据。例如，查询出售价高于 60 的商品、查询销量大于 100 的商品等。这时，可以使用 WHERE 子句过滤查询结果。

2.7.1　使用 WHERE 子句的语法

在 SQL 语句中，通过 WHERE 子句来指定查询数据的条件。在 WHERE 子句中可以指定“某一列的值和这个字符串相等”或者“某一列的值大于这个数字”等条件，然后执行含有这些条件的 SELECT 语句即可查询只符合该条件的记录。

使用 WHERE 子句的语法格式如下：

```
SELECT column_name1,column_name2
FROM table_name
WHERE operator;
```

参数说明如下：

- table_name：表的名字；
- column_name1 和 column_name2：在表 table_name 中两个列的名字；
- operator：设置的条件表达式。

2.7.2　简单的限制查询

了解了 WHERE 子句的语法，我们通过两个简单的示例展示一下单列限制条件的查询。

【示例 2-14】查询数据库表 goods 中价格是 45 的数据。

SQL 语句如下：

```
SELECT
```

```
price
FROM goods WHERE price=45;
```

在上述 SQL 语句中，查询列“price”中价格是 45 的数据。其中，“price=45”用来表示查询条件的表达式（条件表达式），列“price”中的所有记录都会被进行比较。等号是比较两边的内容是否相等的符号，上述条件是将列“price”的值和“45”进行比较，判断是否相等，并将满足条件的结果显示出来。执行结果如图 2-14 所示。

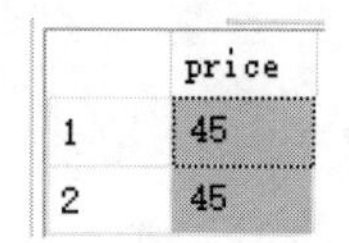

	price
1	45
2	45

图 2-14　执行结果

【示例 2-15】查询数据库表 goods 中价格高于 50 的数据。

SQL 语句如下：

```
SELECT
price
FROM goods WHERE price>50;
```

在上述 SQL 语句中，查询列“price”中价格高于 50 的数据。其中，“price>50”用来表示查询条件的表达式（条件表达式），上述条件是将列“price”的值和“50”进行比较，判断 price 是否大于 50，并将满足条件的结果显示出来。执行结果如图 2-15 所示。

	price
1	456
2	56
3	56
4	56
5	77
6	99
7	87
8	55

图 2-15　执行结果

2.7.3　涉及多列的限制查询

在前面的示例中，展示的都是基于单列的限制查询，查询结果都是孤零零的某列数据，非常单调。为了使查询结果更加容易理解，可以同时查询多列的数据并进行 WHERE 限制操作。

【示例 2-16】查询数据库表 goods 中价格是 45 的商品名称。

SQL 语句如下：

```
SELECT
name,
```

```
price
FROM goods WHERE price=45;
```

在上述 SQL 语句中，查询列“price”中价格是 45 的商品信息，在查询时同时查询列“name”和列“price”的数据信息，这样最终展示了价格是 45 的商品的名字。具体处理过程如下。

（1）将列“price”的值和“45”进行比较，判断是否相等，列“price”中的所有记录都会被进行比较。

（2）从查询的记录中选取 SELECT 语句指定的列“price”和列“name”，首先通过 WHERE 子句查询符合指定条件的记录，然后选取 SELECT 语句指定的列。

执行结果如图 2-16 所示，在该查询结果中同时展示了商品名和价格，更加具有实用价值。

	name	price
1	商品1	45
2	商品2	45

图 2-16　执行结果

2.7.4　WHERE 子句的位置问题

在 SQL 语句中，子句的书写顺序是固定的，不能随意更改。其中 SQL 规定：WHERE 子句必须紧跟在 FROM 子句的后面，如果书写顺序发生改变，则会发生运行错误。

【示例 2-17】查询数据库表 goods 中价格高于 50 的商品名称（错误用法）。

SQL 语句如下：

```
SELECT
name,
WHERE price>50
FROM goods ;
```

在上述 SQL 语句中，WHERE 子句的位置书写错误，没有紧跟在 FROM 子句的后面，执行后弹出如图 2-17 所示的错误提示。

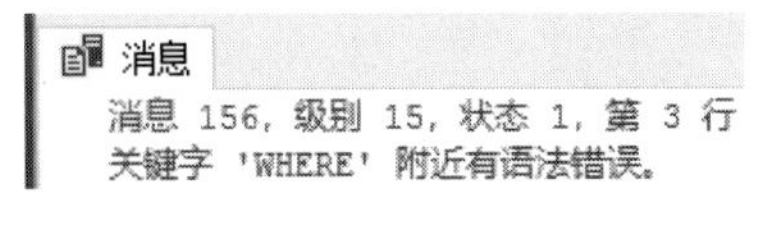

图 2-17　错误提示

2.8　限制查询结果

在上一节的内容中，我们学习了使用 WHERE 子句限制查询结果的知识；除此之外，我们还可以使用 TOP、LIMIT 和 ROWNUM 来限制查询结果。通过使用这些子句，可以和 WHERE 子句结合，实现更加精确的查询功能。

注意：为什么会有这么多的限制查询方法呢？这是因为不同的数据库用不同的方法，SQL Server 数据库使用 TOP，MySQL 数据库使用 LIMIT，而 Oracle 数据库使用 ROWNUM。

2.8.1 在 SQL Server 数据库中限制查询结果

在微软的 SQL Server 或 MS Access 数据库中，使用 SELECT TOP 子句设置要返回的记录数目。SELECT TOP 子句对于拥有数千条记录的大型表来说，非常有用。使用 TOP 的语法格式如下：

```
SELECT TOP number column_name
FROM table_name;
```

参数说明如下：

- table_name：数据库中的表名；
- column_name：数据库表 table_name 中列的名字；
- number：整数，表示要选取前 number 条数据。

上述 SQL 语句的功能是，查询数据库表 table_name 中列名为“column_name”中的数据信息，并且只查询显示前 number 条数据。

【示例 2-18】查询数据库表 goods 中前 5 个商品的详细信息。

SQL 语句如下：

```
SELECT
TOP 5 *
FROM goods ;
```

在上述 SQL 语句中，查询显示数据库表中的前 5 条信息。因为使用了“*”，所以会显示前 5 个商品所有列的信息。执行结果如图 2-18 所示。

	id	name	price	reserve	sales	company
1	1	商品1	45	155	290	公司A
2	2	商品2	45	34	23	公司B
3	3	商品3	456	2345	2999	公司C
4	4	商品4	56	100	200	公司A
5	5	商品5	56	200	500	公司B

图 2-18 执行结果

【示例 2-19】查询数据库表 goods 中前 5 个商品的名称信息。

SQL 语句如下：

```
SELECT
TOP 5 name
FROM goods ;
```

在上述 SQL 语句中，查询显示数据库表 goods 中列“name”中的前 5 条信息，执行结果如图 2-19 所示。

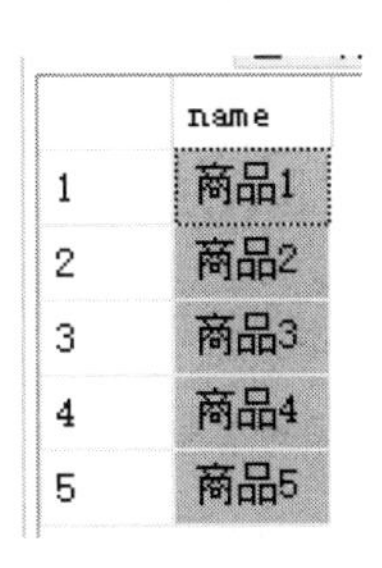

图 2-19　执行结果

2.8.2　在 MySQL 数据库中限制查询结果

如果使用的是 MySQL、MariaDB、PostgreSQL 或者 SQLite 数据库，需要使用 LIMIT 子句限制查询结果。使用 LIMIT 子句的语法格式如下：

```
SELECT column_name
FROM table_name
LIMIT number;
```

参数说明如下：

- table_name：数据库中的表名；
- column_name：数据库表 table_name 中列的名字；
- number：整数，表示要选取前 number 条数据。

上述 SQL 语句的功能是，查询数据库表 table_name 中列名为“column_name”中的数据信息，并且只查询显示前 number 条数据。

【示例 2-20】查询数据库表 goods 中前 5 个商品的详细信息。

SQL 语句如下：

```
SELECT * FROM goods LIMIT 5;
```

在上述 SQL 语句中，查询显示数据库表 goods 中的前 5 条信息。“LIMIT 5”指示 MySQL 等数据库返回不超过 5 行的数据，因为使用了“*”，所以会显示前 5 个商品所有列的信息。假设已经在 MySQL 等数据库中创建数据库表 goods，并且保存如图 2-20 所示的数据，则上述 SQL 语句的执行结果如图 2-21 所示。

id	name	price	reserve	sales	company
1	商品1	45	155	290	公司A
2	商品2	45	34	23	公司B
3	商品3	456	2345	2999	公司C
4	商品4	56	100	200	公司A
5	商品5	56	200	500	公司B
6	商品6	56	12	700	公司C
7	商品7	77	20	600	公司A
8	商品8	99	45	50	公司B
9	商品9	87	67	45	公司C
10	商品10	55	60	67	公司A

图 2-20　MySQL 数据库中的数据

id	name	price	reserve	sales	company
1	商品1	45	155	290	公司A
2	商品2	45	34	23	公司B
3	商品3	456	2345	2999	公司C
4	商品4	56	100	200	公司A
5	商品5	56	200	500	公司B

图 2-21　执行结果

【示例 2-21】查询数据库表 goods 中第 5 行以后的 5 个商品信息。

SQL 语句如下：

```
SELECT * FROM goods LIMIT 5 OFFSET 5;
```

在上述 SQL 语句中，为了得到第 5 行以后 5 个商品的数据信息，需要使用 OFFSET 指定从哪儿开始以及检索的行数。上述 SQL 语句的执行结果如图 2-22 所示。

id	name	price	reserve	sales	company
6	商品6	56	12	700	公司C
7	商品7	77	20	600	公司A
8	商品8	99	45	50	公司B
9	商品9	87	67	45	公司C
10	商品10	55	60	67	公司A

图 2-22　执行结果

由此可见，通过“LIMIT 5 OFFSET 5”设置 MySQL 数据库返回从第 5 行起的 5 行数据。第 1 个数字表示查询的行数，第 2 个数字表示从哪一行开始查询。所以，LIMIT 指定返回的行数。LIMIT 带的 OFFSET 指定从哪儿开始。在例子中，因为在表 goods 中有 10 个商品，所以返回 5 行数据。

在 MySQL、MariaDB 和 SQLite 数据库中，可以把“LIMIT 5 OFFSET 3”之类的语句简化为“LIMIT 3,4”。在使用这个简写语法格式时需要注意，逗号之前的值对应 OFFSET，逗号之后的值对应 LIMIT。也就是说，和非简写方法是相反的。

【示例 2-22】查询数据库表 goods 中第 3 行以后的 5 个商品信息。

SQL 语句如下：

```
SELECT * FROM goods LIMIT 3,5;
```

通过上述 SQL 语句，得到第 3 行以后的 5 个数据信息，上述 SQL 语句的简写形式相当于下面的完整形式：

```
SELECT * FROM goods LIMIT 5 OFFSET 3;
```

上述 SQL 语句的执行结果如图 2-23 所示。

id	name	price	reserve	sales	company
4	商品4	56	100	200	公司A
5	商品5	56	200	500	公司B
6	商品6	56	12	700	公司C
7	商品7	77	20	600	公司A
8	商品8	99	45	50	公司B

图 2-23　执行结果

注意：第一个被检索的行是第 0 行，而不是第 1 行。因此，SQL 语句“LIMIT 1 OFFSET 1”会检索第 2 行，而不是第 1 行。

2.8.3　在其他数据库中限制查询结果

下面我们看一下在 Oracle 和 DB2 两个数据库中限制查询结果的语句使用。

（1）Oracle 数据库

如果是在 Oracle 数据库中，则需要使用如下语句限制查询结果。

```
SELECT column_name
FROM table_name
WHERE ROWNUM <= number;
```

参数说明如下：

- table_name：数据库中的表名；
- column_name：数据库表 table_name 中列的名字；
- number：整数，表示要选取前 number 条数据。

【示例 2-23】查询数据库表 goods 中前 5 个商品的详细信息（Oracle 版）。

SQL 语句如下：

```
SELECT *
FROM goods
WHERE ROWNUM <=5;
```

在上述代码中，查询显示数据库表 goods 中的前 5 条信息。同样因为使用了“*”，所以会显示前 5 个商品所有列的信息。执行结果如图 2-24 所示。

	id	name	price	reserve	sales	company
1	1	商品1	45	155	290	公司A
2	2	商品2	45	34	23	公司B
3	3	商品3	456	2345	2999	公司C
4	4	商品4	56	100	200	公司A
5	5	商品5	56	200	500	公司B

图 2-24　执行结果

（2）DB2 数据库

如果使用的是 DB2 数据库，则需要使用如下语句限制查询结果。

```
SELECT column_name
FROM table_name
FETCH FIRST number ROWS ONLY;
```

参数说明如下：

- table_name：数据库中的表名；
- column_name：数据库表 table_name 中列的名字；
- number：整数，表示要选取前 number 条数据。

【示例 2-24】查询数据库表 goods 中前 5 个商品的详细信息（DB2 版）。

SQL 语句如下：

```
SELECT *
FROM goods
FETCH FIRST 5 ROWS ONLY;
```

在上述代码中，查询显示数据库表 goods 中的前 5 条信息。因为使用了“*”，所以会显示前 5 个商品所有列的信息。执行结果如图 2-25 所示。

	id	name	price	reserve	sales	company
1	1	商品1	45	155	290	公司A
2	2	商品2	45	34	23	公司B
3	3	商品3	456	2345	2999	公司C
4	4	商品4	56	100	200	公司A
5	5	商品5	56	200	500	公司B

图 2-25　执行结果

2.9　使用注释

和 C、Java、Python 等编程语言一样，在 SQL 语句中也有注释这一概念。虽然注释存在于 SQL 语句中，但是不进行任何处理和执行，也就是不操作和处理数据库的数据，不会影响 SQL 语句的执行结果。在 SQL 语句中，使用注释的最大目的是解释某条或某段 SQL 语句的功能和作用。

在应用中，使用注释的主要目的有两点，具体说明如下：

- 标注功能：在前面的内容中，使用的 SQL 语句例子都很短，也很简单。但是随着 SQL 语句变长，复杂性也随之增加，这时很有必要在 SQL 语句中添加一些解释性的注释，这既便于今后参考，也可以供项目后续参与人员快速了解代码；
- 功能描述和版权信息：通常位于 SQL 文件的开始位置，其中可能会包含程序的描述信息以及说明信息，甚至是程序员的联系方式和版权等信息。

在 SQL 语句中，可以通过如下 3 种格式使用注释。

（1）第 1 种格式如下：

```
--
```

上述注释是由 2 个横线组成的，也可以是多于 2 个的横线。SQL Server 数据库支持本格式的注释，但是 MySQL 数据库不支持。

【示例 2-25】同时查询数据库表 goods 中商品的名称和价格信息（SQL Server 版）。

SQL 语句如下：

```
SELECT name,    --2 个横线，查询列 name 的数据信息
price           ---3 个横线，查询列 price 的数据信息
FROM goods;     -----4 个横线，查询的表名是 goods
```

上述 SQL 语句的功能是同时查询数据库表 goods 中列“name”和列“price”的所有信息，横线和横线后面的内容都属于注释。执行结果如图 2-26 所示，和不使用注释时的执行结果相同，这说明注释不会影响 SQL 语句的功能。

（2）第 2 种格式如下：

```
#
```

上述注释是由“#”组成的，可以是多于 1 个的“#”。SQL Server 数据库不支持本格式的注释，但是 MySQL 数据库支持。

【示例 2-26】同时查询数据库表 goods 中商品的名称和价格信息（MySQL 版）。

SQL 语句如下：

```
SELECT name,     #1 个井号，查询列 name 的数据信息
price            ##2 个井号，查询列 price 的数据信息
FROM goods;      ###3 个井号，查询的表名是 goods
```

上述 SQL 语句的功能是，同时查询数据库表 goods 中列“name”和列“price”的所有信息，执行结果如图 2-27 所示。

	name	price
1	商品1	45
2	商品2	45
3	商品3	456
4	商品4	56
5	商品5	56
6	商品6	56
7	商品7	77
8	商品8	99
9	商品9	87
10	商品10	55

图 2-26　执行结果

name	price
商品1	45
商品2	45
商品3	456
商品4	56
商品5	56
商品6	56
商品7	77
商品8	99
商品9	87
商品10	55

图 2-27　执行结果

（3）第 3 种注释格式如下：

```
/*注释内容*/
```

上述注释从“/*”开始，到“*/”结束，“/*”和“*/”之间的任何内容都是注释。需要注意的是，在这种方式中的“/*”和“*/”必须成对出现，否则会出错。另外，星号的个数可以是多个，但最少是前后各一个。SQL Server 数据库和 MySQL 数据库都支持本格式的注释。

【示例 2-27】同时查询数据库表 goods 中商品的名称和价格信息（SQL Serve/MySQL 版）。

SQL 语句如下：

```
/** 下面的 SQL 语句可以同时查询表 goods 中商品的名称和价格信息 */
SELECT name,
price
FROM goods;
```

上述 SQL 语句的功能是同时查询数据库表 goods 中列“name”和列“price”的所有信息，在 SQL Serve 数据库中的执行结果如图 2-28 所示，在 MySQL 数据库中的执行结果如图 2-29 所示。

	name	price
1	商品1	45
2	商品2	45
3	商品3	456
4	商品4	56
5	商品5	56
6	商品6	56
7	商品7	77
8	商品8	99
9	商品9	87
10	商品10	55

图 2-28　执行结果

name	price
商品1	45
商品2	45
商品3	456
商品4	56
商品5	56
商品6	56
商品7	77
商品8	99
商品9	87
商品10	55

图 2-29　执行结果

第 3 章　数据过滤的深入探讨

在数据库表中通常会包含大量的数据，很少需要检索表中的所有行。通常只会根据特定操作或报告的需要提取表数据的子集。只检索所需数据需要指定搜索条件（Search Criteria），搜索条件也称为过滤条件（Filter Condition）。

在前面的内容中，我们已经讲解了使用 WHERE 子句过滤查询结果的基础知识。使用 WHERE 子句的用法还有很多，本章将进一步探讨介绍使用 SQL 过滤数据的知识和具体方法。

3.1　在 WHERE 子句中使用比较操作符

在 SELECT 语句中，可以使用 WHERE 子句中指定的搜索条件进行过滤，这是实现数据过滤的常用手段之一。例如，我们前面进过，通过下面的 SQL 语句查询列“price”中价格是 45 的数据：

```
SELECT
price
FROM goods WHERE price=45;
```

在上述 SQL 语句中用到操作符“=”。在 WHERE 子句中，除了可以使用“=”外，还可以使用其他常见的比较操作符，各个比较操作符在 SQL 语句中的具体含义如表 3-1 所示。

表 3-1　各个比较操作符在 SQL 语句中的具体含义

操作符	具体含义	操作符	具体含义
=	等于	>	大于
<>	不等于	>=	大于等于
!=	不等于	!>	不大于
<	小于	BETWEEN	在指定的两个值之间
<=	小于等于	IS NULL	为 NULL 值
!<	不小于		

注意：在表 3-1 中列出的比较操作符中，某些操作符是冗余的，例如“<>”与“!=”的功能相同，“!<”相当于“>=”。并非所有数据库产品都支持这些操作符。如果想确定使用的数据库产品支持哪些操作符，请参阅这些数据库产品的官方文档。

3.1.1 使用“=”过滤查询数据

在使用 WHERE 子句过滤数据的应用中，经常使用“=”提取某个列满足某个数值的数据。

【示例 3-1】查询数据库表 goods 中价格是 45 的商品的详细信息。

SQL 语句如下：

```
SELECT
*
FROM goods WHERE price=45;
```

在上述 SQL 语句中，查询列“price”中价格是 45 的商品的详细信息。其中，“price=45”用来表示查询条件的表达式（条件表达式），列“price”中的所有记录都会被进行比较。等号是比较两边的内容是否相等的符号，上述条件是将列“price”的值和 45 进行比较，判断是否相等，并将满足条件的结果显示出来。因为用到了“*”，所以会显示价格是 45 的商品的详细信息。执行结果如图 3-1 所示。

	id	name	price	reserve	sales	company
1	1	商品1	45	155	290	公司A
2	2	商品2	45	34	23	公司B

（a）SQL Server 数据库

id	name	price	reserve	sales	company
1	商品1	45	155	290	公司A
2	商品2	45	34	23	公司B

（b）MySQL 数据库

图 3-1 执行结果

3.1.2 使用“>”过滤查询数据

在使用 WHERE 子句过滤数据的应用中，经常使用“>”提取某个列的值大于某个数值的数据。

【示例 3-2】查询数据库表 goods 中价格高于 60 的商品的详细信息。

SQL 语句如下：

```
SELECT
*
FROM goods WHERE price>60;
```

在上述 SQL 语句中，查询列“price”中价格大于 60 的商品的详细信息。将列“price”的值和 60 进行比较，判断“price”的值是否大于 60，并将大于 60 的结果显示出来。因为用到了“*”，所以会显示价格大于 60 的商品的详细信息。执行结果如图 3-2 所示。

	id	name	price	reserve	sales	company
1	3	商品3	456	2345	2999	公司C
2	7	商品7	77	20	600	公司A
3	8	商品8	99	45	50	公司B
4	9	商品9	87	67	45	公司C

（a）SQL Server 数据库

id	name	price	reserve	sales	company
3	商品3	456	2345	2999	公司C
7	商品7	77	20	600	公司A
8	商品8	99	45	50	公司B
9	商品9	87	67	45	公司C

（b）MySQL 数据库

图 3-2 执行结果

【示例 3-3】查询数据库表 goods 中销量高于 500 的商品信息。

SQL 语句如下：

```
SELECT
name,
price,
sales
FROM goods WHERE sales>500;
```

在上述 SQL 语句中，查询列“sales”中大于 500 的商品的详细信息。将列“sales”的值和 500 进行比较，判断“sales”的值是否大于 500，并将大于 500 的结果显示出来。因为在查询时只检索了列“name”“price”“sales”，所以在查询结果中只显示这 3 列的信息。执行结果如图 3-3 所示。

	name	price	sales
1	商品3	456	2999
2	商品6	56	700
3	商品7	77	600

（a）SQL Server 数据库

name	price	sales
商品3	456	2999
商品6	56	700
商品7	77	600

（b）MySQL 数据库

图 3-3 执行结果

3.1.3 使用“<”过滤查询数据

在使用 WHERE 子句过滤数据的应用中，经常使用“<”提取某列中值小于某个数值的数据。

【示例 3-4】查询数据库表 goods 中价格低于 60 的商品的详细信息。

SQL 语句如下：

```
SELECT
*
FROM goods WHERE price<60;
```

在上述 SQL 语句中，查询列“price”中价格低于 60 的商品的详细信息。将列“price”

的值和 60 进行比较，判断“price”的值是否低于 60，并将低于 60 的结果显示出来。因为用到了“*”，所以显示价格低于 60 的商品的详细信息。执行结果如图 3-4 所示。

	id	name	price	reserve	sales	company
1	1	商品1	45	155	290	公司A
2	2	商品2	45	34	23	公司B
3	4	商品4	56	100	200	公司A
4	5	商品5	56	200	500	公司B
5	6	商品6	56	12	700	公司C
6	10	商品10	55	60	67	公司A

（a）SQL Server 数据库

id	name	price	reserve	sales	company
1	商品1	45	155	290	公司A
2	商品2	45	34	23	公司B
4	商品4	56	100	200	公司A
5	商品5	56	200	500	公司B
6	商品6	56	12	700	公司C
10	商品10	55	60	67	公司A

（b）MySQL 数据库

图 3-4　执行结果

3.1.4　使用“>=”过滤查询数据

在使用 WHERE 子句过滤数据的应用中，经常使用“>=”提取某个列的值大于等于某个数值的数据。

【示例 3-5】查询数据库表 goods 中价格大于等于 80 的商品的详细信息。

SQL 语句如下：

```
SELECT
*
FROM goods WHERE price>=80;
```

在上述 SQL 语句中，查询列“price”中大于等于 80 的商品的详细信息。将列“price”的值和 80 进行比较，判断“price”的值是否大于等于 80，并将大于等于 80 的结果显示出来。因为用到了“*”，所以会显示价格大于等于 80 的商品的详细信息。执行结果如图 3-5 所示。

	id	name	price	reserve	sales	company
1	3	商品3	456	2345	2999	公司C
2	8	商品8	99	45	50	公司B
3	9	商品9	87	67	45	公司C

（a）SQL Server 数据库

id	name	price	reserve	sales	company
3	商品3	456	2345	2999	公司C
8	商品8	99	45	50	公司B
9	商品9	87	67	45	公司C

（b）MySQL 数据库

图 3-5　执行结果

3.1.5　使用“<=”过滤查询数据

在使用 WHERE 子句过滤数据的应用中，经常使用“<=”提取某个列的值小于等于某个

数值的数据。

【示例 3-6】查询数据库表 goods 中库存小于等于 60 的商品的详细信息。

SQL 语句如下：

```
SELECT
*
FROM goods WHERE reserve<=60;
```

在上述 SQL 语句中，查询列“reserve”中小于等于 60 的商品的详细信息。将列“reserve”的值和 60 进行比较，判断“reserve”的值是否小于等于 60，并将小于等于 60 的结果显示出来。因为用到了“*”，所以会显示库存小于等于 60 的商品的详细信息。执行结果如图 3-6 所示。

	id	name	price	reserve	sales	company
1	2	商品2	45	34	23	公司B
2	6	商品6	56	12	700	公司C
3	7	商品7	77	20	600	公司A
4	8	商品8	99	45	50	公司B
5	10	商品10	55	60	67	公司A

（a）SQL Server 数据库

id	name	price	reserve	sales	company
2	商品2	45	34	23	公司B
6	商品6	56	12	700	公司C
7	商品7	77	20	600	公司A
8	商品8	99	45	50	公司B
10	商品10	55	60	67	公司A

（b）MySQL 数据库

图 3-6 执行结果

3.1.6 使用“!>”过滤查询数据

在使用 WHERE 子句过滤数据的应用中，经常使用“!>”提取某个列的值不大于某个数值的数据，也就是小于等于某个数值的数据。

【示例 3-7】查询数据库表 goods 中库存不大于 60 的商品信息。

SQL 语句如下：

```
SELECT
*
FROM goods WHERE reserve!>60;
```

在上述 SQL 语句中，查询列“reserve”中不大于 60 的商品的详细信息。将列“reserve”的值和 60 进行比较，判断“reserve”的值是否不大于 60，并将不大于 60 的结果显示出来。因为用到了“*”，所以会显示库存不大于 60 的商品的详细信息。在 SQL Server 数据库中的执行结果如图 3-7 所示。

注意：在 MySQL 数据库使用“!>”会出错。

	id	name	price	reserve	sales	company
1	2	商品2	45	34	23	公司B
2	6	商品6	56	12	700	公司C
3	7	商品7	77	20	600	公司A
4	8	商品8	99	45	50	公司B
5	10	商品10	55	60	67	公司A

图 3-7　执行结果

在 SQL 语句中，“!>”表示不大于，说明其功能相当于小于等于“<=”。所以本示例上述 SQL 语句的功能等同于下面的 SQL 语句：

```
SELECT
*
FROM goods WHERE reserve<=60;
```

因为在 SQL 语句中，操作符“!>”和“<”的功能是完全等效的，所以可以在 MySQL 数据库中使用“<”来解决不能使用“!>”的问题。

3.1.7　使用“!<”过滤查询数据

在使用 WHERE 子句过滤数据的应用中，经常使用“!<”提取某个列的值不小于某个数值的数据，也就是小于等于某个数值的数据。

【示例 3-8】查询数据库表 goods 中库存不小于 60 的商品信息。

SQL 语句如下：

```
SELECT
*
FROM goods WHERE reserve!<60;
```

在上述 SQL 语句中，查询列“reserve”中不小于 60 的商品的详细信息。将列“reserve”的值和 60 进行比较，判断“reserve”的值是否不小于 60，并将不小于 60 的结果显示出来。因为用到了“*”，所以会显示库存不小于 60 的商品的详细信息。在 SQL Server 数据库中的执行结果如图 3-8 所示。

注意：在 MySQL 数据库使用“!<”会出错。

	id	name	price	reserve	sales	company
1	1	商品1	45	155	290	公司A
2	3	商品3	456	2345	2999	公司C
3	4	商品4	56	100	200	公司A
4	5	商品5	56	200	500	公司B
5	9	商品9	87	67	45	公司C
6	10	商品10	55	60	67	公司A

图 3-8　执行结果

在 SQL 语句中，“!<”表示不小于，这说明其功能相当于大于等于“>=”。所以本示例上述 SQL 语句的功能等同于下面的 SQL 语句：

```
SELECT
*
FROM goods WHERE reserve>=60;
```

3.1.8　使用“!=”和“<>”过滤查询数据

在 SQL 语句中，操作符“!=”和“<>”都表示不等于。在使用 WHERE 子句过滤数据的应用中，经常使用“!=”和“<>”提取某个列的值不等于某个数值的数据。

【示例 3-9】查询数据库表 goods 中售价不是 45 的商品信息（使用“!=”）。

SQL 语句如下：

```
SELECT
*
FROM goods WHERE price!=45;
```

在上述 SQL 语句中，查询列“price”中不等于 45 的商品的详细信息。将列“price”的值和 45 进行比较，判断“price”的值是否不等于 45，并将不等于 45 的结果显示出来。因为用到了“*”，所以会显示价格不等于 45 的商品的详细信息。执行结果如图 3-9 所示。

	id	name	price	reserve	sales	company
1	3	商品3	456	2345	2999	公司C
2	4	商品4	56	100	200	公司A
3	5	商品5	56	200	500	公司B
4	6	商品6	56	12	700	公司C
5	7	商品7	77	20	600	公司A
6	8	商品8	99	45	50	公司B
7	9	商品9	87	67	45	公司C
8	10	商品10	55	60	67	公司A

（a）SQL Server 数据库

id	name	price	reserve	sales	company
3	商品3	456	2345	2999	公司C
4	商品4	56	100	200	公司A
5	商品5	56	200	500	公司B
6	商品6	56	12	700	公司C
7	商品7	77	20	600	公司A
8	商品8	99	45	50	公司B
9	商品9	87	67	45	公司C
10	商品10	55	60	67	公司A

（b）MySQL 数据库

图 3-9　执行结果

【示例 3-10】查询数据库表 goods 中生产厂家不是“公司 A”的商品信息（使用“<>”）。

SQL 语句如下：

```
SELECT
*
FROM goods WHERE company<>'公司 A';
```

在上述 SQL 语句中，查询列“company”中的值不是“公司 A”的商品的详细信息。将列“company”的值和“公司 A” 进行比较，判断“company”的值是否是“公司 A”，并将不是“公司 A”的结果显示出来。因为用到了“*”，所以会显示制造商不是“公司 A”的商品的详细信息。执行结果如图 3-10 所示。

	id	name	price	reserve	sales	company
1	2	商品2	45	34	23	公司B
2	3	商品3	456	2345	2999	公司C
3	5	商品5	56	200	500	公司B
4	6	商品6	56	12	700	公司C
5	8	商品8	99	45	50	公司B
6	9	商品9	87	67	45	公司C

（a）SQL Server 数据库

id	name	price	reserve	sales	company
2	商品2	45	34	23	公司B
3	商品3	456	2345	2999	公司C
5	商品5	56	200	500	公司B
6	商品6	56	12	700	公司C
8	商品8	99	45	50	公司B
9	商品9	87	67	45	公司C

（b）MySQL 数据库

图 3-10　执行结果

注意：在绝大多数的数据库产品中，“!=”和“<>”可以互换。但是，并非所有数据库产品都支持这两种不等于操作符。如果有疑问，请参阅相应的 DBMS 文档。

3.2　空值处理

在数据库中创建表时，开发人员可以设置其中的列不包含任何值，此时用空值 NULL 表示即可。在使用 SQL 语句处理空值 NULL 数据时，需要特别注意 NULL 数据的特殊性。在本节中，将详细讲解使用 SQL 处理空值时的注意事项。

3.2.1　在数据库中创建空值

分别在 SQL Server 数据库和 MySQL 数据库中添加一个新的商品，并故意不为列“sales”设置具体数值，则 SQL Server 数据库和 MySQL 数据库会自动为列“sales”设置为空值“NULL”，如图 3-11 所示。

id	name	price	reserve	sales	company
1	商品1	45	155	290	公司A
2	商品2	45	34	23	公司B
3	商品3	456	2345	2999	公司C
4	商品4	56	100	200	公司A
5	商品5	56	200	500	公司B
6	商品6	56	12	700	公司C
7	商品7	77	20	600	公司A
8	商品8	99	45	50	公司B
9	商品9	87	67	45	公司C
10	商品10	55	60	67	公司A
11	商品11	60	20	NULL	公司B

（a）在 SQL Server 数据库中添加一个 id 为 11 的商品

图 3-11　设置列“sales”的值为空值“NULL”

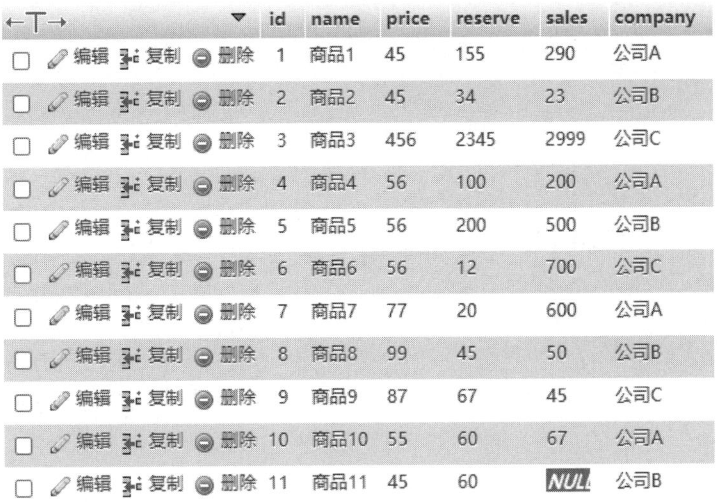

←T→	id	name	price	reserve	sales	company
编辑 复制 删除	1	商品1	45	155	290	公司A
编辑 复制 删除	2	商品2	45	34	23	公司B
编辑 复制 删除	3	商品3	456	2345	2999	公司C
编辑 复制 删除	4	商品4	56	100	200	公司A
编辑 复制 删除	5	商品5	56	200	500	公司B
编辑 复制 删除	6	商品6	56	12	700	公司C
编辑 复制 删除	7	商品7	77	20	600	公司A
编辑 复制 删除	8	商品8	99	45	50	公司B
编辑 复制 删除	9	商品9	87	67	45	公司C
编辑 复制 删除	10	商品10	55	60	67	公司A
编辑 复制 删除	11	商品11	45	60	NULL	公司B

（b）在 MySQL 数据库中添加一个 id 为 11 的商品

图 3-11　设置列“sales”的值为空值“NULL”（续）

3.2.2　判断某个值是否为空值

在使用 SQL 语句判断某个值是否为 NULL 时，不能简单地检查是否等于 NULL，需要在 WHERE 子句中使用“IS NULL”或“IS NOT NULL”检查是否具有 NULL 值的列。

（1）使用“IS NULL”子句的语法格式如下：

```
SELECT column_name
FROM table_name
WHERE table_name IS NULL;
```

参数说明如下：

- column_name：列的名字；
- table_name：数据库表的名字。

通过上述 SQL 语句，可以查询数据库表“table_name”中列“column_name”的值为空的数据信息。下面的示例，能够查询数据库表“goods”中销量值为空的商品信息。

【示例 3-11】查询数据库表 goods 中销量值为空的商品信息。

SQL 语句如下：

```
SELECT *
FROM goods
WHERE sales IS NULL;
```

在上述 SQL 语句中，查询列“sales”中值为空的商品信息。因为用到了“*”，所以会显示销量值为空的商品的详细信息。执行结果如图 3-12 所示。

	id	name	price	reserve	sales	company
1	11	商品11	60	20	NULL	公司B

（a）SQL Server 数据库

id	name	price	reserve	sales	company
11	商品11	45	60	NULL	公司B

（b）MySQL 数据库

图 3-12　执行结果

（2）使用“IS NOT NULL”子句的语法格式如下：

```
SELECT column_name
FROM table_name
WHERE table_name IS NULL;
```

通过上述 SQL 语句，可以查询数据库表“table_name”中列“column_name”的值不为空的数据信息。下面的示例，能够查询数据库表 goods 中销量值不为空的商品信息。

【示例 3-12】查询数据库表 goods 中销量值不为空的商品信息。

SQL 语句如下：

```
SELECT *
FROM goods
WHERE sales IS NOT NULL;
```

在上述 SQL 语句中，查询列“sales”中值不为空的商品信息。因为用到了“*”，所以会显示销量值不为空的商品的详细信息。执行结果如图 3-13 所示。

	id	name	price	reserve	sales	company
1	1	商品1	45	155	290	公司A
2	2	商品2	45	34	23	公司B
3	3	商品3	456	2345	2999	公司C
4	4	商品4	56	100	200	公司A
5	5	商品5	56	200	500	公司B
6	6	商品6	56	12	700	公司C
7	7	商品7	77	20	600	公司A
8	8	商品8	99	45	50	公司B
9	9	商品9	87	67	45	公司C
10	10	商品10	55	60	67	公司A

（a）SQL Server 数据库

	id	name	price	reserve	sales	company
删除	1	商品1	45	155	290	公司A
删除	2	商品2	45	34	23	公司B
删除	3	商品3	456	2345	2999	公司C
删除	4	商品4	56	100	200	公司A
删除	5	商品5	56	200	500	公司B
删除	6	商品6	56	12	700	公司C
删除	7	商品7	77	20	600	公司A
删除	8	商品8	99	45	50	公司B
删除	9	商品9	87	67	45	公司C
删除	10	商品10	55	60	67	公司A

（b）MySQL 数据库

图 3-13　执行结果

第 4 章　在查询中使用运算符和表达式

上一章已经讲解了在 SQL 语句中使用“=”“>”等比较运算符的知识：除此之外，为了实现更加精准或复杂的数据检索处理功能，在 SQL 语句中还可以使用其他运算符，甚至可以使用表达式。在本章中，将进一步讲解在 SQL 语句中使用运算符和表达式过滤数据的知识和具体方法。

4.1　使用算术运算符和表达式

算术运算符在实际应用中比较常见，例如，四则运算符号“+”“-”“*”“/”就是最为常见的算术运算符。而含有运算符和数字组成的式子就是表达式，例如“4+2”就是一个加法运算表达式。通过使用算术运算符，能够对一个或多个数据类型的两个表达式进行数学运算。在本节中，将详细讲解在 SQL 语句中使用算术运算符的知识。

4.1.1　常用的算术运算符

在 SQL 语句中，经常使用的算术运算符的具体说明如表 4-1 所示。

表 4-1　常用的算术运算符

运算符	含　义
+	加法
-	减法
*	乘法
/	除法运算
%	取模运算符，返回一个除法运算的整数余数。例如，12 % 5 = 2，这是因为 12 除以 5，余数为 2

在 SQL 语句中，可以直接使用表 4-1 中的算术运算符。通过使用算术运算，对其两边的值进行四则运算或者字符串拼接、数值大小比较等运算，并返回结果的符号。假如在加法运算符“+”前后是数字或者数字类型的列名，就会返回加法运算后的结果。

4.1.2　在 WHERE 子句中使用算术运算符

在数据库应用中，经常遇到和数字运算相关的情况，例如计算员工工资、计算商品销售额等。本小节中我们准备了 3 个小示例，体现了在 WHERE 子句中使用不同算术运算符实现相应的查询结果。

【示例 4-1】查询数据库表 goods 中价格是 45 的商品的详细信息。

SQL 语句如下：

```
SELECT
*
FROM goods WHERE price=55-10;
```

在上述 SQL 语句中，在 WHER 子句中使用了减法运算符。查询列“price”中价格是 45 的商品的详细信息。其中“price=55-10”用来表示查询条件的表达式（条件表达式），并且使用算术运算符“-”实现减法处理。减法运算“55-10”的计算结果是 45，所以执行后会查询显示“price”中价格是 45 的商品的详细信息，如图 4-1 所示。

	id	name	price	reserve	sales	company
1	1	商品1	45	155	290	公司A
2	2	商品2	45	34	23	公司B

（a）SQL Server 数据库

id	name	price	reserve	sales	company
1	商品1	45	155	290	公司A
2	商品2	45	34	23	公司B

（b）MySQL 数据库

图 4-1　执行结果

【示例 4-2】查询数据库表 goods 中商品编号是 2 的商品的详细信息。

SQL 语句如下：

```
SELECT
*
FROM goods WHERE id=12 % 5 ;
```

在上述 SQL 语句中，在 WHERE 子句中使用取模运算符。查询列“id”中值为 2 的商品的详细信息。其中，“id=12%5”用来表示查询条件的表达式（条件表达式），并且使用算术运算符“%”实现求余运算。求余运算“12%5”的计算结果是 2，所以执行后会查询显示“id”中值为 2 的商品的详细信息，如图 4-2 所示。

	id	name	price	reserve	sales	company
1	2	商品2	45	34	23	公司B

（a）SQL Server 数据库

id	name	price	reserve	sales	company
2	商品2	45	34	23	公司B

（b）MySQL 数据库

图 4-2　执行结果

除此之外，还可以在 WHERE 子句中使用算术运算符的混合运算形式，并且可以使用小括号设置运算符的优先级。下面的示例，使用算术运算符的混合运算形式查询价格是 45 的商品信息。

【示例 4-3】查询数据库表 goods 中价格是 45 的商品的详细信息（混合运算形式）。

SQL 语句如下：

```
SELECT
*
FROM goods WHERE price=55-10+(2-1)*0;
```

在上述 SQL 语句中，在 WHERE 子句中使用混合运算符。查询列“price”中价格是

45 的商品的详细信息。其中，“price=55-10+(2-1)*0”用来表示查询条件的表达式（条件表达式），并且使用算术运算符的混合运算形式，并且在混合运算表达式中用小括号设置运算优先级。因为混合运算表达式“55-10+(2-1)*0”的计算结果是 45，所以执行后会查询显示“price”中价格是 45 的商品的详细信息，如图 4-3 所示。

	id	name	price	reserve	sales	company
1	1	商品1	45	155	290	公司A
2	2	商品2	45	34	23	公司B

（a）SQL Server 数据库

id	name	price	reserve	sales	company
1	商品1	45	155	290	公司A
2	商品2	45	34	23	公司B

（b）MySQL 数据库

图 4-3　执行结果

注意：读者可以试一试在 WHERE 子句中使用其他算术运算符的效果。

4.1.3　在 SELECT 子句中使用算术运算符

除了在 WHERE 子句中使用算术运算符外，也可以在 SELECT 子句中使用算术运算符。请看下面的 4 个示例，演示了在 SELECT 子句中使用乘法和混合算术运算符实现不同的查询结果。

【示例 4-4】分别查询并显示数据库表 goods 中商品的正常价格和两倍价格信息。

SQL 语句如下：

```
SELECT
name,
price AS "正常价格",
price * 2 AS "两倍价格"
FROM goods;
```

在上述 SQL 语句中，在 SELECT 子句中使用乘法运算符。查询列“price”中的信息，并将列“price”的名字重新命名为“正常价格”。然后再次查询列“price”中的信息，并将在列“price”中保存的价格乘以 2 并重新命名为“两倍价格”。其中的“price * 2”是一个乘法运算表达式，即计算销售单价的 2 倍的表达式。执行后会分别查询并显示商品的正常价格和两倍价格信息，如图 4-4 所示。

	name	正常价格	两倍价格
1	商品1	45	90
2	商品2	45	90
3	商品3	456	912
4	商品4	56	112
5	商品5	56	112
6	商品6	56	112
7	商品7	77	154
8	商品8	99	198
9	商品9	87	174
10	商品10	55	110

（a）SQL Server 数据库

name	正常价格	两倍价格
商品1	45	90
商品2	45	90
商品3	456	912
商品4	56	112
商品5	56	112
商品6	56	112
商品7	77	154
商品8	99	198
商品9	87	174
商品10	55	110

（b）MySQL 数据库

图 4-4　执行结果

【示例 4-5】分别查询并显示数据库表 goods 商品的正常价格和统一加 2 后的价格信息。

SQL 语句如下：

```
SELECT
name,
price AS "正常价格",
price + 2 AS "加 2 价格"
FROM goods;
```

在上述 SQL 语句中，在 SELECT 子句中使用加法运算符。查询列“price”中的信息，并将列“price”的名字重新命名为“正常价格”。然后再次查询列“price”中的信息，并将在列“price”中保存的价格加 2 并重新命名为“加 2 价格”。其中，“price + 2”是一个加法运算表达式，即将计算销售单价加 2。执行后会分别查询并显示商品的正常价格信息和统一加 2 后的价格信息，如图 4-5 所示。

	name	正常价格	加2价格
1	商品1	45	47
2	商品2	45	47
3	商品3	456	458
4	商品4	56	58
5	商品5	56	58
6	商品6	56	58
7	商品7	77	79
8	商品8	99	101
9	商品9	87	89
10	商品10	55	57

（a）SQL Server 数据库

name	正常价格	加2价格
商品1	45	47
商品2	45	47
商品3	456	458
商品4	56	58
商品5	56	58
商品6	56	58
商品7	77	79
商品8	99	101
商品9	87	89
商品10	55	57

（b）MySQL 数据库

图 4-5　执行结果

【示例 4-6】计算数据库表 goods 中每种商品的销售额。

在数据库表 goods 中保存每种商品的销售信息，其中列“price”表示商品的售价，列“sales”表示商品的销量，那么商品的销售额则等于“price *sales”。SQL 语句如下：

```
SELECT
name,
price,
sales,
price * sales AS "销售额"
FROM goods;
```

在上述 SQL 语句中，在 SELECT 子句中使用乘法运算符，其中的“price * sales”是一个乘法运算表达式。分别查询列“name”“sales”和“price”中的信息，并计算“price *sales”的值得到商品销售额，并将计算结果重新命名为“销售额”。

数据库表 goods 的原有设计结构如图 4-6 所示。

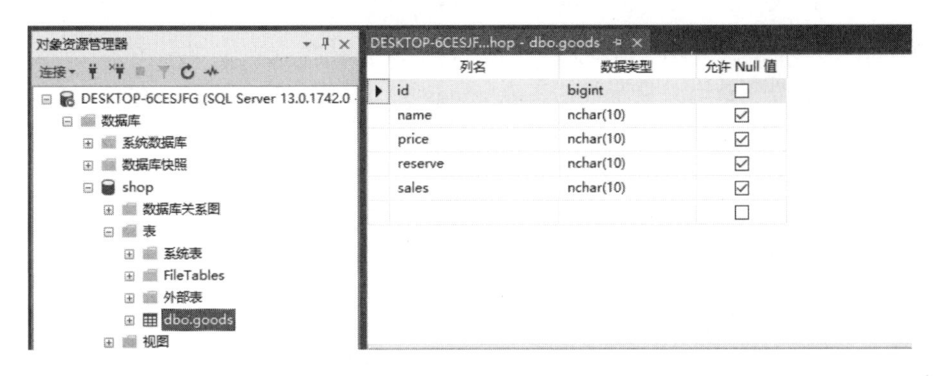

图 4-6　之前数据库表 goods 的结构

注意：在 SQL Server 数据库中，不支持“nchar”类型之间的数学运算，所以需要重新设计表“goods”的结构，将列“price”的数据类型设置为“float（小数）”，将列“sales”的数据类型设置为“bigint（整数）”，如图 4-7 所示。

列名	数据类型	允许 Null 值
id	bigint	☐
name	char(10)	☑
price	float	☑
reserve	nchar(10)	☑
sales	bigint	☑
company	char(10)	☑

图 4-7　重新设计后的数据库表 goods 的结构

执行上述 SQL 语句后，查询并显示商品的名字、售价、销量和销售额信息，如图 4-8 所示。

	name	price	sales	销售额
1	商品1	45	290	13050
2	商品2	45	23	1035
3	商品3	456	2999	1367544
4	商品4	56	200	11200
5	商品5	56	500	28000
6	商品6	56	700	39200
7	商品7	77	600	46200
8	商品8	99	50	4950
9	商品9	87	45	3915
10	商品10	55	67	3685

（a）SQL Server 数据库

name	price	sales	销售额
商品1	45	290	13050
商品2	45	23	1035
商品3	456	2999	1367544
商品4	56	200	11200
商品5	56	500	28000
商品6	56	700	39200
商品7	77	600	46200
商品8	99	50	4950
商品9	87	45	3915
商品10	55	67	3685

（b）MySQL 数据库

图 4-8　执行结果

除此之外，还可以在 SELECT 子句中使用算术运算符的混合运算形式，并且可以使用小括号设置运算符的优先级。下面的示例，通过使用算术运算符的混合运算形式，分别查询并显示商品的正常价格信息和 6 倍价格信息。

【示例 4-7】分别查询并显示数据库表 goods 中商品的正常价格和 6 倍价格信息。

SQL 语句如下：

```
SELECT
name,
price AS "正常价格",
price * (2+1)*2 AS "6 倍价格"
FROM goods;
```

在上述 SQL 语句中，在 SELECT 子句中使用混合的算术运算符。查询列“price”中的信息，并将列“price”的名字重新命名为“正常价格”；然后再次查询列“price”中的信息，并将在列“price”中保存的价格乘以“(2+1)*2”，重新命名为“6 倍价格”。其中，“price * (2+1)*2”是一个算术运算符的混合运算表达式，并且使用小括号设置运算符的优先级。执行后会分别查询并显示商品的正常价格和 6 倍价格的信息，如图 4-9 所示。

	name	正常价格	六倍价格
1	商品1	45	270
2	商品2	45	270
3	商品3	456	2736
4	商品4	56	336
5	商品5	56	336
6	商品6	56	336
7	商品7	77	462
8	商品8	99	594
9	商品9	87	522
10	商品10	55	330

（a）SQL Server 数据库

name	正常价格	六倍价格
商品1	45	270
商品2	45	270
商品3	456	2736
商品4	56	336
商品5	56	336
商品6	56	336
商品7	77	462
商品8	99	594
商品9	87	522
商品10	55	330

（b）MySQL 数据库

图 4-9　执行结果

4.1.4　在 TOP 子句中使用算术运算符

在使用 SQL 语句查询数据库中的数据时，可以在 SQL Server 数据库中使用 TOP 子句限制查询数据的数量。在使用 TOP 子句时，也可以使用前面介绍的算术运算符。

【示例 4-8】查询数据库表 goods 中前 5 个商品的详细信息（SQL Server 版）。

SQL 语句如下：

```
SELECT
TOP (3+2) *
FROM goods ;
```

在上述 SQL 语句中，在 TOP 子句中使用加法运算符，查询显示数据库表中的前 5 条信息。其中，“(3+2)”是一个加法运算表达式，需要注意的是，这里必须使用小括号，否则会出错。执行后会显示数据库表 goods 中前 5 个商品的详细信息，如图 4-10 所示。

	id	name	price	reserve	sales	company
1	1	商品1	45	155	290	公司A
2	2	商品2	45	34	23	公司B
3	3	商品3	456	2345	2999	公司C
4	4	商品4	56	100	200	公司A
5	5	商品5	56	200	500	公司B

图 4-10 执行结果

4.2 使用逻辑运算符和表达式

在 SQL 语句中，除了可以使用前面介绍的数学运算符和比较运算符外，还可以使用逻辑运算符和表达式。逻辑运算符和比较运算符一样，都能返回布尔数据类型的结果：TRUE 或 FALSE。在本节中，将详细讲解在 SQL 语句中使用逻辑运算符和逻辑表达式的知识。

4.2.1 常见的逻辑运算符

在 SQL 语句中，常见的逻辑运算符与功能描述如表 4-2 所示。

表 4-2 常见的逻辑运算符

运算符	功能描述
ALL	如果一个比较集中全部都是 TRUE，则值为 TRUE
AND	如果两个布尔值表达式均为 TRUE，则值为 TRUE
ANY	如果一个比较集中任何一个为 TRUE，则值为 TRUE
BETWEEN	如果操作数是在某个范围内，则值为 TRUE
EXISTS	如果子查询包含任何行，则值为 TRUE
IN	如果操作数与一个表达式列表中的某个相等，则值为 TRUE
LIKE	如果操作数匹配某个模式，则值为 TRUE
NOT	对任何其他布尔运算符的值取反
OR	如果任何一个布尔值表达式是 TRUE，则值为 TRUE
SOME	如果一个比较集中的某些 TRUE，则值为 TRUE

4.2.2 使用 NOT 运算符

在 SQL 语句中使用运算符 NOT 实现取反操作，此运算符反转任何布尔表达式的值。假设原来的值是 TRUE，在使用 NOT 实现取反操作后会变成 FALSE。表 4-3 中列出对不同的原始值执行 NOT 操作后的运算结果。

表 4-3　对不同的原始值执行 NOT 操作后的结果

原始值	NOT 操作后
TRUE	FALSE
FALSE	TRUE

在 SQL 语句中，想要实现“不是”这样的否定条件时，除了可以使用运算符“<>”之外，还可以使用逻辑运算符 NOT。

不能单独使用 NOT，必须和其他查询条件组合起来使用。例如，在下面的示例中，查询销售单价不大于等于 80 的商品信息，即单价小于 80 的商品信息。

【示例 4-9】查询数据库表 goods 中单价不大于等于 80 的商品信息。

SQL 语句如下：

```
SELECT
name,
price
FROM goods
WHERE NOT price >= 80;
```

在上述 SQL 语句中，使用 SELECT 子句分别查询数据库表 goods 中列“name”和列“price”的信息，并使用 WHERE 子句提取满足表达式“NOT price >= 80”的数据，表达式“NOT price >= 80”的含义是列“price”的值不大于等于 80，也就是提取列“price”的值小于 80 的数据。执行后结果如图 4-11 所示。

	name	price
1	商品1	45
2	商品2	45
3	商品4	56
4	商品5	56
5	商品6	56
6	商品7	77
7	商品10	55
8	商品11	60

（a）SQL Server 数据库

name	price
商品1	45
商品2	45
商品4	56
商品5	56
商品6	56
商品7	77
商品10	55
商品11	45

（b）MySQL 数据库

图 4-11　执行结果

由此可见，通过否定销售单价大于等于 80（NOT price >= 80）这个查询条件，即可选取销售单价小于 80 的商品。也就是说，上述 SQL 语句的功能和下面的 SQL 语句是完全等效的，查询结果如图 4-12 所示。

```
SELECT
name,
price
FROM goods
WHERE price < 80;
```

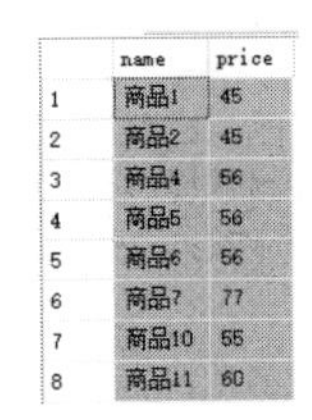

	name	price
1	商品1	45
2	商品2	45
3	商品4	56
4	商品5	56
5	商品6	56
6	商品7	77
7	商品10	55
8	商品11	60

（a）SQL Server 数据库

name	price
商品1	45
商品2	45
商品4	56
商品5	56
商品6	56
商品7	77
商品10	55
商品11	45

（b）MySQL 数据库

图 4-12 执行结果

4.2.3 使用 OR 运算符

在 SQL 语句中，运算符 OR 有“或者”的意思，在其两侧的查询条件有一个成立时则整个查询条件都成立。假设有 A 和 B 两个表达式，然后分别对 A 和 B 设置不同的值，则对 A 和 B 进行 OR 操作的结果如表 4-4 所示。

表 4-4 对不同值的 A 和 B 进行 OR 操作的结果

A	B	结 果
TRUE	FALSE	TRUE
FALSE	TRUE	TRUE
TRUE	TRUE	TRUE
FALSE	FALSE	FALSE

由表 4-4 可见，运算符 OR 的规则是只要两边有一个值为 TRUE，那么运算结果就是 TRUE。为了更加直观的理解，我们来看下面的示例。

【示例 4-10】查询数据库表 goods 中单价是 55 或 77 的商品信息。

SQL 语句如下：

```
SELECT
name,
price
FROM goods
WHERE price = 55 OR price = 77;
```

在上述 SQL 语句中，使用 SELECT 分别查询数据库表 goods 中列“name”和列“price”的信息，并使用 WHERE 子句提取满足表达式“price = 55 OR price = 77”的数据，表达式“price = 55 OR price = 77”的含义是列“price”的值是 55 或是 77，执行后会显示数据库表 goods 中商品价格是 55 或是 77 的商品信息，如图 4-13 所示。

	name	price
1	商品7	77
2	商品10	55

（a）SQL Server 数据库

name	price
商品7	77
商品10	55

（b）MySQL 数据库

图 4-13 执行结果

我们来看另一个稍微复杂一点的示例。

【示例 4-11】查询数据库表 goods 中单价是 55 或销量大于 2000 的商品信息。

SQL 语句如下：

```
SELECT
name,
price,
sales
FROM goods
WHERE price = 55 OR sales >2000;
```

在上述 SQL 语句中，使用 SELECT 分别查询数据库表 goods 中列“name”“price”“sales”的信息，并使用 WHERE 子句提取满足表达式“price = 55 OR sales >2000”的数据，执行后会显示表 goods 中单价是 55 或销量大于 2 000 的商品信息，如图 4-14 所示。

	name	price	sales
1	商品3	456	2999
2	商品10	55	67

（a）SQL Server 数据库

name	price	sales
商品3	456	2999
商品10	55	67

（b）MySQL 数据库

图 4-14　执行结果

通过数据库表 goods 中的商品信息可以看到，满足条件“price = 55”的商品只有一个：商品 10，满足条件“sales >2000”的商品只有一个：商品 3，如图 4-15 所示。通过图 4-14 查询结果可知，通过使用运算符 OR 会同时检索出这两个产品（商品 10 和商品 3）的信息。

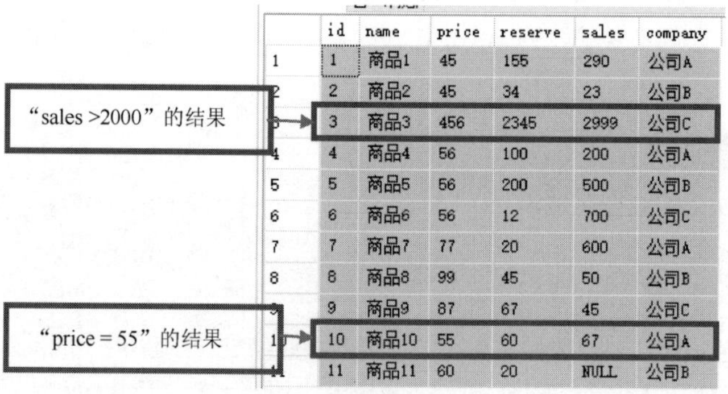

	id	name	price	reserve	sales	company
1	1	商品1	45	155	290	公司A
2	2	商品2	45	34	23	公司B
3	3	商品3	456	2345	2999	公司C
4	4	商品4	56	100	200	公司A
5	5	商品5	56	200	500	公司B
6	6	商品6	56	12	700	公司C
7	7	商品7	77	20	600	公司A
8	8	商品8	99	45	50	公司B
9	9	商品9	87	67	45	公司C
10	10	商品10	55	60	67	公司A
11	11	商品11	60	20	NULL	公司B

图 4-15　目前数据库表 goods 中所有的商品信息

4.2.4　使用 AND 运算符

在 SQL 语句中，运算符 AND 用于合并两个布尔表达式，当两个表达式均为 TRUE 时返回 TRUE。当在 SQL 语句中使用多个逻辑运算符时，首先计算 AND 运算符。假设有 A 和 B 两个表达式，然后分别对 A 和 B 设置不同的值，则对 A 和 B 进行 AND 操作的结果如表 4-5 所示。

表 4-5　对不同值的 A 和 B 进行 AND 操作的结果

A	B	结果
TRUE	FALSE	FALSE
FALSE	TRUE	FALSE
TRUE	TRUE	TRUE
FALSE	FALSE	FALSE

由此可见，运算符 AND 有“并且”的含义，其运算规则是查询条件不但要满足“AND”前面表达式的条件，还要满足后面表达式的条件。

【示例 4-12】查询数据库表 goods 中单价是 45 并且销量大于 200 的商品信息。

SQL 语句如下：

```
select
   name,
   price,
   sales
from goods
where  price= 45 and sales > 200;
```

在上述 SQL 语句中，使用 SELECT 分别查询数据库表 goods 中列“name”“price”“sales”的信息，并使用 WHERE 子句提取满足表达式“price= 45 and sales > 200”的数据。表达式“price= 45 and sales > 200”的含义是列“price”的值是 45 并且列“sales”的值大于 200，执行后会显示表 goods 中单价是 45 并且销量大于 200 的商品的信息，如图 4-16 所示。

	name	price	sales
1	商品1	45	290

（a）SQL Server 数据库

name	price	sales
商品1	45	290

（b）MySQL 数据库

图 4-16　执行结果

由数据库表 goods 中的商品信息可知，满足条件“price = 45”的商品有两个：商品 1 和商品 2，满足条件“sales >200”的商品有 5 个：商品 1、商品 3、商品 5、商品 6 和商品 7，如图 4-17 所示。通过图 4-16 查询结果可知，通过使用运算符 AND 只检索出一个满足条件的商品（商品 1）的信息，再一次说明运算符 AND 具有“并且”的含义。

满足条件“price＝45”并且满足条件“sales>200”

	id	name	price	reserve	sales	company
1	1	商品1	45	155	290	公司A
2	2	商品2	45	34	23	公司B
3	3	商品3	456	2345	2999	公司C
4	4	商品4	56	100	200	公司A
5	5	商品5	56	200	500	公司B
6	6	商品6	56	12	700	公司C
7	7	商品7	77	20	600	公司A
8	8	商品8	99	45	50	公司B
9	9	商品9	87	67	45	公司C
10	10	商品10	55	60	67	公司A
11	11	商品11	60	20	NULL	公司B

图 4-17　目前数据库表 goods 中所有的商品信息

注意：比较 OR、AND 和 NOT。

在 SELECT 语句的 WHERE 子句中，通过 AND 运算符将两个查询条件连接时，会查询这两个查询条件都为真的记录。通过 OR 运算符将两个查询条件连接时，会查询某一个查询条件为真或者两个查询条件都为真的记录。在条件表达式中使用 NOT 运算符时，会选取查询条件为假的记录（反过来为真）。

4.2.5　使用逻辑运算符处理 NULL 值

在前面介绍算术运算符时曾提到，算术运算符不能对 SQL Server 数据库列中的 NULL 值起作用，例如，在查询 NULL 时不能使用比较运算符“=”或“<>”，而是使用“IS NULL”子句或“IS NOT NULL”子句。

在使用逻辑运算符处理 NULL 值时也存在类似的问题，算术运算符在某些数据库中不起作用。例如在数据库表 goods 中，“id”为 11 的“sales”值是 NULL，如图 4-18 所示。接下来，我们通过两个示例分别看一下使用逻辑运算符 OR 和 AND 时的执行结果。

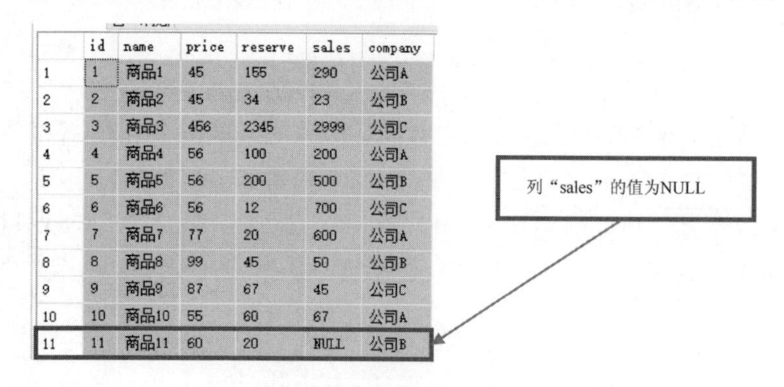

	id	name	price	reserve	sales	company
1	1	商品1	45	155	290	公司A
2	2	商品2	45	34	23	公司B
3	3	商品3	456	2345	2999	公司C
4	4	商品4	56	100	200	公司A
5	5	商品5	56	200	500	公司B
6	6	商品6	56	12	700	公司C
7	7	商品7	77	20	600	公司A
8	8	商品8	99	45	50	公司B
9	9	商品9	87	67	45	公司C
10	10	商品10	55	60	67	公司A
11	11	商品11	60	20	NULL	公司B

图 4-18　值为 NULL 的数据

【示例 4-13】查询数据库表 goods 中单价是 45 或者销量为 NULL 的商品信息。

SQL 语句如下：

```
select
   name,
   price,
   sales,
   reserve
from goods
where  price= 45 OR sales = NULL;
```

在上述 SQL 语句中，使用 SELECT 分别查询数据库表 goods 中列“name”“price”“sales”“reserve”的信息，并使用 WHERE 子句提取满足表达式“price= 45 OR sales = NULL”的数据。但是在 SQL Server 数据库中执行后只显示表 goods 中列“price”的值是 45 的商品的信息，不显示列“sales”的值为 NULL 的商品的信息，而在 MySQL 数据库中执行后会显示单价是 45 或者销量为 NULL 的商品的信息，如图 4-19 所示。

	name	price	sales	reserve
1	商品1	45	290	155
2	商品2	45	23	34

（a）SQL Server 数据库

name	price	sales	reserve
商品1	45	290	155
商品2	45	23	34
商品11	45	NULL	60

（b）MySQL 数据库

图 4-19　执行结果

上述执行效果充分说明：在 SQL Server 数据库中使用数学运算符操作 NULL 值时无效，而在 MySQL 数据库中则有效。为了解决这个问题，可以将“sales = NULL”替换为“sales IS NULL”，SQL 语句如下：

```
select
   name,
   price,
   sales,
   reserve
from goods
where  price= 45 OR sales IS NULL;
```

上述 SQL 语句可以同时在 SQL Server 数据库和 MySQL 数据库中起作用，如图 4-20 所示。

	name	price	sales	reserve
1	商品1	45	290	155
2	商品2	45	23	34
3	商品11	60	NULL	20

（a）SQL Server 数据库

name	price	sales	reserve
商品1	45	290	155
商品2	45	23	34
商品11	45	NULL	60

（b）MySQL 数据库

图 4-20　执行结果

上面介绍了运算符 OR 的用法，运算符 AND 的用法也需要格外注意。

【示例 4-14】查询数据库表 goods 中单价是 60 并且销量为 NULL 的商品信息。

SQL 语句如下：

```
select
   name,
   price,
   sales,
   reserve
from goods
where  price= 60 AND sales = NULL;
```

在上述 SQL 语句中，使用 SELECT 分别查询数据库表 goods 中列“name”“price”“sales”“reserve”的信息，并使用 WHERE 子句提取满足表达式“price= 60 AND sales = NULL”的数据。表达式“price= 60 AND sales = NULL”的含义是列“price”的值是 60 并且列“sales”的值为 NULL。由数据库中的数据可发现，同时满足条件“price= 60”和条件“sales=NULL”的数据只有一条，如图 4-21 所示。

	id	name	price	reserve	sales	company
1	1	商品1	45	155	290	公司A
2	2	商品2	45	34	23	公司B
3	3	商品3	456	2345	2999	公司C
4	4	商品4	56	100	200	公司A
5	5	商品5	56	200	500	公司B
6	6	商品6	56	12	700	公司C
7	7	商品7	77	20	600	公司A
8	8	商品8	99	45	50	公司B
9	9	商品9	87	67	45	公司C
10	10	商品10	55	60	67	公司A
11	11	商品11	60	20	NULL	公司B

同时满足条件“price=60”和条件“sales=NULL”的数据只有一条

图 4-21　同时满足条件的数据

但是从 SQL 语句的执行结果来看，在 SQL Server 数据库和 MySQL 数据库中执行上述 SQL 语句后不显示任何商品的信息，如图 4-22 所示。

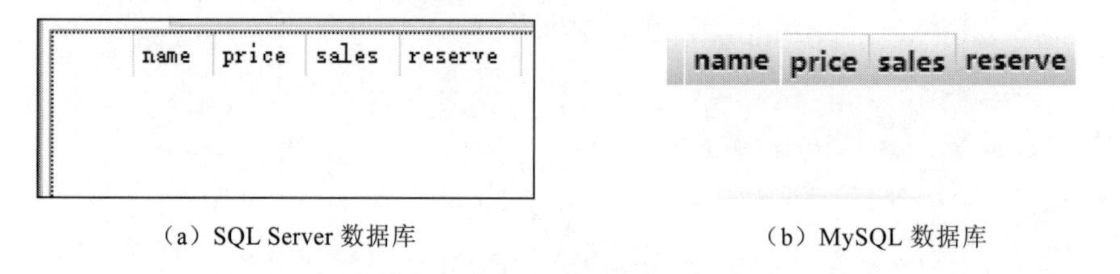

（a）SQL Server 数据库　　（b）MySQL 数据库

图 4-22　不显示任何结果

这说明如果在使用运算符 AND 时用到数学运算符，则在 SQL Server 数据库和 MySQL

数据库中都不会作用。此时可以考虑将“sales = NULL”替换为“sales IS NULL”，SQL 语句如下：

```
select
   name,
   price,
   sales,
   reserve
from goods
where  price= 60 AND sales IS NULL;
```

上述 SQL 语句可以同时在 SQL Server 数据库和 MySQL 数据库中起作用，结果如图 4-23 所示。

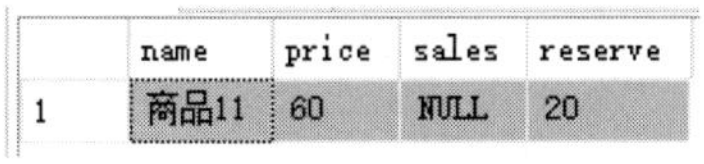

	name	price	sales	reserve
1	商品11	60	NULL	20

（a）SQL Server 数据库

name	price	sales	reserve
商品11	60	NULL	20

（b）MySQL 数据库

图 4-23　执行结果

第5章 数 据 排 序

随着在数据行的不断积累，存储数据量会逐渐增加，相应的，符合某一个查询条件的数据条目也会增多；在实际工作中，我们不但要从海量数据中搜索出需要的部分，更需要了解它们的关系，这就需要进行排序操作。例如，对商品按照价格高低进行排序，按照库存高低进行排序等。在本章中，将详细讲解使用 SQL 语句排序处理数据库数据的知识和具体方法。

5.1 数值排序

在实际应用中，最常见的排序是对数值进行排序，如按照商品价格由高到低排序，按照学生成绩由低到高排序等。在本节中，将详细讲解使用 SQL 语句实现数值排序的知识。

5.1.1 数值排序的基本语法

在 SQL 语句中，使用关键字 ORDER BY 对结果集按照一个列或者多个列的数值大小进行排序。具体语法格式如下：

```
SELECT
column_name,
FROM table_name
ORDER BY column_name=排序规则;
```

参数说明如下：

- table_name：数据库表的名字；
- column_name：数据库表 table_name 中某个列的名字；
- 排序规则：设置排序方式，其中 ASC 表示升序排列，DESC 表示降序排列。如果不设置任何排序关键字，关键字 ORDER BY 将默认按照升序对记录进行排序；
- ORDER BY：排序处理的关键字。

上述 SQL 语句的功能是，查询数据库表“table_name”中列“column_name”的信息，并按照列“column_name”的值进行排序。

5.1.2 升序排列和降序排列

在 SQL 语句中使用 ORDER BY 关键字进行排序，ORDER BY 后面的取值可以是 ASC 或 DESC；其中 ASC 表示升序排列，DESC 表示降序排列。请看下面的两个示例，功能是查询数据库中的商品信息，并按照商品的价格实现升降序排列。

【示例 5-1】 查询数据库表 goods 中的商品信息并按照价格升序排列。

SQL 语句如下：

```
SELECT
*
FROM goods ORDER BY price ASC;
```

在上述 SQL 语句中，在 WHERE 子句中使用“*”检索数据库表 goods 中所有列的信息，并且按照列“price”的值进行升序排列。执行后显示按照商品价格升序排列的结果，如图 5-1 所示。

	id	name	price	reserve	sales	company
1	1	商品1	45	155	290	公司A
2	2	商品2	45	34	23	公司B
3	3	商品3	456	2345	2999	公司C
4	4	商品4	56	100	200	公司A
5	5	商品5	56	200	500	公司B
6	6	商品6	56	12	700	公司C
7	7	商品7	77	20	600	公司A
8	8	商品8	99	45	50	公司B
9	9	商品9	87	67	45	公司C
10	10	商品10	55	60	67	公司A
11	11	商品11	60	20	NULL	公司B

（a）数据库中的原始数据

	id	name	price	reserve	sales	company
1	1	商品1	45	155	290	公司A
2	2	商品2	45	34	23	公司B
3	10	商品10	55	60	67	公司A
4	4	商品4	56	100	200	公司A
5	5	商品5	56	200	500	公司B
6	6	商品6	56	12	700	公司C
7	11	商品11	60	20	NULL	公司B
8	7	商品7	77	20	600	公司A
9	9	商品9	87	67	45	公司C
10	8	商品8	99	45	50	公司B
11	3	商品3	456	2345	2999	公司C

（b）SQL Server 中的执行结果

id	name	price ▲ 1	reserve	sales	company
1	商品1	45	155	290	公司A
2	商品2	45	34	23	公司B
3	商品3	456	2345	2999	公司C
10	商品10	55	60	67	公司A
4	商品4	56	100	200	公司A
5	商品5	56	200	500	公司B
6	商品6	56	12	700	公司C
11	商品11	60	20	NULL	公司B
7	商品7	77	20	600	公司A
9	商品9	87	67	45	公司C
8	商品8	99	45	50	公司B

（c）MySQL 中的执行结果

图 5-1　原始数据与执行结果

细心的读者会发现，在 MySQL 数据库中并没有按照列“price”的值进行升序排列。这是为什么呢？因为在目前的 MySQL 数据库中，表 goods 的设计结构如图 5-2 所示。列“price”“reserve”“sales”的数据类型都是 char(10)，表示目前使用的是固定宽度为 10 的字符类型，并不是数值类型，所以不能进行数字排序。这时可以将它们修改成数值类型，重新设计表 goods 的结构，如图 5-3 所示。

#	名字	类型	排序规则	属性	空	默认
1	id	bigint(19)			否	无
2	name	char(10)	utf8_general_ci		是	NULL
3	price	char(10)	utf8_general_ci		是	NULL
4	reserve	char(10)	utf8_general_ci		是	NULL
5	sales	char(10)	utf8_general_ci		是	NULL
6	company	char(10)	utf8_general_ci		是	NULL

图 5-2　表 goods 原来的结构

#	名字	类型	排序规则	属性	空	默认
1	id	bigint(19)			否	无
2	name	char(10)	utf8_general_ci		是	NULL
3	price	bigint(10)			是	NULL
4	reserve	bigint(10)			是	NULL
5	sales	bigint(10)			是	NULL
6	company	char(10)	utf8_general_ci		是	NULL

图 5-3　重新设计表 goods 的结构

这样，在将列“price”“reserve”“sales”的数据类型修改为“bigint(10)”数据类型后，然后执行下面的 SQL 语句，此时在 MySQL 数据库中按照列“price”的值进行升序排列，结果如图 5-4 所示。

```
SELECT
*
FROM goods ORDER BY price ASC;
```

id	name	price ▲ 1	reserve	sales	company
1	商品1	45	155	290	公司A
2	商品2	45	34	23	公司B
10	商品10	55	60	67	公司A
4	商品4	56	100	200	公司A
5	商品5	56	200	500	公司B
6	商品6	56	12	700	公司C
11	商品11	60	20	NULL	公司B
7	商品7	77	20	600	公司A
9	商品9	87	67	45	公司C
8	商品8	99	45	50	公司B
3	商品3	456	2345	2999	公司C

图 5-4　执行结果

【**示例 5-2**】查询数据库表 goods 中的商品信息并按照价格降序排列。

SQL 语句如下：

```
SELECT
*
FROM goods ORDER BY price DESC;
```

在上述 SQL 语句中，在 WHERE 子句中使用“*”检索数据库表 goods 中所有列的信息，并且按照列“price”的值进行降序排列。执行后显示按照商品价格降序排列的结果，如图 5-5 所示。

	id	name	price	reserve	sales	company
1	3	商品3	456	2345	2999	公司C
2	8	商品8	99	45	50	公司B
3	9	商品9	87	67	45	公司C
4	7	商品7	77	20	600	公司A
5	11	商品11	60	20	NULL	公司B
6	4	商品4	56	100	200	公司A
7	5	商品5	56	200	500	公司B
8	6	商品6	56	12	700	公司C
9	10	商品10	55	60	67	公司A
10	1	商品1	45	155	290	公司A
11	2	商品2	45	34	23	公司B

（a）SQL Server 中的执行结果

id	name	price ▼ 1	reserve	sales	company
3	商品3	456	2345	2999	公司C
8	商品8	99	45	50	公司B
9	商品9	87	67	45	公司C
7	商品7	77	20	600	公司A
11	商品11	60	20	NULL	公司B
4	商品4	56	100	200	公司A
5	商品5	56	200	500	公司B
6	商品6	56	12	700	公司C
10	商品10	55	60	67	公司A
1	商品1	45	155	290	公司A
2	商品2	45	34	23	公司B

（b）MySQL 中的执行结果

图 5-5　执行结果

注意：在指定一条 ORDER BY 子句时，应保证它是 SELECT 语句中最后一条子句，否则将会出错。

5.1.3　不使用 ASC 和 DESC 的排序

在前面的示例中，在排序时使用排序关键字 ASC 和 DESC。在 SQL 语句中对查询结果进行排序时，可以省略排序关键字 ASC 和 DESC，此时 ORDER BY 子句将默认设置数据按照升序规则进行排序。

【示例 5-3】查询数据库表 goods 中的商品信息并按照销量升序排列。

SQL 语句如下：

```
SELECT
*
FROM goods ORDER BY sales;
```

在上述 SQL 语句中，在 WHERE 子句中使用“*”检索数据库表 goods 中所有列的信息，在使用 ORDER BY 子句时并没有设置排序关键字，此时将默认按照列“sales”的值进行升序排列。执行后显示按照商品销量升序排列的结果，如图 5-6 所示。

	id	name	price	reserve	sales	company
1	11	商品11	60	20	NULL	公司B
2	2	商品2	45	34	23	公司B
3	9	商品9	87	67	45	公司C
4	8	商品8	99	45	50	公司B
5	10	商品10	55	60	67	公司A
6	4	商品4	56	100	200	公司A
7	1	商品1	45	155	290	公司A
8	5	商品5	56	200	500	公司B
9	7	商品7	77	20	600	公司A
10	6	商品6	56	12	700	公司C
11	3	商品3	456	2345	2999	公司C

（a）SQL Server 中的执行结果

id	name	price	reserve	sales ▲ 1	company
11	商品11	60	20	NULL	公司B
2	商品2	45	34	23	公司B
9	商品9	87	67	45	公司C
8	商品8	99	45	50	公司B
10	商品10	55	60	67	公司A
4	商品4	56	100	200	公司A
1	商品1	45	155	290	公司A
5	商品5	56	200	500	公司B
7	商品7	77	20	600	公司A
6	商品6	56	12	700	公司C
3	商品3	456	2345	2999	公司C

（b）MySQL 中的执行结果

图 5-6　执行结果

注意：细心的读者会发现，NULL 值的排序在最前面。不同的数据库产品，对 NULL 的排序规则不同，我们来了解一下：

（1）在 SQL Server 数据库和 MySQL 数据库中，认为 NULL 在排序时为最小值，即 ASC 排序时在最前面，DESC 排序时在最后面；

（2）在 Oracle 数据库中，认为 NULL 在排序时为最大值，即 ASC 排序时在最后面，DESC 排序时在最前面。

5.1.4　按照别名进行排序

在使用 SQL 语句查询数据库中的数据时，除了根据列的值进行排序外，还可以使用列的别名进行排序。

【示例 5-4】查询数据库表 goods 中商品的名字和销量信息并按照销量升序排列。

SQL 语句如下：

```
SELECT
name AS 商品名,
sales AS 销量
FROM goods ORDER BY 销量 ASC;
```

在上述 SQL 语句中，使用 SELECT 检索数据库表 goods 中列“name”和列“sales”的信息，并将列“name”重命名为“商品名”，将列“sales”重命名为“销量”，最后在“ORDER BY 销量 ASC”子句中设置根据别名“销量”的值进行升序排列。执行后显示按照商品销量升序排列的结果，如图 5-7 所示。

	商品名	销量
1	商品11	NULL
2	商品2	23
3	商品9	45
4	商品8	50
5	商品10	67
6	商品4	200
7	商品1	290
8	商品5	500
9	商品7	600
10	商品6	700
11	商品3	2999

（a）SQL Server 中的执行结果

商品名	销量 ▲ 1
商品11	NULL
商品2	23
商品9	45
商品8	50
商品10	67
商品4	200
商品1	290
商品5	500
商品7	600
商品6	700
商品3	2999

（b）MySQL 中的执行结果

图 5-7　执行结果

注意：在上面示例中，根据商品的销量进行了升序排列，其中“商品 11”对应的值是 NULL，究竟 NULL 会按照什么顺序进行排列呢？在前面的内容中曾经讲解过，不能对 NULL 使用比较运算符，也就是说，不能对 NULL 进行排序。当使用含有 NULL 的列作为排序键时，NULL 会在排序结果的开头或末尾汇总显示。其中，在 SQL Server 数据库和 MySQL 数据库中，NULL 会在排序结果的开头显示。

5.1.5　多列排序

细心的读者会发现，在数据库表 goods 中，价格为 45 的商品有两个，这两个商品如何进行升序排列呢？价格为 56 的商品有 3 个，这 3 个商品又如何升序排列呢？如图 5-8 所示。

在默认情况下，如果待排序的几个数值相同，则按照在数据库中的保存顺序进行排列。但是在现实应用中，经常需要按照多个列进行排序。在使用 SQL 语句的过程中，如果需要按照多个列进行排序，只需指定这些列名，并在列名之间用逗号分开即可。

	id	name	price	reserve	sales	company
1	1	商品1	45	155	290	公司A
2	2	商品2	45	34	23	公司B
3	10	商品10	55	60	67	公司A
4	4	商品4	56	100	200	公司A
5	5	商品5	56	200	500	公司B
6	6	商品6	56	12	700	公司C
7	11	商品11	60	20	NULL	公司B
8	7	商品7	77	20	600	公司A
9	9	商品9	87	67	45	公司C
10	8	商品8	99	45	50	公司B
11	3	商品3	456	2345	2999	公司C

图 5-8　列值相同的数据

1．相同排序

在查询数据库表 goods 时，可能希望按照商品的价格和销量排序，例如，可以明确要求首先按照商品的价格排序，然后如果遇到相同的价格再按照销量进行排序。

【示例 5-5】 查询数据库表 goods 中商品的信息并按照价格和销量升序排列。

SQL 语句如下：

```
SELECT
*
FROM goods ORDER BY price,sales ASC;
```

在上述 SQL 语句中，使用 SELECT 检索数据库表 goods 中所有列的信息，并使用 ORDER BY 设置首先按照列“price”的值进行升序排序，然后按照列“sales”的值进行升序排序。执行结果如图 5-9 所示。

	id	name	price	reserve	sales	company
1	2	商品2	45	34	23	公司B
2	1	商品1	45	155	290	公司A
3	10	商品10	55	60	67	公司A
4	4	商品4	56	100	200	公司A
5	5	商品5	56	200	500	公司B
6	6	商品6	56	12	700	公司C
7	11	商品11	60	20	NULL	公司B
8	7	商品7	77	20	600	公司A
9	9	商品9	87	67	45	公司C
10	8	商品8	99	45	50	公司B
11	3	商品3	456	2345	2999	公司C

（a）SQL Server 中的执行结果

id	name	price ▲ 1	reserve	sales ▲ 2	company
2	商品2	45	34	23	公司B
1	商品1	45	155	290	公司A
10	商品10	55	60	67	公司A
4	商品4	56	100	200	公司A
5	商品5	56	200	500	公司B
6	商品6	56	12	700	公司C
11	商品11	60	20	NULL	公司B
7	商品7	77	20	600	公司A
9	商品9	87	67	45	公司C
8	商品8	99	45	50	公司B
3	商品3	456	2345	2999	公司C

（b）MySQL 中的执行结果

图 5-9　执行结果

通过上述排序结果可以看出，在数据库表 goods 中价格为 45 的商品有两个，这两个商品的排序规则如下：

（1）按照列“price”的值进行升序排序；

（2）按照列“sales”的值进行升序排序。

在数据库表 goods 中价格为 56 的商品有 3 个，这 3 个商品的排序规则如下：

（1）按照列“price”的值进行升序排序；

（2）按照列“sales”的值进行升序排序。

2．不同排序

在应用中，还有一种按照多个列进行排序的场景。例如，在查询数据库表 goods 时，可能明确要求首先按照商品的价格升序排序，然后如果遇到相同的价格再按照销量降序排序。此时在使用 SQL 语句时，也需要指定这些列名，并在列名之间用逗号分开即可，并且在逗号前后有不同的排序关键字（ASC 或 DESC）。

【示例 5-6】查询数据库表 goods 中商品的信息，先按照价格升序排列，价格相同时可按照销量降序排列。

SQL 语句如下：

```
SELECT
*
FROM goods ORDER BY price ASC,sales DESC;
```

在上述 SQL 语句中，使用 SELECT 检索数据库表 goods 中所有列的信息，并使用 ORDER BY 设置首先按照列“price”的值进行升序排序，然后按照列“sales”的值进行降序排序。执行结果如图 5-10 所示。

	id	name	price	reserve	sales	company
1	1	商品1	45	155	290	公司A
2	2	商品2	45	34	23	公司B
3	10	商品10	55	60	67	公司A
4	6	商品6	56	12	700	公司C
5	5	商品5	56	200	500	公司B
6	4	商品4	56	100	200	公司A
7	11	商品11	60	20	NULL	公司B
8	7	商品7	77	20	600	公司A
9	9	商品9	87	67	45	公司C
10	8	商品8	99	45	50	公司B
11	3	商品3	456	2345	2999	公司C

（a）SQL Server 中的执行结果

id	name	price ▲ 1	reserve	sales ▼ 2	company
1	商品1	45	155	290	公司A
2	商品2	45	34	23	公司B
10	商品10	55	60	67	公司A
6	商品6	56	12	700	公司C
5	商品5	56	200	500	公司B
4	商品4	56	100	200	公司A
11	商品11	60	20	NULL	公司B
7	商品7	77	20	600	公司A
9	商品9	87	67	45	公司C
8	商品8	99	45	50	公司B
3	商品3	456	2345	2999	公司C

（b）MySQL 中的执行结果

图 5-10　执行结果

5.1.6　排序的简写形式

在上面的示例中，对数据库表的数据进行排序时，设置了根据具体的列名进行排序。为了提高编码的效率，不用在 SQL 语句中写列名，可以使用列在数据库表中的位置序号进行指代。

【示例 5-7】查询数据库表 goods 中商品的信息并按照价格进行升序排列（简写形式）。

SQL 语句如下：

```
SELECT
*
FROM goods ORDER BY 3 ASC;
```

在上述 SQL 语句中，使用 SELECT 检索数据库表 goods 中所有列的信息，并使用 ORDER BY 设置按照第 3 列的值进行升序排序。上面的数字“3”表示表 goods 中的第 3 个列，这个列是“price”。执行结果如图 5-11 所示。

注意：如果进行排序的列不在 SELECT 语句中，则不能使用这种简写形式。

	id	name	price	reserve	sales	company
1	1	商品1	45	155	290	公司A
2	2	商品2	45	34	23	公司B
3	10	商品10	55	60	67	公司A
4	4	商品4	56	100	200	公司A
5	5	商品5	56	200	500	公司B
6	6	商品6	56	12	700	公司C
7	11	商品11	60	20	NULL	公司B
8	7	商品7	77	20	600	公司A
9	9	商品9	87	67	45	公司C
10	8	商品8	99	45	50	公司B
11	3	商品3	456	2345	2999	公司C

（a）SQL Server 中的执行结果

id	name	price	reserve	sales	company
1	商品1	45	155	290	公司A
2	商品2	45	34	23	公司B
10	商品10	55	60	67	公司A
4	商品4	56	100	200	公司A
5	商品5	56	200	500	公司B
6	商品6	56	12	700	公司C
11	商品11	60	20	NULL	公司B
7	商品7	77	20	600	公司A
9	商品9	87	67	45	公司C
8	商品8	99	45	50	公司B
3	商品3	456	2345	2999	公司C

（b）MySQL 中的执行结果

图 5-11 执行结果

另外，在数据库产品的老版本中，支持在多列排序中使用列的简写形式的用法。例如，下面的 SQL 语句，使用列的简写形式查询商品的信息，并根据价格和销量进行升序排列。

```
SELECT
*
FROM goods ORDER BY 3 ASC,5 ASC;
```

在上述 SQL 语句中，使用 SELECT 子句检索数据库表 goods 中所有列的信息，并使用 ORDER BY 设置首先按照列第 3 列“price”的值进行升序排列，“price”值相同时可按照第 5 列“sales”的值进行升序排列。

虽然使用列编号的简写形式非常方便，但是笔者不推荐这样使用，原因有以下两点。

（1）在 SQL-929 标准中已经明确指出该排序功能将来会被删除，虽然在一些数据库产品中还可以继续使用，但是将来随着这些数据库升级，这种简写用法在将来变得不可用。

（2）代码阅读起来比较难。在使用列编号时，如果只看 ORDER BY 子句则无法知道当前是按照哪一列进行排序，只能去 SELECT 子句的列表中按照列编号进行确认。上述示例中 SELECT 子句的列数比较少，因此可能并没有什么明显的感觉。但是在实际应用中会出现列数很多的情况，而且 SELECT 子句和 ORDER BY 子句之间，还可能包含很复杂的 WHERE 子句和其他子句，这样一来确认列的具体名字实在太麻烦了。

5.1.7 对指定的行数进行排序

在前面的内容中，介绍过使用 TOP、LIMIT 和 ROWNUM 限制查询结果的知识。在使用 ORDER BY 排序数据时，也可以使用 TOP、LIMIT 和 ROWNUM 限制排序的行数。

1. 在 SQL Server 数据库中限制排序的行数

在 SQL Server 或 MS Access 数据库中，可以使用 SELECT TOP 子句设置要排序的记录的数目。具体语法格式如下：

```
SELECT TOP number column_name
FROM table_name ORDER BY column_name ASC/DESC;
```

参数说明如下：

- table_name：数据库中的表名；
- column_name：数据库表 table_name 中列的名字；
- number：整数，表示要选取前 number 条数据。

上述 SQL 语句的功能是查询数据库表 table_name 中列名为“column_name”中的数据信息，并且根据排序显示前 number 条数据。

【示例 5-8】按照价格升序排列数据库表 goods 中前 5 个商品的详细信息（SQL Server 版）。

SQL 语句如下：

```
SELECT
TOP 5 *
FROM goods ORDER BY price ASC;
```

在上述代码中，使用 ORDER BY 查询了数据库表 goods 中的前 5 条信息。因为根据列“price”的值进行升序排序，所以只显示商品价格自低到高的 5 个商品。另外，因为使用了“*”，所以显示了这 5 个商品所有列的信息。执行结果如图 5-12 所示。

	id	name	price	reserve	sales	company
1	2	商品2	45	34	23	公司B
2	1	商品1	45	155	290	公司A
3	10	商品10	55	60	67	公司A
4	6	商品6	56	12	700	公司C
5	5	商品5	56	200	500	公司B

图 5-12 执行结果

【示例 5-9】找出数据库表 goods 中销量最高的商品。

SQL 语句如下：

```
SELECT
TOP 1 *
FROM goods ORDER BY sales DESC;
```

在上述代码中，使用 ORDER BY 查询显示数据库表中的 1 条信息。因为根据列"sales"的值进行降序排序，所以只显示销售数量最高的商品。另外因为使用了"*"，所以显示该商品所有列的信息。执行结果如图 5-13 所示。

	id	name	price	reserve	sales	company
1	1	商品1	45	155	290	公司A
2	2	商品2	45	34	23	公司B
3	3	商品3	456	2345	2999	公司C
4	4	商品4	56	100	200	公司A
5	5	商品5	56	200	500	公司B
6	6	商品6	56	12	700	公司C
7	7	商品7	77	20	600	公司A
8	8	商品8	99	45	50	公司B
9	9	商品9	87	67	45	公司C
10	10	商品10	55	60	67	公司A
11	11	商品11	60	20	NULL	公司B

	id	name	price	reserve	sales	company
1	3	商品3	456	2345	2999	公司C

图 5-13　执行结果

2. 在 MySQL 数据库中限制排序的行数

如果使用的是 MySQL、MariaDB、PostgreSQL 或者 SQLite 数据库，需要使用 LIMIT 子句限制查询结果。使用 LIMIT 子句的语法格式如下：

```
SELECT column_name
FROM table_name ORDER BY column_name ASC/DESC
LIMIT number;
```

上述 SQL 语句的功能是：查询数据库表 table_name 中列名为"column_name"的数据信息，并且排序显示前 number 条数据。

【示例 5-10】按照价格升序排列数据库表 goods 中前 5 个商品的详细信息（MySQL 版）。

SQL 语句如下：

```
SELECT * FROM goods ORDER BY price ASC LIMIT 5;
```

在上述 SQL 语句中，使用 LIMIT 5 指示 MySQL 数据库返回不超过 5 行的数据，因为使用 ORDER BY 设置根据列"price"的值进行升序排序，所以只显示商品价格自低至高的 5 个商品。假设已经在 MySQL 数据库中创建数据库表 goods，并且保存如图 5-14 所示的数据，则上述 SQL 语句的执行结果如图 5-15 所示。

id	name	price	reserve	sales	company
1	商品1	45	155	290	公司A
2	商品2	45	34	23	公司B
3	商品3	456	2345	2999	公司C
4	商品4	56	100	200	公司A
5	商品5	56	200	500	公司B
6	商品6	56	12	700	公司C
7	商品7	77	20	600	公司A
8	商品8	99	45	50	公司B
9	商品9	87	67	45	公司C
10	商品10	55	60	67	公司A

图 5-14　MySQL 数据库中的数据

id	name	price ▲ 1	reserve	sales	company
1	商品1	45	155	290	公司A
2	商品2	45	34	23	公司B
10	商品10	55	60	67	公司A
4	商品4	56	100	200	公司A
6	商品6	56	12	700	公司C

图 5-15　执行结果

【示例 5-11】按照价格升序排列数据库表 goods 中第 3 行以后的 3 个商品。

SQL 语句如下：

```
SELECT * FROM goods ORDER BY price ASC LIMIT 3,3;
```

通过上述 SQL 语句，得到第 3 行以后的 3 个数据信息，并根据价格对这 3 个数据进行升序排序。上述 SQL 语句的简写形式相当于下面的完整形式：

```
SELECT * FROM goods ORDER BY price ASC LIMIT 3 OFFSET 3;
```

上述 SQL 语句的执行结果如图 5-16 所示。

id	name	price ▲ 1	reserve	sales	company
4	商品4	56	100	200	公司A
5	商品5	56	200	500	公司B
6	商品6	56	12	700	公司C

图 5-16　执行结果

3. 在其他数据库限制排序的行数

下面我们看一下 Oracle 和 DB2 数据库中限制排序行数的使用方法。

（1）Oracle 数据库

如果是在 Oracle 数据库中，则使用如下语句限制查询结果：

```
SELECT column_name
FROM table_name ORDER BY column_name ASC/DESC
WHERE ROWNUM <= number;
```

上述 SQL 语句的功能是：查询数据库表 table_name 中列名为“column_name”的数据信息，并且只显示前 number 条数据，同时对前 number 条数据进行排序。

【示例 5-12】按照价格升序排列数据库表 goods 中前 5 个商品的详细信息（Oracle 版）。

SQL 语句如下：

```
SELECT *
FROM goods ORDER BY price ASC
WHERE ROWNUM <=5;
```

在上述代码中，查询显示数据库表 goods 中的前 5 条信息。因为使用了“*”，所以显示前 5 个商品所有列的信息；然后使用 ORDER BY 设置这 5 个商品根据列“price”的值进行升序排序。执行结果如图 5-17 所示。

	id	name	price	reserve	sales	company
1	2	商品2	45	34	23	公司B
2	1	商品1	45	155	290	公司A
3	10	商品10	55	60	67	公司A
4	6	商品6	56	12	700	公司C
5	5	商品5	56	200	500	公司B

图 5-17 执行结果

（2）DB2 数据库

如果使用 DB2 数据库，则需要使用如下语句限制查询结果：

```
SELECT column_name
FROM table_name ORDER BY price ASC
FETCH FIRST number ROWS ONLY;
```

下面我们来看一个具体示例。

【示例 5-13】按照价格升序排列数据库表 goods 中前 5 个商品的详细信息（DB2 版）。

SQL 语句如下：

```
SELECT *
FROM goods ORDER BY price ASC
FETCH FIRST 5 ROWS ONLY;
```

在上述代码中，查询显示数据库表 goods 中的前 5 条信息。然后使用 ORDER BY 设置这 5 个商品根据列“price”的值进行升序排序。执行结果如图 5-18 所示。

	id	name	price	reserve	sales	company
1	29	电视机	NULL	NULL	NULL	3
2	1	iPhone	47	155	290	1
3	2	鼠标	47	34	23	2
4	10	商品10	55	60	67	1
5	120	餐巾纸	55	121	200	16

图 5-18 执行结果

5.1.8 使用比较运算符限制排序

在前面介绍过，可以在 WHERE 子句中使用比较操作符限制查询结果。同样，在使用 SQL 语句排序数据库表中的数据时，也可以使用比较运算符限制排序数据的数量。

【示例 5-14】按照销量升序排列数据库表 goods 中价格是 45 的商品信息。

SQL 语句如下：

```
SELECT
*
FROM goods  WHERE price=45 ORDER BY sales ASC;
```

在上述 SQL 语句中，首先查询列“price”中价格是 45 的商品的详细信息，这时会检索到两个满足条件的商品，然后设置这两个商品按照列“sales”的值进行升序排序。因为用到了“*”，所以显示价格是 45 的商品的详细信息。执行结果如图 5-19 所示。

	id	name	price	reserve	sales	company
1	2	商品2	45	34	23	公司B
2	1	商品1	45	155	290	公司A

（a）SQL Server 数据库

id	name	price	reserve	sales 1	company
2	商品2	45	34	23	公司B
1	商品1	45	155	290	公司A

（b）MySQL 数据库

图 5-19　执行结果

在使用 WHERE 子句过滤数据的应用中，经常使用比较运算符“>”和“!=”提取某个列的值大于或不等于某个数值的数据，然后对结果进行排序。我们来看下面的两个示例。

【示例 5-15】查询数据库表 goods 中销量大于 60 的商品信息，并将查询结果按照降序排列。

SQL 语句如下：

```
SELECT
*
FROM goods WHERE price>60 ORDER BY sales DESC;
```

在上述 SQL 语句中，使用“>”查询列“price”中价格大于 60 的商品的详细信息，然后对查询结果按照列“sales”的值进行降序排列。执行结果如图 5-20 所示。

	id	name	price	reserve	sales	company
1	3	商品3	456	2345	2999	公司C
2	7	商品7	77	20	600	公司A
3	8	商品8	99	45	50	公司B
4	9	商品9	87	67	45	公司C

（a）SQL Server 数据库

id	name	price	reserve	sales 1	company
3	商品3	456	2345	2999	公司C
7	商品7	77	20	600	公司A
8	商品8	99	45	50	公司B
9	商品9	87	67	45	公司C

（b）MySQL 数据库

图 5-20　执行结果

【示例 5-16】升序排列数据库表 goods 中售价不等于 45 的商品信息。

SQL 语句如下：

```
SELECT
*
FROM goods WHERE price!=45 ORDER BY sales ASC;
```

在上述 SQL 语句中，使用“!=”查询列“price”中不等于 45 的商品的详细信息，并将结果进行升序排列。因为用到了“*”，所以显示价格不等于 45 的商品的详细信息。执行结果如图 5-21 所示。

	id	name	price	reserve	sales	company
1	11	商品11	60	20	NULL	公司B
2	9	商品9	87	67	45	公司C
3	8	商品8	99	45	50	公司B
4	10	商品10	55	60	67	公司A
5	4	商品4	56	100	200	公司A
6	5	商品5	56	200	500	公司B
7	7	商品7	77	20	600	公司A
8	6	商品6	56	12	700	公司C
9	3	商品3	456	2345	2999	公司C

（a）SQL Server 数据库

id	name	price	reserve	sales ▲ 1	company
11	商品11	60	20	NULL	公司B
9	商品9	87	67	45	公司C
8	商品8	99	45	50	公司B
10	商品10	55	60	67	公司A
4	商品4	56	100	200	公司A
5	商品5	56	200	500	公司B
7	商品7	77	20	600	公司A
6	商品6	56	12	700	公司C
3	商品3	456	2345	2999	公司C

（b）MySQL 数据库

图 5-21　执行结果

5.2　文本排序

在前面的内容中，所有的排序是基于数值实现的。在应用中，也可以基于文本来排序数据库中的数据。在使用关键字 ORDER BY 排序数据库列中文本类型的值时，具体用法和排序数值的方法相同。

5.2.1　英文字符串的排序

在 SQL Server 数据库表 goods 中新建一个列“ship”，表示这个商品的经销商。设置此列的数据类型为 nchar(10)，然后在数据库中分别为这个列添加由字母和数字构成的字符串，如图 5-22 所示。

列名	数据类型	允许 Null 值
id	bigint	☐
name	char(10)	☑
price	float	☐
reserve	bigint	☑
sales	bigint	☑
company	char(10)	☑
ship	nchar(10)	☑

（a）新建列“ship”

	id	name	price	reserve	sales	company	ship
1	1	商品1	45	155	290	公司A	AA01
2	2	商品2	45	34	23	公司B	BC03
3	3	商品3	456	2345	2999	公司C	AS43
4	4	商品4	56	100	200	公司A	DF21
5	5	商品5	56	200	500	公司B	FD34
6	6	商品6	56	12	700	公司C	23DE
7	7	商品7	77	20	600	公司A	DF11
8	8	商品8	99	45	50	公司B	GG00
9	9	商品9	87	67	45	公司C	TH12
10	10	商品10	55	60	67	公司A	23HD
11	11	商品11	60	20	NULL	公司B	12FB

（b）为列“ship”添加数据

图 5-22　SQL Server 数据库表 goods

输入下面的命令，在 MySQL 数据库表 goods 中新建一个列“ship”，表示这个商品的经销商。设置此列的数据类型为 char(10)，然后在数据库中分别为这个列添加和上面 SQL Server 数据库相同的数据，如图 5-23 所示。

```
alter table goods add ship char(10) not null;
```

#	名字	类型	排序规则	属性	空	默认	注释	额外
1	id	bigint(19)			否	无		AUTO_INCREMENT
2	name	char(10)	utf8_general_ci		是	NULL		
3	price	bigint(10)			是	NULL		
4	reserve	bigint(10)			是	NULL		
5	sales	bigint(10)			是	NULL		
6	company	char(10)	utf8_general_ci		是	NULL		
7	ship	char(10)	utf8_general_ci		否	无		

（a）新建列“ship”

id	name	price	reserve	sales	company	ship
1	商品1	45	155	290	公司A	AA01
2	商品2	45	34	23	公司B	BC03
3	商品3	456	2345	2999	公司C	AS43
4	商品4	56	100	200	公司A	DF21
5	商品5	56	200	500	公司B	FD34
6	商品6	56	12	700	公司C	23DE
7	商品7	77	20	600	公司A	DF11
8	商品8	99	45	50	公司B	GG00
9	商品9	87	67	45	公司C	TH12
10	商品10	55	60	67	公司A	23HD
11	商品11	60	20	NULL	公司B	12FB

（b）为列“ship”添加数据

图 5-23　MySQL 数据库表 goods

请看下面的示例，功能是查询数据库中的商品信息，并按照列“ship”的值升序排列。

【示例 5-17】查询数据库表 goods 中的商品信息并按照列“ship”的值升序排列。

SQL 语句如下：

```
SELECT
*
FROM goods ORDER BY ship ASC;
```

在上述 SQL 语句中，在 WHERE 子句中使用“*”检索数据库表 goods 中所有列的信息，并且按照列“ship”的值进行 ASC 升序排列。执行后结果如图 5-24 所示。

	id	name	price	reserve	sales	company	ship
1	11	商品11	60	20	NULL	公司B	12FB
2	6	商品6	56	12	700	公司C	23DE
3	10	商品10	55	60	67	公司A	23HD
4	1	商品1	45	155	290	公司A	AA01
5	3	商品3	456	2345	2999	公司C	AS43
6	2	商品2	45	34	23	公司B	BC03
7	7	商品7	77	20	600	公司A	DF11
8	4	商品4	56	100	200	公司A	DF21
9	5	商品5	56	200	500	公司B	FD34
10	8	商品8	99	45	50	公司B	GG00
11	9	商品9	87	67	45	公司C	TH12

（a）SQL Server 中的执行结果

id	name	price	reserve	sales	company	ship ▲ 1
11	商品11	60	20	NULL	公司B	12FB
6	商品6	56	12	700	公司C	23DE
10	商品10	55	60	67	公司A	23HD
1	商品1	45	155	290	公司A	AA01
3	商品3	456	2345	2999	公司C	AS43
2	商品2	45	34	23	公司B	BC03
7	商品7	77	20	600	公司A	DF11
4	商品4	56	100	200	公司A	DF21
5	商品5	56	200	500	公司B	FD34
8	商品8	99	45	50	公司B	GG00
9	商品9	87	67	45	公司C	TH12

（b）MySQL 中的执行结果

图 5-24　执行结果

通过上述执行效果可以看出，无论是 MySQL 数据库还是 SQL Server 数据库，在排序有数字和字母组成的数据时，默认的排序规则如下：

（1）先根据第一个字符进行排序，在排序时遵循数字优先的原则。即先根据数字的顺序进行排序，然后按照字母的顺序进行排序；

（2）如果第一个字符相同，则按照第二个字符排序，在排序时也遵循数字优先的原则；

（3）如果前两个字符相同，则按照第三个字符排序，排序原则与前面的相同，依此类推；

（4）如果字符串中的所有字符相同，则根据数据在数据库中的位置排序。

5.2.2　中文的默认排序

在实践应用中，经常遇到对中文进行排序的情形。本小节我们先来看一下默认情况下的中文排序。

接下来分别修改 SQL Server 数据库和 MySQL 数据库中的数据，只修改表 goods 中的前 6 个商品名，设置商品名是包含中文、数字和字母的字符串，如图 5-25 所示。

	id	name	price	reserve	sales	company	ship
1	1	猪肉	45	155	290	公司A	AA01
2	2	鼠标	45	34	23	公司B	BC03
3	3	固态硬盘	456	2345	2999	公司C	AS43
4	4	鲈鱼	56	100	200	公司A	DF21
5	5	USB风扇	56	200	500	公司B	FD34
6	6	32GU盘	56	12	700	公司C	23DE
7	7	商品7	77	20	600	公司A	DF11
8	8	商品8	99	45	50	公司B	GG00
9	9	商品9	87	67	45	公司C	TH12
10	10	商品10	55	60	67	公司A	23HD
11	11	商品11	60	20	NULL	公司B	12FB

（a）SQL Server 中的数据

id	name	price	reserve	sales	company	ship
1	猪肉	45	155	290	公司A	AA01
2	鼠标	45	34	23	公司B	BC03
3	固态硬盘	456	2345	2999	公司C	AS43
4	鲈鱼	56	100	200	公司A	DF21
5	USB风扇	56	200	500	公司B	FD34
6	32GU盘	56	12	700	公司C	23DE
7	商品7	77	20	600	公司A	DF11
8	商品8	99	45	50	公司B	GG00
9	商品9	87	67	45	公司C	TH12
10	商品10	55	60	67	公司A	23HD
11	商品11	60	20	*NULL*	公司B	12FB

（b）MySQL 中的数据

图 5-25　新的数据库表 goods

请看下面的示例，功能是查询数据库表中的商品信息，并按照列“name”的值升序排列。

【示例 5-18】 查询数据库表 goods 中的商品信息并按照名称升序排列。

SQL 语句如下：

```
SELECT
*
FROM goods ORDER BY name ASC;
```

在上述 SQL 语句中，在 WHERE 子句中使用“*”检索数据库表 goods 中所有列的信息，并且按照列“name”的值进行 ASC 升序排列。执行后显示按照商品的名称升序排列的结果，如图 5-26 所示。

	id	name	price	reserve	sales	company	ship
1	6	32GU盘	56	12	700	公司C	23DE
2	5	USB风扇	56	200	500	公司B	FD34
3	3	固态硬盘	456	2345	2999	公司C	AS43
4	4	鲈鱼	56	100	200	公司A	DF21
5	10	商品10	55	60	67	公司A	23HD
6	11	商品11	60	20	NULL	公司B	12FB
7	7	商品7	77	20	600	公司A	DF11
8	8	商品8	99	45	50	公司B	GG00
9	9	商品9	87	67	45	公司C	TH12
10	2	鼠标	45	34	23	公司B	BC03
11	1	猪肉	45	155	290	公司A	AA01

（a）SQL Server 中的执行结果

id	name ▲ 1	price	reserve	sales	company	ship
6	32GU盘	56	12	700	公司C	23DE
5	USB风扇	56	200	500	公司B	FD34
10	商品10	55	60	67	公司A	23HD
11	商品11	60	20	NULL	公司B	12FB
7	商品7	77	20	600	公司A	DF11
8	商品8	99	45	50	公司B	GG00
9	商品9	87	67	45	公司C	TH12
3	固态硬盘	456	2345	2999	公司C	AS43
1	猪肉	45	155	290	公司A	AA01
4	鲈鱼	56	100	200	公司A	DF21
2	鼠标	45	34	23	公司B	BC03

（b）MySQL 中的执行结果

图 5-26　执行结果

由此可见，上述 SQL 语句在 SQL Server 数据库和 MySQL 数据库中的执行结果并不相同，SQL Server 数据库的执行结果比较容易理解，而在 MySQL 数据库中并没有起作用。MySQL 数据库中的默认排序规则如下：

（1）先根据第一个字符进行排序，在排序时遵循数字优先、字母次之、汉字最后的原则；

（2）如果第一个字符相同，则按照第二个字符排序，在排序时也遵循数字优先、字母次之、汉字最后的原则；

（3）如果前两个字符相同，则按照第三个字符排序，排序原则与前面的相同，依此类推；

（4）如果首字符都是汉字，则根据汉字的拼音顺序进行排序；

（5）如果字符串中的所有字符相同，则根据数据在数据库中的位置排序。

为什么在 MySQL 数据库中未设置的排序则无法生效呢？这是因为在 MySQL 数据库中创建 char(10)类型的列时，默认设置使用 utf8_general_ci 类型的编码，如图 5-27 所示。

#	名字	类型	排序规则	属性	空	默认	注释	额外
1	id	bigint(19)			否	无		AUTO_INCREMENT
2	name	char(10)	utf8_general_ci		是	NULL		
3	price	bigint(10)			是	NULL		
4	reserve	bigint(10)			是	NULL		
5	sales	bigint(10)			是	NULL		
6	company	char(10)	utf8_general_ci		是	NULL		
7	ship	char(10)	utf8_general_ci		否	无		

图 5-27　默认使用 utf8_general_ci 类型的编码

而在这个列中存储的是中文，而中文对应的编码类型是 GBK，造成了编码类型不对应的情况。为了解决这个问题，可以使用如下 SQL 语句实现和在 SQL Server 数据库中一样的排序效果。

```
SELECT
 *
FROM goods order by convert(name using gbk) asc;
```

执行后显示按照商品的名字升序排列的结果，如图 5-28 所示。

id	name	price	reserve	sales	company	ship
6	32GU盘	56	12	700	公司C	23DE
5	USB风扇	56	200	500	公司B	FD34
3	固态硬盘	456	2345	2999	公司C	AS43
4	鲈鱼	56	100	200	公司A	DF21
10	商品10	55	60	67	公司A	23HD
11	商品11	60	20	NULL	公司B	12FB
7	商品7	77	20	600	公司A	DF11
8	商品8	99	45	50	公司B	GG00
9	商品9	87	67	45	公司C	TH12
2	鼠标	45	34	23	公司B	BC03
1	猪肉	45	155	290	公司A	AA01

图 5-28 执行结果

注意：如果在 MySQL 中已经使用 GBK 字符集类型存储这个列，因为在使用 GBK 码编码时本身就采用拼音排序的方法，所以可以直接使用下面的 SQL 语句查询商品信息并按照名字升序排列。

```
SELECT
 *
FROM goods order by name asc;
```

5.2.3 按照姓氏笔画排序

在实际工作中，经常遇到按照姓氏笔画排序的需求。在下面的内容中，将详细讲解在不同数据库中按照姓氏笔画排序的规则和具体的示例。

1. 在 SQL Server 数据库按照姓氏笔画排序

为了更好地在数据库中对汉字进行排序，在 SQL Server 数据库中推出了 Chinese_PRC 排序机制，例如，Chinese_PRC 是一种 UNICODE 字符集，是指针汉字简体字 UNICODE

的排序规则。Chinese_PRC 排序由两部分组成，其中前半部分是固定的“Chinese_PRC”，后半部分是后缀部分。例如：

```
Chinese_PRC_CS_AI_WS
```

其中 AS、WS 等选项的字母代表的意义如下：

- C：case，大小写；
- A：accent，重音；
- K：kanatype，假名；
- W：width，宽度；
- I：insensitive，不敏感，不区分；
- S：sensitive，敏感，区分。

例如 CI 的含义就是 case-insensitive，表示不区分大小写。

下面是几个常见后缀的说明：

- _CI(CS)：设置是否区分大小写，CI 不区分，CS 区分；
- _AI(AS)：设置是否区分重音，AI 不区分，AS 区分；
- _KI(KS)：设置是否区分假名类型，KI 不区分，KS 区分；
- _WI(WS)：设置是否区分宽度 WI 不区分，WS 区分。

在 SQL Server 数据库中，通过使用 Chinese_PRC 排序机制，可以很方便地实现按照姓氏笔画进行排序的功能。请看下面的示例，功能是查询数据库中的商品信息，并按照列“name”的姓氏笔画进行升序排列。

【示例 5-19】查询数据库表 goods 中的商品信息并按照名称的姓氏笔画升序排列（SQL Server 版）。

SQL 语句如下：

```
SELECT
*
FROM goods ORDER BY LEFT(name,1) COLLATE CHINESE_PRC_STROKE_CS_AS_KS_WS
ASC;
```

在上述 SQL 语句中，第 3 行是本示例的重点，这种用法是固定的，请读者务必牢记。在 WHERE 子句中使用“*”检索数据库表 goods 中所有列的信息，并且按照列“name”值的姓氏笔画进行 ASC 升序排列。在 SQL Server 数据库中执行后，显示按照商品名字的姓氏笔画升序排列，如图 5-29 所示。

	id	name	price	reserve	sales	company	ship
2	5	USB风扇	56	200	500	公司B	FD34
3	3	固态硬盘	456	2345	2999	公司C	AS43
4	7	商品7	77	20	600	公司A	DF11
5	8	商品8	99	45	50	公司B	GG00
6	9	商品9	87	67	45	公司C	TH12
7	10	商品10	55	60	67	公司A	23HD
8	11	商品11	60	20	NULL	公司B	12FB
9	1	猪肉	45	155	290	公司A	AA01
10	4	鲈鱼	56	100	200	公司A	DF21
11	2	鼠标	45	34	23	公司B	BC03

图 5-29　按照商品名字的姓氏笔画升序排列

2. 在 Oracle 数据库按照姓氏笔画排序

在 Oracle 9i 版本之前，中文是默认按照二进制编码进行排序的，无法按照笔画进行排序。从 Oracle 9i 版本开始，新增了按照拼音、部首、笔画排序功能。开发者可以通过设置 NLS_SORT 的值实现精准排序，各个值的具体说明如下：

- SCHINESE_RADICAL_M：按照部首（第一顺序）、笔画（第二顺序）排序；
- SCHINESE_STROKE_M：按照笔画（第一顺序）、部首（第二顺序）排序；
- SCHINESE_PINYIN_M：按照拼音排序，系统的默认排序方式为拼音排序。

我们来看一个简单的示例。

【示例 5-20】查询数据库表 goods 中的商品信息并按照名称的姓氏笔画升序排列（Oracle 版）。

SQL 语句如下：

```
Select
 *
from goods order by nlssort(name,'NLS_SORT=SCHINESE_STROKE_M');
```

在上述 SQL 语句中，第 3 行同样是本示例的重点，这种用法是固定的，请读者务必牢记。在 Oracle 数据库中执行后，显示按照商品名称的姓氏笔画升序排列，如图 5-30 所示。

	id	name	price	reserve	sales	company	ship
2	5	USB风扇	56	200	500	公司B	FD34
3	3	固态硬盘	456	2345	2999	公司C	AS43
4	7	商品7	77	20	600	公司A	DF11
5	8	商品8	99	45	50	公司B	GG00
6	9	商品9	87	67	45	公司C	TH12
7	10	商品10	55	60	67	公司A	23HD
8	11	商品11	60	20	NULL	公司B	12FB
9	1	猪肉	45	155	290	公司A	AA01
10	4	鲈鱼	56	100	200	公司A	DF21
11	2	鼠标	45	34	23	公司B	BC03

图 5-30　执行结果

第 6 章　多条件查询和模糊查询

在实际应用中，有时需要从海量数据库信息中检索出满足多个条件的数据。例如，在数据库表 goods 中，有时候需要检索出商品制造商是“公司 A”或“公司 B”或“公司 C”的商品。另外在应用中，有时候不需要十分精确的检索结果，例如，有时需要检索出在商品名中含有某字符的商品，这就是模糊查询。在本章中，将详细讲解多条件查询和模糊查询的知识和实用方法。

6.1　多个条件的匹配

我们先来解决上面提到的问题：假设想在数据库表 goods 中检索出商品制造商是“公司 A”或“公司 B”或“公司 C”的商品，我们应该如何实现呢？

6.1.1　传统的 OR 操作符

在前面的内容中，我们介绍过使用操作符 OR 可以解决本节开始的问题，可以通过如下 SQL 语句实现这个功能，这是比较传统的解决方案。

```
SELECT
 *
FROM goods where company='公司 A' OR company='公司 B' OR company='公司 C';
```

在上述 SQL 语句中，查询列“company”中的数据是“公司 A”“公司 B”或“公司 C”的商品的信息。执行结果如图 6-1 所示。

	id	name	price	reserve	sales	company	ship
1	1	猪肉	45	155	290	公司A	AA01
2	2	鼠标	45	34	23	公司B	BC03
3	3	固态硬盘	456	2345	2999	公司C	AS43
4	4	鲈鱼	56	100	200	公司A	DF21
5	5	USB风扇	56	200	500	公司B	FD34
6	6	32GU盘	56	12	700	公司C	23DE
7	7	商品7	77	20	600	公司A	DF11
8	8	商品8	99	45	50	公司B	GG00
9	9	商品9	87	67	45	公司C	TH12
10	10	商品10	55	60	67	公司A	23HD
11	11	商品11	60	20	NULL	公司B	12FB

（a）SQL Server 数据库

id	name	price	reserve	sales	company	ship
1	猪肉	45	155	290	公司A	AA01
2	鼠标	45	34	23	公司B	BC03
3	固态硬盘	456	2345	2999	公司C	AS43
4	鲈鱼	56	100	200	公司A	DF21
5	USB风扇	56	200	500	公司B	FD34
6	32GU盘	56	12	700	公司C	23DE
7	商品7	77	20	600	公司A	DF11
8	商品8	99	45	50	公司B	GG00
9	商品9	87	67	45	公司C	TH12
10	商品10	55	60	67	公司A	23HD
11	商品11	60	20	*NULL*	公司B	12FB

（b）MySQL 数据库

图 6-1　执行结果

6.1.2　使用 IN 解决问题

虽然使用操作符 OR 可以检索出满足多个条件的数据，但是需要编写很烦琐的 SQL 语句。其实可以使用另外一种操作符 IN 实现这个功能，操作符 IN 能够设置满足多个指定条件的范围，范围中的每个条件都可以进行匹配。操作符 IN 允许在 WHERE 子句中规定多个值，这是一组由逗号分隔、括在圆括号中的合法值。使用操作符 IN 的语法格式如下：

```
SELECT column_name
FROM table_name
WHERE column_name IN (value1,value2,... valueN);
```

参数说明如下：

- table_name：数据库表的名字；
- column_name：数据库表 table_name 中某些列的名字；
- value1：匹配条件 1；
- value2：匹配条件 2；
- valueN：匹配条件 N。

上述 SQL 语句的功能是查询数据库表“table_name”中列“column_name”的值是 value1、value2 或 valueN 的数据。

【示例 6-1】查询数据库表 goods 中制造商是“公司 A”或“公司 B”的商品信息。

SQL 语句如下：

```
SELECT
*
FROM goods where company IN ('公司A','公司B');
```

在上述 SQL 语句中，查询列“company”中值是“公司 A”或“公司 B”的商品信息。其中，“IN ('公司 A','公司 B')”用来设置满足多个条件的表达式，执行结果如图 6-2 所示。

	id	name	price	reserve	sales	company	ship
1	1	猪肉	45	155	290	公司A	AA01
2	2	鼠标	45	34	23	公司B	BC03
3	4	鲈鱼	56	100	200	公司A	DF21
4	5	USB风扇	56	200	500	公司B	FD34
5	7	商品7	77	20	600	公司A	DF11
6	8	商品8	99	45	50	公司B	GG00
7	10	商品10	55	60	67	公司A	23HD
8	11	商品11	60	20	NULL	公司B	12FB

（a）SQL Server 数据库

id	name	price	reserve	sales	company	ship
1	猪肉	45	155	290	公司A	AA01
2	鼠标	45	34	23	公司B	BC03
4	鲈鱼	56	100	200	公司A	DF21
5	USB风扇	56	200	500	公司B	FD34
7	商品7	77	20	600	公司A	DF11
8	商品8	99	45	50	公司B	GG00
10	商品10	55	60	67	公司A	23HD
11	商品11	60	20	NULL	公司B	12FB

（b）MySQL 数据库

图 6-2　执行结果

除此之外，通过使用操作符 IN 可以更加简捷地实现多条件检索功能。例如，在下面的示例中，查询满足 3 个条件的数据信息。

【示例 6-2】查询数据库表 goods 中价格是 45、56 和 77 的商品信息。

SQL 语句如下：

```
SELECT
name,
price
FROM goods where price IN (45,56,77);
```

在上述 SQL 语句中，查询列“price”中值是 45、56 或 77 的商品信息。其中，“IN (45,56,77)”用来设置满足多个条件的表达式，执行结果如图 6-3 所示。

	id	name	price	reserve	sales	company	ship
1	1	猪肉	45	155	290	公司A	AA01
2	2	鼠标	45	34	23	公司B	BC03
3	4	鲈鱼	56	100	200	公司A	DF21
4	5	USB风扇	56	200	500	公司B	FD34
5	7	商品7	77	20	600	公司A	DF11
6	8	商品8	99	45	50	公司B	GG00
7	10	商品10	55	60	67	公司A	23HD
8	11	商品11	60	20	NULL	公司B	12FB

（a）SQL Server 数据库

id	name	price	reserve	sales	company	ship
1	猪肉	45	155	290	公司A	AA01
2	鼠标	45	34	23	公司B	BC03
4	鲈鱼	56	100	200	公司A	DF21
5	USB风扇	56	200	500	公司B	FD34
7	商品7	77	20	600	公司A	DF11
8	商品8	99	45	50	公司B	GG00
10	商品10	55	60	67	公司A	23HD
11	商品11	60	20	NULL	公司B	12FB

（b）MySQL 数据库

图 6-3　执行结果

6.2　操作符 IN 的主流用法

除了前面介绍的使用操作符 IN 的方法外，在 SQL 语句中还可以使用格式中的 IN 操作符。在本节中，将详细讲解使用操作符 IN 的主流方法。

6.2.1　在 IN 表达式中使用算术表达式

在 SQL 语句中使用操作符 IN 时，可以使用算术表达式作为设置多个条件的选项值。

【示例 6-3】查询数据库表 goods 中价格是 45、60 和 77 的商品信息（使用算术表达式）。

SQL 语句如下：

```
SELECT
name,
price
FROM goods where price IN (5*9,76+1,120/2);
```

在上述 SQL 语句中，查询列“price”中值是 45、60 或 77 的商品信息。其中，“IN (5*9,76+1,120/2)”用来设置满足多个条件的表达式，分别使用了加法运算符、乘法运算符和除法运算符。执行结果如图 6-4 所示。

	name	price
1	猪肉	45
2	鼠标	45
3	商品7	77
4	商品11	60

（a）SQL Server 数据库

name	price
猪肉	45
鼠标	45
商品7	77
商品11	60

（b）MySQL 数据库

图 6-4　执行结果

6.2.2　将列作为 IN 的选项值

在 SQL 语句中使用操作符 IN 时，不但可以使用数值类型和字符类型的数据作为条件选项值，还可以将列的名字作为条件选项值。

【示例 6-4】查询数据库表 goods 中价格是 60 或库存是 60 的商品信息。

SQL 语句如下：

```
SELECT
*
FROM goods where 60 IN (price,reserve);
```

在上述 SQL 语句中，查询列“price”的值是 60 或列“reserve”的值是 60 的商品信息。其中，“IN (price,reserve)”用来设置满足多个条件的表达式，分别设置两个列的名字作为条件选项值。执行结果如图 6-5 所示。

	id	name	price	reserve	sales	company	ship
1	10	商品10	55	60	67	公司A	23HD
2	11	商品11	60	20	NULL	公司B	12FB

（a）SQL Server 数据库

id	name	price	reserve	sales	company	ship
10	商品10	55	60	67	公司A	23HD
11	商品11	60	20	*NULL*	公司B	12FB

（b）MySQL 数据库

图 6-5　执行结果

6.2.3　使用 NOT IN 查询不满足多个条件的数据

在使用 SQL 语句的过程中，除了可以使用操作符 IN 实现满足多条件的查询功能外，还可以使用 NOT IN 子句检索出不满足多个指定条件的数据。使用 NOT IN 子句的语法格式如下：

```
SELECT column_name
FROM table_name
WHERE column_name NOT IN (value1,value2,... valueN);
```

上述 SQL 语句的功能是，查询数据库表“table_name”中列“column_name”的值不是 value1、value2 或 valueN 的数据。

【示例 6-5】查询数据库表 goods 中价格不是 20、60 或 100 的商品信息。

SQL 语句如下：

```
SELECT
```

```
*
FROM goods where reserve NOT IN (20,60,100);
```

在上述 SQL 语句中，查询列“reserve”的值不是 20、60 或 100 的商品信息。其中，“NOT IN (20,60,100)”用来设置不满足多个条件的表达式，执行结果如图 6-6 所示。

	id	name	price	reserve	sales	company	ship
1	1	猪肉	45	155	290	公司A	AA01
2	2	鼠标	45	34	23	公司B	BC03
3	3	固态硬盘	456	2345	2999	公司C	AS43
4	5	USB风扇	56	200	500	公司B	FD34
5	6	32GU盘	56	12	700	公司C	23DE
6	8	商品8	99	45	50	公司B	GG00
7	9	商品9	87	67	45	公司C	TH12

（a）SQL Server 数据库

id	name	price	reserve	sales	company	ship
1	猪肉	45	155	290	公司A	AA01
2	鼠标	45	34	23	公司B	BC03
3	固态硬盘	456	2345	2999	公司C	AS43
5	USB风扇	56	200	500	公司B	FD34
6	32GU盘	56	12	700	公司C	23DE
8	商品8	99	45	50	公司B	GG00
9	商品9	87	67	45	公司C	TH12

（b）MySQL 数据库

图 6-6　执行结果

和上一小节中的 IN 操作符一样，不但可以使用数值类型和字符类型的数据作为 NOT IN 的条件选项值，还可以将列的名字作为条件选项值。

【示例 6-6】查询数据库表 goods 中价格不是 60 或库存不是 60 的商品信息。

SQL 语句如下：

```
SELECT
name,
price,
reserve
FROM goods where 60 NOT IN (price,reserve);
```

在上述 SQL 语句中，查询列“price”的值不是 60 或列“reserve”的值不是 60 的商品信息。其中，“NOT IN (price,reserve)”用来设置满足多个条件的表达式，分别设置两个列的名字作为条件选项值。执行结果如图 6-7 所示。

	name	price	reserve
1	猪肉	45	155
2	鼠标	45	34
3	固态硬盘	456	2345
4	鲈鱼	56	100
5	USB风扇	56	200
6	32GU盘	56	12
7	商品7	77	20
8	商品8	99	45
9	商品9	87	67

（a）SQL Server 数据库

name	price	reserve
猪肉	45	155
鼠标	45	34
固态硬盘	456	2345
鲈鱼	56	100
USB风扇	56	200
32GU盘	56	12
商品7	77	20
商品8	99	45
商品9	87	67

（b）MySQL 数据库

图 6-7　执行结果

除此之外，如果我们知道一个数据库表中数据的准确数目，那么在 SQL Server 数据库中，可以使用 NOT IN 查询数据库表后 *n* 条数据的信息。例如，目前在数据库表 goods 中有 11 条信息，需要查询表中最后 3 条数据的信息。

【示例 6-7】查询数据库表 goods 中最后 3 条数据的信息。

SQL 语句如下：

```
SELECT
name,
price,
reserve
FROM goods where id NOT IN (SELECT TOP 8 id FROM goods);
```

在上述 SQL 语句中，查询列“id”的值不是表 goods 前 8 个值的商品信息。其中，“NOT IN (SELECT TOP 8 id FROM goods)”用来设置不满足条件的表达式。执行结果如图 6-8 所示。

	name	price	reserve
1	商品9	87	67
2	商品10	55	60
3	商品11	60	20

图 6-8 执行结果

6.3 使用通配符实现模糊查询

在前面介绍的所有查询操作都是针对已知的值进行过滤的，例如，查询商品价格是 60 的商品，这个“60”是一个具体的精确值。不管是匹配一个值还是多个值，检验大于还是小于已知值，或者检查某个范围的值，其共同点是在过滤中使用的值都是已知的。但是有时我们会遇到这样的查询需求，例如，在百度中通过输入关键字查询信息，在数据库中搜索在产品名中包含字符“XX”的所有产品？类似情况下是比较操作符无法实现的，此时就需要用到模糊查询的功能，使用通配符来实现。

通配符（wildcard）是用来匹配某个值的一部分内容的特殊字符。通过使用通配符，可以创建比较特定数据的搜索模式。例如，你想找出在商品名称中包含“商品”二字的所有数据信息，此时就可以构造一个通配符搜索模式，找出在产品名的任何位置出现“商品”二字的产品。

6.3.1 操作符 LIKE

在 SQL 语句中，通配符实际上是 WHERE 子句中有特殊含义的字符。为了在搜索子句中使用通配符，必须使用操作符 LIKE。通过使用 LIKE，可以设置数据库的搜索模式与通配符进行匹配，而不是使用简单的相等匹配进行比较。使用 LIKE 的语法格式如下：

```
SELECT column_name
```

```
FROM table_name
WHERE column_name LIKE pattern;
```

在上述代码中，pattern 是通配符的匹配模式，在 SQL 语句中支持如表 6-1 所示的几种通配符的匹配值。

表 6-1 操作符 LIKE 中可用的通配符含义

通配符	描述
%	由零个或多个字符组成的任意字符串
_	任意单个字符
[]	用于设置范围，例如，[A-F]表示 A～F 内的任意单个字符
[^]或 [!]	用于设置范围之外的，[^A-F]表示 A～F 外的任意单个字符

6.3.2 使用通配符“%”

通配符“%”表示由零个或多个字符组成的任意字符串。当在 SQL 语句中使用 LIKE 实现模糊查询时，可以在查询条件的任意位置使用通配符“%”来表示任意长度的字符串。假设现在数据库表 goods 中的数据如图 6-9 所示。

	id	name	price	reserve	sales	company	ship
1	1	猪肉	45	155	290	公司A	AA01
2	2	鼠标	45	34	23	公司B	BC03
3	3	固态硬盘	456	2345	2999	公司C	AS43
4	4	鲈鱼	56	100	200	公司A	DF21
5	5	USB风扇	56	200	500	公司B	FD34
6	6	32GU盘	56	12	700	公司C	23DE
7	7	品商品7	77	20	600	公司A	DF11
8	8	品8商	99	45	50	公司B	GG00
9	9	商品9	87	67	45	公司C	TH12
10	10	商品10	55	60	67	公司A	23HD
11	11	商品11	60	20	NULL	公司B	12FB

图 6-9 数据库表 goods 中的数据信息

【示例 6-8】查询数据库表 goods 中商品名称的开头包含“商”的商品信息。

SQL 语句如下：

```
SELECT
name,
price,
reserve
FROM goods where name LIKE '商%';
```

在上述 SQL 语句中，查询在列“name”中的值包含“商”的信息。其中，“name LIKE '商%'”用来设置满足条件“包含字符‘商’”的表达式。通配符“%”在后面，表示只匹配“商”出现在商品名开始的位置，执行结果如图 6-10 所示。

	name	price	reserve
1	商品9	87	67
2	商品10	55	60
3	商品11	60	20

（a）SQL Server 数据库

name	price	reserve
商品9	87	67
商品10	55	60
商品11	60	20

（b）MySQL 数据库

图 6-10 执行结果

【示例 6-9】查询数据库表 goods 中商品名称的结尾包含“商”的商品信息。

SQL 语句如下：

```
SELECT
name,
price,
reserve
FROM goods where name LIKE '%商';
```

在上述 SQL 语句中，查询在列“name”中的值包含“商”的信息。其中，“name LIKE '%商'”用来设置满足条件“包含字符‘商’”的表达式。通配符“%”在前面，表示只匹配“商”出现在商品名结尾的位置，执行结果如图 6-11 所示。

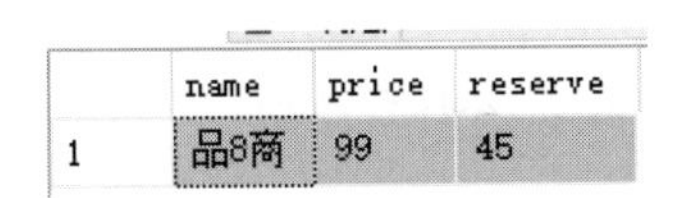

	name	price	reserve
1	品8商	99	45

（a）SQL Server 数据库

name	price	reserve
品8商	99	45

（b）MySQL 数据库

图 6-11 执行结果

【示例 6-10】查询数据库表 goods 中商品名称包含“商”的商品信息。

SQL 语句如下：

```
SELECT
name,
price,
reserve
FROM goods where name LIKE '%商%';
```

在上述 SQL 语句中，“name LIKE '%商%'”用来设置满足条件“包含字符‘商’”的表达式。两个通配符“%”在两侧，表示无论“商”出现在商品名的任何位置，都会匹配出来。执行结果如图 6-12 所示。

	name	price	reserve
1	品商品7	77	20
2	品8商	99	45
3	商品9	87	67
4	商品10	55	60
5	商品11	60	20

（a）SQL Server 数据库

name	price	reserve
品商品7	77	20
品8商	99	45
商品9	87	67
商品10	55	60
商品11	60	20

（b）MySQL 数据库

图 6-12　执行结果

注意：

（1）除了能匹配一个或多个字符外，通配符“%”还能匹配 0 个字符。“%”代表搜索模式中给定位置的 0 个字符。

（2）通配符%看起来像是可以匹配任何东西，但有个例外，这就是 NULL。子句“WHERE prod_name LIKE '%'”不会匹配商品名称为 NULL 的行。

6.3.3 使用通配符“_”

通配符“_”的用途与“%”一样，但它只匹配单个字符我们还是以上一小节讲到的数据库表 goods 为例，通过下面的示例可以查询商品名字的第一个字符是“商”，并且后面两个字符为任意值的商品信息。

【示例 6-11】查询数据库表 goods 中商品名称的第一个字符是“商”，并且后面两个字符为任意值的商品信息。

SQL 语句如下：

```
SELECT
name,
price,
reserve
FROM goods where name LIKE '商__';
```

在上述 SQL 语句中，其中“LIKE '商__'”用来设置查询条件的表达式，因为使用了两个通配符“_”，所以检索列“name”中第一个字符是“商”，后面两个字符为任意值的商品信息。执行结果如图 6-13 所示。

	name	price	reserve
1	商品9	87	67

（a）SQL Server 数据库

name	price	reserve
商品9	87	67

（b）MySQL 数据库

图 6-13　执行结果

由此可见，因为在“商”的后面使用了两个通配符“_”，所以只会匹配在“商”的后面有两个字符的商品信息。

【示例 6-12】查询数据库表 goods 中商品名称有 4 个字符，并且第二个字符是“商”，其他 3 个字符为任意值的商品信息。

SQL 语句如下：

```
SELECT
name,
price,
reserve
FROM goods where name LIKE '_商__';
```

在上述 SQL 语句中，其中“LIKE '_商__'”用来设置查询条件的表达式，其功能是检索列“name”中第 2 个字符是“商”，其他 3 个字符是任意值的商品信息。执行结果如图 6-14 所示。

	name	price	reserve
1	品商品7	77	20

（a）SQL Server 数据库

name	price	reserve
品商品7	77	20

（b）MySQL 数据库

图 6-14　执行结果

注意：DB2 数据库不支持通配符“_”。

6.3.4　使用通配符“[ ]”

在 SQL 语句中，通配符“[]”用来指定一个字符集，而且它必须匹配指定位置（通配符的位置）的一个字符。假设现在数据库表 goods 中的数据如图 6-15 所示。

	id	name	price	reserve	sales	company	ship
1	1	iPhone	45	155	290	公司A	AA01
2	2	鼠标	45	34	23	公司B	BC03
3	3	固态硬盘	456	2345	2999	公司C	AS43
4	4	鲈鱼	56	100	200	公司A	DF21
5	5	USB风扇	56	200	500	公司B	FD34
6	6	32GU盘	56	12	700	公司C	23DE
7	7	品商品7	77	20	600	公司A	DF11
8	8	品8商	99	45	50	公司B	GG00
9	9	商品9	87	67	45	公司C	TH12
10	10	商品10	55	60	67	公司A	23HD
11	11	商品11	60	20	NULL	公司B	12FB

图 6-15　数据库中的数据信息

通过下面的示例，可以查询商品名以“商”或“固”开头的商品信息。

【示例 6-13】查询数据库表 goods 中商品名称以“商”或“固”开头的商品信息。

SQL 语句如下：

```
SELECT
name,
price,
reserve
FROM goods where name LIKE '[商固]%';
```

在上述 SQL 语句中，其中“LIKE '[商固]%'”用来设置查询条件的表达式，因为通配符“%”在后面，所以检索列“name”中开头是字符“商”或“固”的商品信息。在 SQL Server 数据库中的执行结果如图 6-16 所示。

	name	price	reserve
1	固态硬盘	456	2345
2	商品9	87	67
3	商品10	55	60
4	商品11	60	20

图 6-16　执行结果

【示例 6-14】查询数据库表 goods 中商品名称以“商”或“7”结尾的商品信息。

SQL 语句如下：

```
SELECT
name,
price,
reserve
FROM goods where name LIKE '%[商 7]';
```

在上述 SQL 语句中，其中“LIKE '[商 7]%'”用来设置查询条件的表达式，因为通配符“%”在前面，所以检索列“name”中结尾是字符“商”或“7”的商品信息。在 SQL Server 数据库中的执行结果如图 6-17 所示。

	name	price	reserve
1	品商品7	77	20
2	品8商	99	45

图 6-17　执行结果

【示例 6-15】查询数据库表 goods 中价格是以 5 到 7 结尾的商品信息。

SQL 语句如下：

```
SELECT
name,
price,
reserve
```

```
    FROM goods where price LIKE '%[5-7]';
```

在上述 SQL 语句中，其中“LIKE '%[5-7]'”用来设置查询条件的表达式，因为通配符“%”在前面，所以检索列“price”中结尾是 5 到 7 的数据。在 SQL Server 数据库中的执行结果如图 6-18 所示。

	name	price	reserve
1	iPhone	45	155
2	鼠标	45	34
3	固态硬盘	456	2345
4	鲂鱼	56	100
5	USB风扇	56	200
6	32GU盘	56	12
7	品商品7	77	20
8	商品9	87	67
9	商品10	55	60

图 6-18　执行结果

【示例 6-16】查询数据库表 goods 中商品名称以字母“a-z”开头的商品信息。

SQL 语句如下：

```
    SELECT
    name,
    price,
    reserve
    FROM goods where name LIKE '[a-z]%';
```

在上述 SQL 语句中，其中“LIKE '[a-z]%';”用来设置查询条件的表达式，因为通配符“%”在后面，所以检索列“name”中以字母“a-z”开头的商品信息。在 SQL Server 数据库中的执行结果如图 6-19 所示。

	name	price	reserve
1	iPhone	45	155
2	USB风扇	56	200

图 6-19　执行结果

由查询结果可见，“[a-z]”不区分大小写。无论是以小写开头的“iPhone”，还是以大写开头的“USB 风扇”都被检索出来。

注意：与前面描述的通配符不一样，并不是所有的数据库产品都支持通配符[]。微软的 SQL Server 支持，但是 MySQL、Oracle、DB2、SQLite 都不支持。

6.3.5 使用通配符“[^]”

其实通配符“[^]”是通配符“[]”的升级，通配符“[]”能够查询在指定范围内的字符，而通配符“[^]”的功能是查询不在指定范围内的任何单个字符。我们通过两个示例看一下

【示例 6-17】查询数据库表 goods 中商品名称不是以“商”或“7”开头的商品信息。

SQL 语句如下：

```
SELECT
name,
price,
reserve
FROM goods where name LIKE '[^商 7]%';
```

在上述 SQL 语句中，其中“LIKE '[^商 7]%'”用来设置查询条件的表达式，因为通配符“%”在后面，所以检索列“name”中开头不是字符“商”或“7”的商品信息。在 SQL Server 数据库中的执行结果如图 6-20 所示。

	name	price	reserve
1	iPhone	45	155
2	鼠标	45	34
3	固态硬盘	456	2345
4	鲌鱼	56	100
5	USB风扇	56	200
6	32GU盘	56	12
7	品商品7	77	20
8	品8商	99	45

图 6-20　执行结果

【示例 6-18】查询数据库表 goods 中商品名称不是以字母“a-z”开头的商品信息。

SQL 语句如下：

```
SELECT
name,
price,
reserve
FROM goods where name LIKE '[^a-z]%';
```

在上述 SQL 语句中，其中“LIKE '[^a-z]%';”用来设置查询条件的表达式，因为通配符“%”在后面，所以检索列“name”中不是以字母“a-z”开头的商品信息。在 SQL Server 数据库中的执行结果如图 6-21 所示。

	name	price	reserve
1	鼠标	45	34
2	固态硬盘	456	2345
3	鲈鱼	56	100
4	32GU盘	56	12
5	品商品7	77	20
6	品8商	99	45
7	商品9	87	67
8	商品10	55	60
9	商品11	60	20

图 6-21　执行结果

注意：虽然 SQL 通配符的功能非常强大，但是使用通配符搜索的效率相对较低，需要耗费更长的处理时间。使用通配符时要注意如下三点：

（1）不要过度使用通配符。如果其他操作符能达到相同的目的，应该优先使用其他操作符；

（2）在确实需要使用通配符时，也尽量不要把它们用在搜索模式的开始位置，因为这样的搜索速度是最慢的；

（3）一定要注意通配符的位置，切记不可放错。

第 7 章　范 围 查 找

在实际工作中，面对数据库中的海量数据，我们有时需要检索出某一范围内的数据。例如，在数据库表 goods 中，有时候可能需要检索出商品价格在 10~20 的商品，有时候需要检索出商品销量在 100~200 的商品。在本章中，将详细讲解检索指定范围内数据信息的知识和具体示例。

7.1　使用 BETWEEN 的语法格式

在 SQL 语句中，可以使用操作符 BETWEEN 过滤数据表中某个范围内的数据。使用 BETWEEN 的语法格式如下：

```
SELECT column_name
FROM table_name
WHERE column_name BETWEEN value1 AND value2;
```

参数说明如下：

- value1：起始范围，在查询结果中包括这个值；
- value2：截止范围，在查询结果中包括这个值。

上述 SQL 语句的功能是查询数据库表“table_name”中列“column_name”的值在 value1 和 value2 之间的数据。

【示例 7-1】查询数据库表 goods 中商品价格在 45~60 的商品信息。

SQL 语句如下：

```
SELECT name,
price
FROM goods
WHERE price BETWEEN 45 AND 60;
```

在上述 SQL 语句中，查询列“price”中价格大于等于 45、小于等于 60 的商品的信息。其中“price BETWEEN 45 AND 60”用来表示查询范围的表达式，执行结果如图 7-1 所示。

	id	name	price	reserve	sales	company	ship
1	1	猪肉	45	155	290	公司A	AA01
2	2	鼠标	45	34	23	公司B	BC03
3	3	固态硬盘	456	2345	2999	公司C	AS43
4	4	鲈鱼	56	100	200	公司A	DF21
5	5	USB风扇	56	200	500	公司B	FD34
6	6	32GU盘	56	12	700	公司C	23DE
7	7	商品7	77	20	600	公司A	DF11
8	8	商品8	99	45	50	公司B	GG00
9	9	商品9	87	67	45	公司C	TH12
10	10	商品10	55	60	67	公司A	23HD
11	11	商品11	60	20	NULL	公司B	12FB

（a）数据库表 goods 中的数据

结果　消息

	name	price
1	猪肉	45
2	鼠标	45
3	鲈鱼	56
4	USB风扇	56
5	32GU盘	56
6	商品10	55
7	商品11	60

（b）SQL Server 数据库

name	price
猪肉	45
鼠标	45
鲈鱼	56
USB风扇	56
32GU盘	56
商品10	55
商品11	60

（c）MySQL 数据库

图 7-1　执行结果

7.2　排序某范围内的数据

在使用操作符 BETWEEN 检索到某一范围内的数据后，可以进一步使用 ORDER BY 排序这些数据。

【示例 7-2】降序排列数据库表 goods 中商品价格在 45～60 的商品信息。

SQL 语句如下：

```
SELECT
id,
name,
price
FROM goods
WHERE price BETWEEN 45 AND 60
ORDER BY price DESC;
```

在上述 SQL 语句中，先查询列“price”中价格大于等于 45、小于等于 60 的商品的信息，并将查询结果按照列“price”的值降序排列。执行结果如图 7-2 所示。

	id	name	price
1	11	商品11	60
2	4	鲈鱼	56
3	5	USB风扇	56
4	6	32GU盘	56
5	10	商品10	55
6	1	iPhone	45
7	2	鼠标	45

（a）SQL Server 数据库

id	name	price ▼ 1
11	商品11	60
4	鲈鱼	56
5	USB风扇	56
6	32GU盘	56
10	商品10	55
1	iPhone	45
2	鼠标	45

（b）MySQL 数据库

图 7-2　执行结果

7.3　查询不在某范围内的数据

除了可以使用 BETWEEN 检索某一范围内的数据外，还可以使用 NOT BETWEEN 查询不在某一范围内的数据。

【示例 7-3】查询数据库表 goods 中商品价格不在 45～60 的商品信息。

SQL 语句如下：

```
SELECT name,
price
FROM goods
WHERE price NOT BETWEEN 45 AND 60;
```

在上述 SQL 语句中，查询列“price”中价格不是大于等于 45、小于等于 60 的商品的信息。执行结果如图 7-3 所示。

	name	price
1	固态硬盘	456
2	品商品7	77
3	品8商	99
4	商品9	87

（a）SQL Server 数据库

name	price
固态硬盘	456
品商品7	77
品8商	99
商品9	87

（b）MySQL 数据库

图 7-3　执行结果

7.4 BETWEEN 的组合用法

在前面的示例中，曾经组合使用 WHERE、BETWEEN 等子句。除了这些子句外，还可以使用 BETWEEN 的其他组合用法，如逻辑运算符、操作符、通配符、ORDER BY 等；接下来，我们通过一些示例进行详细讲解。

7.4.1 BETWEEN 和逻辑运算符的混合用法

除了在前面的示例中使用逻辑运算符 NOT 外，还可以使用其他的逻辑运算符，例如在下面的示例中使用了逻辑运算符 AND 和 OR。

【示例 7-4】查询数据库表 goods 中销量在 200~300 并且价格在 45~60 的商品信息。

SQL 语句如下：

```
SELECT
*
FROM goods where sales BETWEEN 200 AND 300 AND price BETWEEN 45 AND 60;
```

在上述 SQL 语句中，首先查询列“sales”的值大于等于 200、小于等于 300 的商品的信息，然后使用逻辑运算符 AND 在查询结果中进一步检索列“price”中价格大于等于 45、小于等于 60 的商品的信息。执行结果如图 7-4 所示。

	id	name	price	reserve	sales	company	ship
1	1	iPhone	45	155	290	公司A	AA01
2	4	鲈鱼	56	100	200	公司A	DF21

（a）SQL Server 数据库

id	name	price	reserve	sales	company	ship
1	iPhone	45	155	290	公司A	AA01
4	鲈鱼	56	100	200	公司A	DF21

（b）MySQL 数据库

图 7-4 执行结果

【示例 7-5】查询数据库表 goods 中销量在 200～300 或者价格在 45～60 的商品信息。

SQL 语句如下：

```
SELECT
*
FROM goods where sales BETWEEN 200 AND 300 OR price BETWEEN 45 AND 60;
```

在上述 SQL 语句中用到逻辑运算符 OR，这样 OR 前后的条件表达式“sales BETWEEN 200 AND 300”和“price BETWEEN 45 AND 60”是并列关系，表示“或者”的意思。上述 SQL 语句的功能是查询销量在 200～300 或者价格在 45～60 的商品信息。执行结果如图 7-5 所示。

	id	name	price	reserve	sales	company	ship
1	1	iPhone	45	155	290	公司A	AA01
2	2	鼠标	45	34	23	公司B	BC03
3	4	鲈鱼	56	100	200	公司A	DF21
4	5	USB风扇	56	200	500	公司B	FD34
5	6	32GU盘	56	12	700	公司C	23DE
6	10	商品10	55	60	67	公司A	23HD
7	11	商品11	60	20	NULL	公司B	12FB

（a）SQL Server 数据库

id	name	price	reserve	sales	company	ship
1	iPhone	45	155	290	公司A	AA01
2	鼠标	45	34	23	公司B	BC03
4	鲈鱼	56	100	200	公司A	DF21
5	USB风扇	56	200	500	公司B	FD34
6	32GU盘	56	12	700	公司C	23DE
10	商品10	55	60	67	公司A	23HD
11	商品11	60	20	NULL	公司B	12FB

（b）MySQL 数据库

图 7-5　执行结果

7.4.2　BETWEEN 和操作符 IN 的混合用法

除了可以将 BETWEEN 和逻辑运算符混用外，还可以将 BETWEEN 和操作符 IN 混用，例如在下面的示例中使用了操作符 IN。

【示例 7-6】查询数据库表 goods 中价格在 45～60 并且制造商是“公司 A”或“公司 B”的商品信息。

SQL 语句如下：

```
SELECT
*
FROM goods where company IN ('公司 A','公司 B') AND price BETWEEN 45 AND 60;
```

在上述 SQL 语句中，使用操作符 IN 查询列“company”的值是“公司 A”或“公司 B”的商品信息，然后使用逻辑运算符 AND 在查询结果中进一步检索列“price”中价格大于等于 45、小于等于 60 的商品的信息。执行结果如图 7-6 所示。

	id	name	price	reserve	sales	company	ship
1	1	iPhone	45	155	290	公司A	AA01
2	2	鼠标	45	34	23	公司B	BC03
3	4	鲈鱼	56	100	200	公司A	DF21
4	5	USB风扇	56	200	500	公司B	FD34
5	10	商品10	55	60	67	公司A	23HD
6	11	商品11	60	20	NULL	公司B	12FB

（a）SQL Server 数据库

id	name	price	reserve	sales	company	ship
1	iPhone	45	155	290	公司A	AA01
2	鼠标	45	34	23	公司B	BC03
4	鲈鱼	56	100	200	公司A	DF21
5	USB风扇	56	200	500	公司B	FD34
10	商品10	55	60	67	公司A	23HD
11	商品11	60	20	NULL	公司B	12FB

（b）MySQL 数据库

图 7-6　执行结果

【示例 7-7】查询数据库表 goods 中制造商是“公司 A”或“公司 B”，或者价格在 45～60 的商品信息。

SQL 语句如下：

```
SELECT
```

```
*
FROM goods where company IN ('公司 A','公司 B') OR price BETWEEN 45 AND 60;
```

在上述 SQL 语句中用到了操作符 IN，逻辑运算符 OR 前后的条件表达式“IN ('公司 A','公司 B')”和“price BETWEEN 45 AND 60”是并列关系，表示“或者”的意思。执行结果如图 7-7 所示。

	id	name	price	reserve	sales	company	ship
1	1	iPhone	45	155	290	公司A	AA01
2	2	鼠标	45	34	23	公司B	BC03
3	4	鲈鱼	56	100	200	公司A	DF21
4	5	USB风扇	56	200	500	公司B	FD34
5	6	32GU盘	56	12	700	公司C	23DE
6	7	品商品7	77	20	600	公司A	DF11
7	8	品8商	99	45	50	公司B	GG00
8	10	商品10	55	60	67	公司A	23HD
9	11	商品11	60	20	NULL	公司B	12FB

（a）SQL Server 数据库

id	name	price	reserve	sales	company	ship
1	iPhone	45	155	290	公司A	AA01
2	鼠标	45	34	23	公司B	BC03
4	鲈鱼	56	100	200	公司A	DF21
5	USB风扇	56	200	500	公司B	FD34
6	32GU盘	56	12	700	公司C	23DE
7	品商品7	77	20	600	公司A	DF11
8	品8商	99	45	50	公司B	GG00
10	商品10	55	60	67	公司A	23HD
11	商品11	60	20	NULL	公司B	12FB

（b）MySQL 数据库

图 7-7　执行结果

7.4.3　BETWEEN 和操作符 NOT IN 的混合用法

除了可以将 BETWEEN 和操作符 IN 混用外，还可以将 BETWEEN 和操作符 NOT IN 混用，例如在下面的示例中使用了操作符 NOT IN。

【示例 7-8】查询数据库表 goods 中制造商不是“公司 A”或“公司 B”，并且价格在 45～60 的商品信息。

SQL 语句如下：

```
SELECT
*
FROM goods where company NOT IN ('公司 A','公司 B') AND price BETWEEN 45 AND
60;
```

在上述 SQL 语句中，首先使用操作符 NOT IN 查询列“company”的值不是“公司 A”或“公司 B”的商品信息，然后使用逻辑运算符 AND 在查询结果中进一步检索列“price”中价格大于等于 45、小于等于 60 的商品的信息。执行结果如图 7-8 所示。

	id	name	price	reserve	sales	company	ship
1	6	32GU盘	56	12	700	公司C	23DE

（a）SQL Server 数据库

id	name	price	reserve	sales	company	ship
6	32GU盘	56	12	700	公司C	23DE

（b）MySQL 数据库

图 7-8　执行结果

7.4.4 BETWEEN 和通配符 LIKE 的混合用法

除了可以将 BETWEEN 和逻辑运算符、IN 混用外，还可以将 BETWEEN 和通配符 LIKE 混用，以实现更精准的数据查找，例如在下面的示例中使用了通配符 LIKE。

【示例 7-9】查询数据库表 goods 中商品名称的开头包含文字“商”，并且价格在 45～60 的商品信息。

SQL 语句如下：

```
SELECT
name,
price,
reserve
FROM goods where name LIKE '商%' AND price BETWEEN 45 AND 60;
```

在上述 SQL 语句中，使用 AND 设置查询结果必须同时满足如下两个条件：

- “name LIKE '商%'”：查询列“name”中的值包含“商”的信息，其中，“name LIKE '商%'”用来设置满足条件“包含字符‘商’”的表达式。通配符“%”在后面，表示只匹配“商”出现在商品名的开始位置；
- “price BETWEEN 45 AND 60”：列“price”的值在 45～60。

执行结果如图 7-9 所示。

	name	price	reserve
1	商品10	55	60
2	商品11	60	20

（a）SQL Server 数据库

name	price	reserve
商品10	55	60
商品11	60	20

（b）MySQL 数据库

图 7-9 执行结果

7.4.5 BETWEEN 和 ORDER BY 的混合用法

除了可以将 BETWEEN 和逻辑运算符、IN、LIKE 混用外，还可以将 BETWEEN 和 ORDER BY 混用，例如在下面的示例中使用了 ORDER BY。

【示例 7-10】降序排列数据库表 goods 中价格不是在 45～60 的商品信息。

SQL 语句如下：

```
SELECT
id,
name,
price
FROM goods
WHERE price NOT BETWEEN 45 AND 60
ORDER BY price DESC;
```

在上述 SQL 语句中，查询列“price”中价格不是大于等于 45、小于等于 60 的商品的信息，并使用 ORDER BY 子句将查询结果按照列“price”的值降序排列。执行结果如图 7-10 所示。

	id	name	price
1	3	固态硬盘	456
2	8	品8商	99
3	9	商品9	87
4	7	品商品7	77

（a）SQL Server 数据库

id	name	price ▼ 1
3	固态硬盘	456
8	品8商	99
9	商品9	87
7	品商品7	77

（b）MySQL 数据库

图 7-10　执行结果

【示例 7-11】降序排列数据库表 goods 中商品名称以“商”或“固”开头，并且价格在 45~60 的商品信息。

SQL 语句如下：

```
SELECT
name,
price,
reserve
FROM goods where name LIKE '[商固]%' AND price BETWEEN 45 AND 60
ORDER BY price DESC;
```

在上述 SQL 语句中，体现了 BETWEEN、LIKE 和 ORDER BY 的组合用法，查询名称是以“商”或“固”开头，并且价格在 45～60 的商品信息，最后将结果按照价格降序排列。执行结果如图 7-11 所示。

	name	price	reserve
1	商品11	60	20
2	商品10	55	60

图 7-11　执行结果

第 8 章　和日期、时间相关的操作

在与数据相关的操作中，时间是一个重要的查询条件，我们有时需要检索出和日期、时间相关的数据，并从这些数据中找到我们需要的信息。例如，在数据库表 goods 中，有时候可能需要检索出上架时间早于某日的商品，以判别商品的销售有效率。在本章中，将详细讲解检索和日期、时间相关的知识和具体示例。

8.1　查询和日期相关的信息

在本节中，将详细讲解使用 SQL 语句查询和日期相关的信息的方法，包含查询不同时间格式的信息，以及与操作符 IN、通配符 LIKE 的混合用法等。

8.1.1　准备数据

本小节以本书前面创建的数据库 shop 为基础，修改数据库表 goods 的结构。我们来看一下不同数据库中的具体操作。

（1）SQL Server 数据库

打开 SQL Server 数据库，在表 goods 中新增列“time1”，设置数据类型为“datetime”，用于表示商品的上架时间，如图 8-1 所示。

列名	数据类型	允许 Null 值
id	bigint	☐
name	char(10)	☑
price	float	☐
reserve	bigint	☑
sales	bigint	☑
company	char(10)	☑
ship	nchar(10)	☑
time1	datetime	☑

图 8-1　数据结构

接下来向列“time1”中添加数据信息，最终表 goods 中数据信息如图 8-2 所示。

由此可见，在 SQL Server 数据库中，数据类型 datetime 的默认格式为“年:月:日 小时:分:秒.毫秒”，例如：

```
2020-01-01 15:42:32.234
```

	id	name	price	reserve	sales	company	ship	time1
1	1	iPhone	45	155	290	公司A	AA01	2020-01-01 15:42:32.000
2	2	鼠标	45	34	23	公司B	BC03	2020-02-01 15:42:32.000
3	3	固态硬盘	456	2345	2999	公司C	AS43	2020-07-01 15:42:32.000
4	4	鲈鱼	56	100	200	公司A	DF21	2020-10-01 15:42:32.000
5	5	USB风扇	56	200	500	公司B	FD34	2020-01-14 15:42:32.000
6	6	32GU盘	56	12	700	公司C	23DE	2020-01-15 15:42:32.000
7	7	品商品7	77	20	600	公司A	DF11	2020-08-01 15:42:32.000
8	8	品8商	99	45	50	公司B	GG00	2020-09-01 14:42:32.000
9	9	商品9	87	67	45	公司C	TH12	2020-11-01 15:42:32.000
10	10	商品10	55	60	67	公司A	23HD	2020-01-03 15:42:32.000
11	11	商品11	60	20	NULL	公司B	12FB	2020-01-16 15:42:32.000

图 8-2　表 goods 中数据信息

（2）MySQL 数据库

打开 MySQL 数据库，在表 goods 中新增列“time1”，设置数据类型为 datetime，用于表示商品的上架时间，如图 8-3 所示。

#	名字	类型	排序规则	属性	空	默认	注释	额外	操作
1	id	bigint(19)			否	无		AUTO_INCREMENT	修改 删除 主键 唯一 索引 空间 全文搜索 更多
2	name	char(10)	utf8_general_ci		是	NULL			修改 删除 主键 唯一 索引 空间 全文搜索 更多
3	price	bigint(10)			是	NULL			修改 删除 主键 唯一 索引 空间 全文搜索 更多
4	reserve	bigint(10)			是	NULL			修改 删除 主键 唯一 索引 空间 全文搜索 更多
5	sales	bigint(10)			是	NULL			修改 删除 主键 唯一 索引 空间 全文搜索 更多
6	company	char(10)	utf8_general_ci		是	NULL			修改 删除 主键 唯一 索引 空间 全文搜索 更多
7	ship	char(10)	utf8_general_ci		否	无			修改 删除 主键 唯一 索引 空间 全文搜索 更多
8	time1	datetime			否	无			修改 删除 主键 唯一 索引 空间 全文搜索 更多

图 8-3　数据结构

然后向列“time1”中添加数据信息，最终表 goods 中数据信息如图 8-4 所示。

id	name	price	reserve	sales	company	ship	time1
1	iPhone	45	155	290	公司A	AA01	2020-01-01 15:42:32
2	鼠标	45	34	23	公司B	BC03	2020-02-01 15:42:32
3	固态硬盘	456	2345	2999	公司C	AS43	2020-07-01 15:42:32
4	鲈鱼	56	100	200	公司A	DF21	2020-10-01 15:42:32
5	USB风扇	56	200	500	公司B	FD34	2020-01-14 15:42:32
6	32GU盘	56	12	700	公司C	23DE	2020-01-15 15:42:32
7	品商品7	77	20	600	公司A	DF11	2020-08-01 15:42:32
8	品8商	99	45	50	公司B	GG00	2020-09-01 14:42:32
9	商品9	87	67	45	公司C	TH12	2020-11-01 15:42:32
10	商品10	55	60	67	公司A	23HD	2020-01-03 15:42:32
11	商品11	60	20	NULL	公司B	12FB	2020-01-16 15:42:32

图 8-4　表 goods 中数据信息

由此可见，在 MySQL 数据库中，数据类型 datetime 的默认格式为“年:月:日 小时:分:秒”，例如：

```
2020-01-01 15:42:32
```

8.1.2 和时间相关的查询操作

在数据库表 goods 中新增列“time1”和对应的数据值后，接下来我们通过几个示例演示使用 SQL 语句实现时间相关查询的具体操作。

【示例 8-1】查询数据库表 goods 中在某个时间上架的商品信息。

SQL 语句如下：

```
SELECT
*
FROM goods
WHERE time1='2020-01-01 15:42:32';
```

在上述 SQL 语句中，查询数据库表 goods 中列“time1”的值是“2020-01-01 15:42:32”的商品信息。执行结果如图 8-5 所示。

	id	name	price	reserve	sales	company	ship	time1
1	1	iPhone	45	155	290	公司A	AA01	2020-01-01 15:42:32.000

（a）SQL Server 数据库

id	name	price	reserve	sales	company	ship	time1
1	iPhone	45	155	290	公司A	AA01	2020-01-01 15:42:32

（b）MySQL 数据库

图 8-5 执行结果

【示例 8-2】查询数据库表 goods 中在某个时间以后上架的商品信息。

SQL 语句如下：

```
SELECT
*
FROM goods
WHERE time1>'2020-01-03 15:42:33';
```

在上述 SQL 语句中，查询数据库表 goods 中列“time1”的值大于“2020-01-03 15:42:33”的商品信息。执行结果如图 8-6 所示。

id	name	price	reserve	sales	company	ship	time1
2	鼠标	45	34	23	公司B	BC03	2020-02-01 15:42:32.000
3	固态硬盘	456	2345	2999	公司C	AS43	2020-07-01 15:42:32.000
4	鲈鱼	56	100	200	公司A	DF21	2020-10-01 15:42:32.000
5	USB风扇	56	200	500	公司B	FD34	2020-01-14 15:42:32.000
6	32GU盘	56	12	700	公司C	23DE	2020-01-15 15:42:32.000
7	品商品7	77	20	600	公司A	DF11	2020-08-01 15:42:32.000
8	品8商	99	45	50	公司B	GG00	2020-09-01 14:42:32.000
9	商品9	87	67	45	公司C	TH12	2020-11-01 15:42:32.000
11	商品11	60	20	NULL	公司B	12FB	2020-01-16 15:42:32.000

（a）SQL Server 数据库

id	name	price	reserve	sales	company	ship	time1
2	鼠标	45	34	23	公司B	BC03	2020-02-01 15:42:32
3	固态硬盘	456	2345	2999	公司C	AS43	2020-07-01 15:42:32
4	鲈鱼	56	100	200	公司A	DF21	2020-10-01 15:42:32
5	USB风扇	56	200	500	公司B	FD34	2020-01-14 15:42:32
6	32GU盘	56	12	700	公司C	23DE	2020-01-15 15:42:32
7	品商品7	77	20	600	公司A	DF11	2020-08-01 15:42:32
8	品8商	99	45	50	公司B	GG00	2020-09-01 14:42:32
9	商品9	87	67	45	公司C	TH12	2020-11-01 15:42:32
11	商品11	60	20	*NULL*	公司B	12FB	2020-01-16 15:42:32

（b）MySQL 数据库

图 8-6　执行结果

【示例 8-3】查询数据库表 goods 中在某个时间段上架的商品信息。

SQL 语句如下：

```
SELECT
*
FROM goods
WHERE time1 BETWEEN '2020-01-03 15:42:33' AND 2020-08-01 15:42:32.000;
```

在上述 SQL 语句中，查询数据库表 goods 中列“time1”的值在“2020-01-03 15:42:33”和“2020-08-01 15:42:32.000”之间的商品信息。执行结果如图 8-7 所示。

id	name	price	reserve	sales	company	ship	time1
2	鼠标	45	34	23	公司B	BC03	2020-02-01 15:42:32.000
3	固态硬盘	456	2345	2999	公司C	AS43	2020-07-01 15:42:32.000
5	USB风扇	56	200	500	公司B	FD34	2020-01-14 15:42:32.000
6	32GU盘	56	12	700	公司C	23DE	2020-01-15 15:42:32.000
7	品商品7	77	20	600	公司A	DF11	2020-08-01 15:42:32.000
11	商品11	60	20	NULL	公司B	12FB	2020-01-16 15:42:32.000

（a）SQL Server 数据库

图 8-7　执行结果

id	name	price	reserve	sales	company	ship	time1
2	鼠标	45	34	23	公司B	BC03	2020-02-01 15:42:32
3	固态硬盘	456	2345	2999	公司C	AS43	2020-07-01 15:42:32
5	USB风扇	56	200	500	公司B	FD34	2020-01-14 15:42:32
6	32GU盘	56	12	700	公司C	23DE	2020-01-15 15:42:32
7	品商品7	77	20	600	公司A	DF11	2020-08-01 15:42:32
11	商品11	60	20	NULL	公司B	12FB	2020-01-16 15:42:32

（b）MySQL 数据库

图 8-7　执行结果（续）

8.1.3　根据上架时间逆序显示商品信息

以时间为限制条件查询数据库中的数据时，除了信息本身，我们其实更需要从查询结果的时间排序中看到一些有价值的信息，接下来我们通过示例讲解如何根据上架时间逆序显示查询结果。

【示例 8-4】根据上架时间逆序排列数据库表 goods 中的商品信息。

SQL 语句如下：

```
SELECT
*
FROM goods ORDER BY time1 DESC;
```

在上述 SQL 语句中，查询数据库表 goods 中商品的详细信息，并根据列“time1”中的值逆序排列查询结果。执行结果如图 8-8 所示。

id	name	price	reserve	sales	company	ship	time1
9	商品9	87	67	45	公司C	TH12	2020-11-01 15:42:32.000
4	鲈鱼	56	100	200	公司A	DF21	2020-10-01 15:42:32.000
8	品8商	99	45	50	公司B	GG00	2020-09-01 14:42:32.000
7	品商品7	77	20	600	公司A	DF11	2020-08-01 15:42:32.000
3	固态硬盘	456	2345	2999	公司C	AS43	2020-07-01 15:42:32.000
2	鼠标	45	34	23	公司B	BC03	2020-02-01 15:42:32.000
11	商品11	60	20	NULL	公司B	12FB	2020-01-16 15:42:32.000
6	32GU盘	56	12	700	公司C	23DE	2020-01-15 15:42:32.000
5	USB风扇	56	200	500	公司B	FD34	2020-01-14 15:42:32.000
10	商品10	55	60	67	公司A	23HD	2020-01-03 15:42:32.000
1	iPhone	45	155	290	公司A	AA01	2020-01-01 15:42:32.000

（a）SQL Server 数据库

图 8-8　执行结果

id	name	price	reserve	sales	company	ship	time1
9	商品9	87	67	45	公司C	TH12	2020-11-01 15:42:32
4	鲈鱼	56	100	200	公司A	DF21	2020-10-01 15:42:32
8	品8商	99	45	50	公司B	GG00	2020-09-01 14:42:32
7	品商品7	77	20	600	公司A	DF11	2020-08-01 15:42:32
3	固态硬盘	456	2345	2999	公司C	AS43	2020-07-01 15:42:32
2	鼠标	45	34	23	公司B	BC03	2020-02-01 15:42:32
11	商品11	60	20	NULL	公司B	12FB	2020-01-16 15:42:32
6	32GU盘	56	12	700	公司C	23DE	2020-01-15 15:42:32
5	USB风扇	56	200	500	公司B	FD34	2020-01-14 15:42:32
10	商品10	55	60	67	公司A	23HD	2020-01-03 15:42:32
1	iPhone	45	155	290	公司A	AA01	2020-01-01 15:42:32

（b）MySQL 数据库

图 8-8　执行结果（续）

8.1.4　和操作符 IN 的混合用法

在使用 SQL 语句查询和日期相关的数据信息时，可以结合 IN 关键字实现更精确的查询；我们来看下面这个具体示例。

【示例 8-5】查询数据库表 goods 中制造商是“公司 A”或“公司 B”，并且满足指定上架时间的商品信息。

SQL 语句如下：

```
SELECT
*
FROM goods WHERE company IN ('公司 A','公司 B') AND time1>'2020-08-01
15:42:33';
```

在上述 SQL 语句中，首先使用操作符 IN 查询列“company”的值是“公司 A”或“公司 B”的商品信息，然后使用逻辑运算符 AND 在查询结果中进一步检索列“time1”中的值大于“2020-08-01 15:42:33”。执行结果如图 8-9 所示。

id	name	price	reserve	sales	company	ship	time1
4	鲈鱼	56	100	200	公司A	DF21	2020-10-01 15:42:32.000
8	品8商	99	45	50	公司B	GG00	2020-09-01 14:42:32.000

（a）SQL Server 数据库

id	name	price	reserve	sales	company	ship	time1
4	鲈鱼	56	100	200	公司A	DF21	2020-10-01 15:42:32
8	品8商	99	45	50	公司B	GG00	2020-09-01 14:42:32

（b）MySQL 数据库

图 8-9　执行结果

8.1.5 和通配符 LIKE 的混合用法

在使用 SQL 语句查询和日期相关的数据信息时，可以结合 LIKE 关键字实现更精确的查询；我们来看下面的具体示例。

【示例 8-6】查询数据库表 goods 中商品名称的开头包含文字“商”，并且满足指定上架时间的商品信息。

SQL 语句如下：

```
SELECT
name,
price,
reserve,
time1
FROM goods WHERE name LIKE '商%' AND time1>'2020-01-05 15:42:33';
```

在上述 SQL 语句中，使用 AND 设置查询结果必须同时满足如下两个条件：

- “name LIKE '商%'”：查询列“name”中的值包含“商”的信息，其中“name LIKE '商%'”用来设置满足条件“包含字符‘商’”的表达式。通配符“%”在后面，表示只匹配“商”出现在商品名的开始位置；
- “time1>'2020-01-05 15:42:33'”：列“time1”的值大于“2020-01-05 15:42:33”。

执行结果如图 8-10 所示。

name	price	reserve	time1
商品9	87	67	2020-11-01 15:42:32.000
商品11	60	20	2020-01-16 15:42:32.000

（a）SQL Server 数据库

name	price	reserve	time1
商品9	87	67	2020-11-01 15:42:32
商品11	60	20	2020-01-16 15:42:32

（b）MySQL 数据库

图 8-10 执行结果

8.2 数据库的日期格式化处理函数

在 SQL 语句中，可以使用一些内置函数将查询结果中的数据进行格式化处理，这样做的目的是更适合浏览和阅读。在本节中，将详细讲解常用日期格式化处理函数的用法。

8.2.1 使用函数 GETDATE()获取当前日期

在 SQL Server 数据库中，可以使用内置函数 GETDATE()获取当前日期。

【示例 8-7】显示当前服务器的当前日期和时间。

SQL 语句如下：

```
SELECT GETDATE() AS CurrentDateTime;
```

在上述 SQL 语句中，使用函数 GETDATE()获取当前的日期，并将结果存储在另命名列“CurrentDateTime”中，执行结果如图 8-11 所示，这说明当前笔者运行上述 SQL 语句的日期是“2020-10-20 10:11:41.097”。

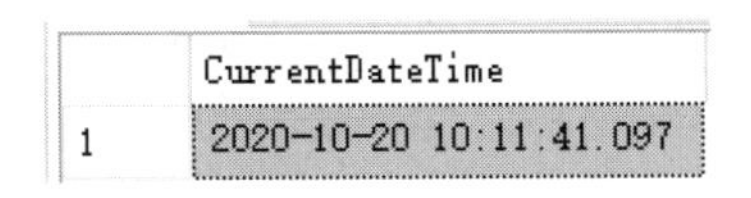

	CurrentDateTime
1	2020-10-20 10:11:41.097

图 8-11　执行结果

8.2.2　使用函数 DATEADD()获取前一天的日期

在 SQL Server 数据库中，可以使用内置函数 DATEADD()获取前一天（昨天）的日期。

【示例 8-8】查询数据库表 goods 中在某个日期和其昨天之间上架的商品信息。

SQL 语句如下：

```
SELECT
*
FROM goods WHERE time1 BETWEEN '2020-08-05 15:42:33' AND DATE
ADD(DAY,-1,GETDATE()) ;
```

在上述 SQL 语句中，使用内置函数 DATEADD()获取了前一天（昨天）的日期，并查询表“time1”中在“2020-08-05 15:42:33”和昨天之间上架的商品信息，执行结果如图 8-12 所示。

id	name	price	reserve	sales	company	ship	time1
4	鲈鱼	56	100	200	公司A	DF21	2020-10-01 15:42:32.000
8	品8商	99	45	50	公司B	GG00	2020-09-01 14:42:32.000

图 8-12　执行结果

注意：因为笔者运行上述 SQL 语句的日期是“2020-10-20 10:11:41.097”，所以上述运行截图查询列“time1”中在“2020-08-05 15:42:33”和“2020-10-19 10:11:41.097”之间上架的商品信息。

8.2.3　在 SQL Server 数据库中使用函数 CONVERT()转换日期格式

在 SQL Server 数据库中，数据类型 datetime 的默认格式为“年:月:日　小时:分:秒.毫秒”。在 MySQL 数据库中，数据类型 datetime 的默认格式为“年:月:日　小时:分:秒”。但是在实际应用中，经常遇到不是上述默认格式的日期格式，例如：

```
2020-1-1
02.20.01
21:21:12
04-28:2020
......
```

为了提升上述不规则的日期格式的可读性，在 SQL Server 数据库中，可以使用内置函数转换日期格式。

在 SQL Server 数据库中，可以使用函数 CONVERT()将长格式的日期转换为短格式的日期格式，例如，将“2020-08-05 15:42:33”转换为“2020-08-05”。函数 CONVERT()可以用不同的格式显示日期/时间数据，使用函数 CONVERT()的语法格式如下：

```
CONVERT(data_type(length),data_to_be_converted,style)
```

参数说明如下：

- data_type(length)：设置目标数据类型（带有可选的长度）；
- data_to_be_converted：设置需要转换的值；
- style：设置日期/时间的输出格式，可以使用的 style 值如表 8-1 所示。

表 8-1　style 的常用值

Style ID	Style 格式
100 或者 0	mon dd yyyy hh:miAM （或者 PM）
101	mm/dd/yy
102	yy.mm.dd
103	dd/mm/yy
104	dd.mm.yy
105	dd-mm-yy
106	dd mon yy
107	Mon dd, yy
108	hh:mm:ss
109 或者 9	mon dd yyyy hh:mi:ss:mmmAM（或者 PM）
110	mm-dd-yy
111	yy/mm/dd
112	yymmdd
113 或者 13	dd mon yyyy hh:mm:ss:mmm(24h)
114	hh:mi:ss:mmm(24h)
120 或者 20	yyyy-mm-dd hh:mi:ss(24h)
121 或者 21	yyyy-mm-dd hh:mi:ss.mmm(24h)
126	yyyy-mm-ddThh:mm:ss.mmm（没有空格）
130	dd mon yyyy hh:mi:ss:mmmAM
131	dd/mm/yy hh:mi:ss:mmmAM

【示例 8-9】将数据库表 goods 中商品上架时间的格式修改为“年/月/日”格式。

SQL 语句如下：

```
SELECT
name,
price,
```

```
CONVERT(char(10),time1,111) 'AS 修改后的时间'
FROM goods;
```

在上述 SQL 语句中，使用内置函数 CONVERT()将列“time1”中的数据转换为 style 值是 111 的数据，执行结果如图 8-13 所示。

id	name	price	reserve	sales	company	ship	time1
9	商品9	87	67	45	公司C	TH12	2020-11-01 15:42:32.000
4	鲈鱼	56	100	200	公司A	DF21	2020-10-01 15:42:32.000
8	品8商	99	45	50	公司B	GG00	2020-09-01 14:42:32.000
7	品商品7	77	20	600	公司A	DF11	2020-08-01 15:42:32.000
3	固态硬盘	456	2345	2999	公司C	AS43	2020-07-01 15:42:32.000
2	鼠标	45	34	23	公司B	BC03	2020-02-01 15:42:32.000
11	商品11	60	20	NULL	公司B	12FB	2020-01-16 15:42:32.000
6	32GU盘	56	12	700	公司C	23DE	2020-01-15 15:42:32.000
5	USB风扇	56	200	500	公司B	FD34	2020-01-14 15:42:32.000
10	商品10	55	60	67	公司A	23HD	2020-01-03 15:42:32.000
1	iPhone	45	155	290	公司A	AA01	2020-01-01 15:42:32.000

（a）原来的数据

name	price	AS修改后的时间
iPhone	45	2020/01/01
鼠标	45	2020/02/01
固态硬盘	456	2020/07/01
鲈鱼	56	2020/10/01
USB风扇	56	2020/01/14
32GU盘	56	2020/01/15
品商品7	77	2020/08/01
品8商	99	2020/09/01
商品9	87	2020/11/01
商品10	55	2020/01/03
商品11	60	2020/01/16

（b）转换后的数据

图 8-13　执行结果

同样的道理，也可以将列“time1”中的数据转换为其他格式的日期。请看下面的示例，功能是将商品上架时间的格式修改为“日.月.年”格式。

【示例 8-10】将数据库表 goods 中商品上架时间的格式修改为“日.月.年”格式。

SQL 语句如下：

```
SELECT
name,
price,
CONVERT(char(10),time1,104) 'AS 修改后的时间'
FROM goods;
```

在上述 SQL 语句中，使用内置函数 CONVERT()将列“time1”中的数据转换为 style 值是 104 的数据，执行结果如图 8-14 所示。

id	name	price	reserve	sales	company	ship	time1
9	商品9	87	67	45	公司C	TH12	2020-11-01 15:42:32.000
4	鲈鱼	56	100	200	公司A	DF21	2020-10-01 15:42:32.000
8	品8商	99	45	50	公司B	GG00	2020-09-01 14:42:32.000
7	品商品7	77	20	600	公司A	DF11	2020-08-01 15:42:32.000
3	固态硬盘	456	2345	2999	公司C	AS43	2020-07-01 15:42:32.000
2	鼠标	45	34	23	公司B	BC03	2020-02-01 15:42:32.000
11	商品11	60	20	NULL	公司B	12FB	2020-01-16 15:42:32.000
6	32GU盘	56	12	700	公司C	23DE	2020-01-15 15:42:32.000
5	USB风扇	56	200	500	公司B	FD34	2020-01-14 15:42:32.000
10	商品10	55	60	67	公司A	23HD	2020-01-03 15:42:32.000
1	iPhone	45	155	290	公司A	AA01	2020-01-01 15:42:32.000

（a）原来的数据

	name	price	AS修改后的时间
1	iPhone	45	01.01.2020
2	鼠标	45	01.02.2020
3	固态硬盘	456	01.07.2020
4	鲈鱼	56	01.10.2020
5	USB风扇	56	14.01.2020
6	32GU盘	56	15.01.2020
7	品商品7	77	01.08.2020
8	品8商	99	01.09.2020
9	商品9	87	01.11.2020
10	商品10	55	03.01.2020
11	商品11	60	16.01.2020

（b）转换后的数据

图 8-14　执行结果

8.2.4 混用函数 CONVERT()和 DATEADD()检索在某时间段内的数据信息

在 SQL Server 数据库中，也可以在 SQL 语句中混用函数 CONVERT()和 DATEADD()，并且可以在 WHERE 子句和 BETWEEN 子句中使用这两个函数。例如，在下面的示例中，通过使用上述内置函数和 BETWEEN 子句检索在某时间段内上架的商品信息。

【示例 8-11】将数据库表 goods 中商品上架时间的格式修改为“年/月/日”格式，并检索在该时间段内上架的商品信息。

SQL 语句如下：

```
SELECT
name,
price,
CONVERT(char(10),time1,111) 'AS 修改后的时间'
FROM goods WHERE time1 BETWEEN '2020-08-05' AND DATEADD(DAY,-1,GETDATE());
```

在上述 SQL 语句中，使用内置函数 CONVERT()将列“time1”中的数据转换为 style 值是 111 的数据，然后检索上架时间在 2020 年 8 月 5 日到昨天（2020 年 10 月 19 日）之间的商品信息，如图 8-15 所示。

id	name	price	reserve	sales	company	ship	time1
9	商品9	87	67	45	公司C	TH12	2020-11-01 15:42:32.000
4	鲈鱼	56	100	200	公司A	DF21	2020-10-01 15:42:32.000
8	品8商	99	45	50	公司B	GG00	2020-09-01 14:42:32.000
7	品商品7	77	20	600	公司A	DF11	2020-08-01 15:42:32.000
3	固态硬盘	456	2345	2999	公司C	AS43	2020-07-01 15:42:32.000
2	鼠标	45	34	23	公司B	BC03	2020-02-01 15:42:32.000
11	商品11	60	20	NULL	公司B	12FB	2020-01-16 15:42:32.000
6	32G U盘	56	12	700	公司C	23DE	2020-01-15 15:42:32.000
5	USB风扇	56	200	500	公司B	FD34	2020-01-14 15:42:32.000
10	商品10	55	60	67	公司A	23HD	2020-01-03 15:42:32.000
1	iPhone	45	155	290	公司A	AA01	2020-01-01 15:42:32.000

（a）原来的数据

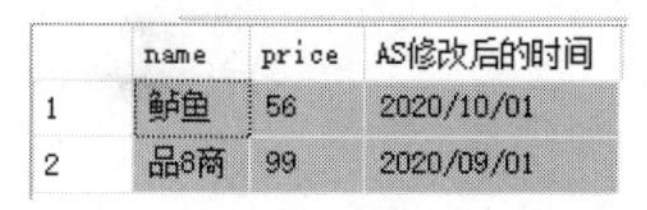

	name	price	AS修改后的时间
1	鲈鱼	56	2020/10/01
2	品8商	99	2020/09/01

（b）转换后的数据

图 8-15 执行结果

8.2.5 使用函数 DATEDIFF()计算两个日期的间隔

在 SQL Server 数据库中，可以使用内置函数 DATEDIFF()返回两个日期之间的间隔时间。使用函数 DATEDIFF()的语法格式如下：

```
DATEDIFF(datepart,startdate,enddate)
```

参数说明如下：

- 参数 startdate：合法的日期表达式，表示起始时间；
- 参数 enddate：合法的日期表达式，表示截止时间；
- 参数 datepart：计算得出的时间差额，其取值可以是表 8-2 中所示的值。

表 8-2　参数 datepart 的值

datepart	缩　写
年	yy, yyyy
季度	qq, q
月	mm, m
年中的日	day, dy, y
日	dd, d
周	wk, ww
星期	dw, w
小时	hh
分钟	mi, n
秒	ss, s
毫秒	ms
微秒	mcs
纳秒	ns

【示例 8-12】返回“2020 年 12 月 1 日”和“2021 年 10 月 1 日”间隔的天数。

SQL 语句如下：

```
SELECT DATEDIFF(day,'2020-10-1','2021-12-1') AS DiffDate
```

在上述 SQL 语句中，返回“2021 年 12 月 1 日”和“2020 年 10 月 1 日”之间的时间间隔，因为在函数 DATEDIFF()设置使用了参数 datepart 的值是“day”，所以返回这两天之间的间隔天数。执行结果如图 8-16 所示。

	DiffDate
1	426

图 8-16　执行结果

在上述示例中，开始日期比截止日期的时间要早，所以返回正数格式的间隔数字。但是如果开始日期比截止日期的时间要晚返回什么结果呢？看下面的示例。

【示例 8-13】返回“2021 年 12 月 1 日”和“2020 年 10 月 1 日”间隔的天数。

SQL 语句如下：

```
SELECT DATEDIFF(day,'2021-12-1','2020-10-1') AS DiffDate
```

在上述 SQL 语句中，返回“2021 年 12 月 1 日”和“2020 年 10 月 1 日”之间的间隔，因为开始日期比截止日期的时间要晚，所以返回结果是负数。执行结果如图 8-17 所示。

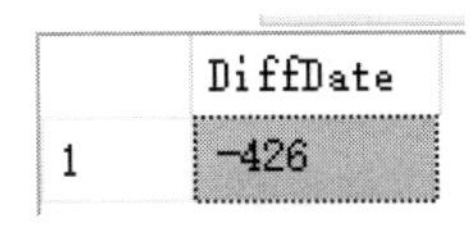

	DiffDate
1	-426

图 8-17　执行结果

【示例 8-14】返回“2020 年 12 月 1 日”和“2021 年 10 月 1 日”间隔的小时数。

SQL 语句如下：

```
SELECT DATEDIFF(hh,'2020-10-1','2021-12-1') AS DiffDate
```

在上述 SQL 语句中，返回“2020 年 12 月 1 日”和“2021 年 10 月 1 日”之间的时间间隔，因为在函数 DATEDIFF()设置参数 datepart 的值是“hh”，所以返回这两天之间的间隔小时数。执行结果如图 8-18 所示。

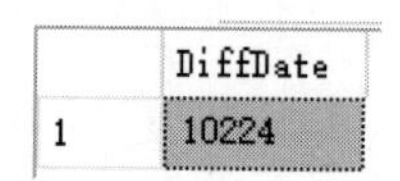

	DiffDate
1	10224

图 8-18　执行结果

8.2.6　使用函数 DAY()提取日期中的“天”数

在 SQL Server 和 MySQL 数据库中，可以使用内置函数 DAY()返回某日期中代表“天”的值。使用函数 DAY()的语法格式如下：

```
DAY(date)
```

其中，参数 date 表示一个日期，可以是如下的数据类型。

- date
- datetime
- datetimeoffset
- datetime2
- smalldatetime
- time

下面我们通过两个示例讲解一下函数 DAY()的简单应用。

【示例 8-15】返回“2015-04-30 01:01:01.1234567”这个日期中“天”的数值。

SQL 语句如下：

```
SELECT DAY('2015-04-30 01:01:01.1234567');
```

在上述 SQL 语句中，返回“2015-04-30 01:01:01.1234567”中“天”的数值，执行结果如图 8-19 所示。

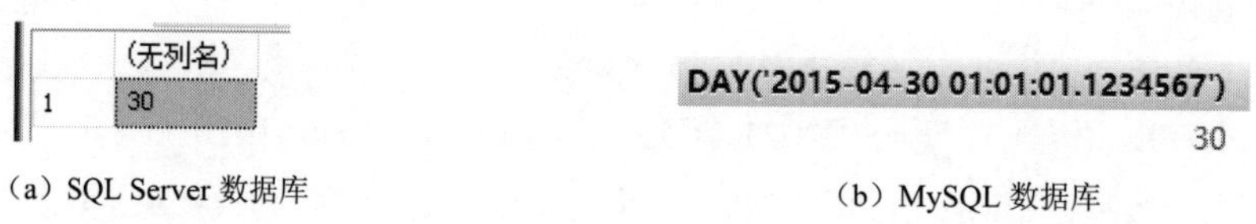

	(无列名)
1	30

（a）SQL Server 数据库

DAY('2015-04-30 01:01:01.1234567')
30

（b）MySQL 数据库

图 8-19　执行结果

【示例 8-16】提取数据库表 goods 中商品上架时间的天数。

SQL 语句如下：

```
SELECT
name,
price,
time1,
DAY(time1) AS '只保留日期中的天数'
FROM goods;
```

在上述 SQL 语句中，返回列“name”“price”和“time1”的信息，并使用函数 DAY()处理列“time1”中的值，并将处理结果重命名为列“只保留日期中的天数”，执行结果如图 8-20 所示。

	name	price	time1	只保留日期中的天数
1	iPhone	45	2020-01-01 15:42:32.000	1
2	鼠标	45	2020-02-01 15:42:32.000	1
3	固态硬盘	456	2020-07-01 15:42:32.000	1
4	鲈鱼	56	2020-10-01 15:42:32.000	1
5	USB风扇	56	2020-01-14 15:42:32.000	14
6	32GU盘	56	2020-01-15 15:42:32.000	15
7	品商品7	77	2020-08-01 15:42:32.000	1
8	品8商	99	2020-09-01 15:42:32.000	1
9	商品9	87	2020-11-01 15:42:32.000	1
10	商品10	55	2020-01-03 15:42:32.000	3
11	商品11	60	2020-01-16 15:42:32.000	16

（a）SQL Server 数据库

name	price	time1	只保留日期中的天数
iPhone	45	2020-01-01 15:42:32	1
鼠标	45	2020-02-01 15:42:32	1
固态硬盘	456	2020-07-01 15:42:32	1
鲈鱼	56	2020-10-01 15:42:32	1
USB风扇	56	2020-01-14 15:42:32	14
32GU盘	56	2020-01-15 15:42:32	15
品商品7	77	2020-08-01 15:42:32	1
品8商	99	2020-09-01 14:42:32	1
商品9	87	2020-11-01 15:42:32	1
商品10	55	2020-01-03 15:42:32	3
商品11	60	2020-01-16 15:42:32	16

（b）MySQL 数据库

图 8-20　执行结果

8.2.7　使用函数 MONTH()提取日期中的“月份”数

在 SQL Server 数据库和 MySQL 数据库中，可以使用内置函数 MONTH()返回某日期中代表“月份”的值。使用函数 MONTH()的语法格式如下：

```
MONTH(date)
```

其中，参数 date 表示一个日期，其数据类型前面已讲，不再赘述。

下面通过两个示例展示函数 MONTH()的具体应用。

【示例 8-17】返回“2015-04-30 01:01:01.1234567”这个日期中“月份”的数值。

SQL 语句如下：

```
SELECT MONTH('2015-04-30 01:01:01.1234567');
```

在上述 SQL 语句中，返回“2015-04-30 01:01:01.1234567”中“月份”的数值，执行结果如图 8-21 所示。

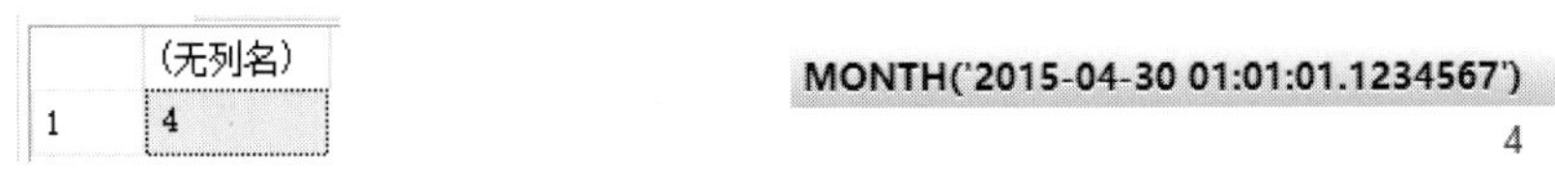

	(无列名)
1	4

MONTH('2015-04-30 01:01:01.1234567')
4

（a）SQL Server 数据库　　（b）MySQL 数据库

图 8-21　执行结果

【示例 8-18】提取数据库表 goods 中每个商品上架时间的“月份”数。

SQL 语句如下：

```
SELECT
name,
price,
time1,
MONTH(time1) AS '只保留日期中的月份数'
FROM goods;
```

在上述 SQL 语句中，返回列“name”“price”和“time1”的信息，并使用函数 MONTH()处理列“time1”中的值，并将结果重命名为列“只保留日期中的月份数”，如图 8-22 所示。

	name	price	time1	只保留日期中的月份数
1	iPhone	45	2020-01-01 15:42:32.000	1
2	鼠标	45	2020-02-01 15:42:32.000	2
3	固态硬盘	456	2020-07-01 15:42:32.000	7
4	鲈鱼	56	2020-10-01 15:42:32.000	10
5	USB风扇	56	2020-01-14 15:42:32.000	1
6	32GU盘	56	2020-01-15 15:42:32.000	1
7	品商品7	77	2020-08-01 15:42:32.000	8
8	品8商	99	2020-09-01 15:42:32.000	9
9	商品9	87	2020-11-01 15:42:32.000	11
10	商品10	55	2020-01-03 15:42:32.000	1
11	商品11	60	2020-01-16 15:42:32.000	1

（a）SQL Server 数据库

name	price	time1	只保留日期中的月份数
iPhone	45	2020-01-01 15:42:32	1
鼠标	45	2020-02-01 15:42:32	2
固态硬盘	456	2020-07-01 15:42:32	7
鲈鱼	56	2020-10-01 15:42:32	10
USB风扇	56	2020-01-14 15:42:32	1
32GU盘	56	2020-01-15 15:42:32	1
品商品7	77	2020-08-01 15:42:32	8
品8商	99	2020-09-01 14:42:32	9
商品9	87	2020-11-01 15:42:32	11
商品10	55	2020-01-03 15:42:32	1
商品11	60	2020-01-16 15:42:32	1

（b）MySQL 数据库

图 8-22 执行结果

8.2.8 使用函数 YEAR()提取日期中的“年份”数

在 SQL Server 数据库和 MySQL 数据库中，可以使用内置函数 YEAR()返回某日期中代表“年份”的值。使用函数 YEAR()的语法格式如下：

```
YEAR(date)
```

其中，参数 date 表示一个日期，其数据类型前面已讲，不再赘述。

下面通过三个示例展示函数 YEAR()的具体用法。

【示例 8-19】返回“2015-04-30 01:01:01.1234567”这个日期中“年份”的数值。

SQL 语句如下：

```
SELECT YEAR('2015-04-30 01:01:01.1234567');
```

在上述 SQL 语句中，返回“2015-04-30 01:01:01.1234567”中“年份”的数值，执行结果如图 8-23 所示。

	(无列名)
1	2015

（a）SQL Server 数据库

YEAR('2015-04-30 01:01:01.1234567')
2015

（b）MySQL 数据库

图 8-23 执行结果

【示例 8-20】提取数据库表 goods 中每个商品上架时间的“年份”数。

SQL 语句如下：

```
SELECT
name,
price,
time1,
YEAR(time1) AS '只保留日期中的年份数'
FROM goods;
```

在上述 SQL 语句中，返回列“name”“price”和“time1”的信息，并使用函数 YEAR()处理列“time1”中的值，并将处理结果重命名为列“只保留日期中的年份数”，执行结果如图 8-24 所示。

	name	price	time1	只保留日期中的年份数
1	iPhone	45	2020-01-01 15:42:32.000	2020
2	鼠标	45	2020-02-01 15:42:32.000	2020
3	固态硬盘	456	2020-07-01 15:42:32.000	2020
4	鲈鱼	56	2020-10-01 15:42:32.000	2020
5	USB风扇	56	2020-01-14 15:42:32.000	2020
6	32GU盘	56	2020-01-15 15:42:32.000	2020
7	品商品7	77	2020-08-01 15:42:32.000	2020
8	品8商	99	2020-09-01 15:42:32.000	2020
9	商品9	87	2020-11-01 15:42:32.000	2020
10	商品10	55	2020-01-03 15:42:32.000	2020
11	商品11	60	2020-01-16 15:42:32.000	2020

（a）SQL Server 数据库

name	price	time1	只保留日期中的年份数
iPhone	45	2020-01-01 15:42:32	2020
鼠标	45	2020-02-01 15:42:32	2020
固态硬盘	456	2020-07-01 15:42:32	2020
鲈鱼	56	2020-10-01 15:42:32	2020
USB风扇	56	2020-01-14 15:42:32	2020
32GU盘	56	2020-01-15 15:42:32	2020
品商品7	77	2020-08-01 15:42:32	2020
品8商	99	2020-09-01 14:42:32	2020
商品9	87	2020-11-01 15:42:32	2020
商品10	55	2020-01-03 15:42:32	2020
商品11	60	2020-01-16 15:42:32	2020

（b）MySQL 数据库

图 8-24　执行结果

在 SQL 语句中，也可以混合使用前面介绍的几个内置函数。例如，在下面的示例中，演示了联合使用内置函数 YEAR()和 MONTH()的过程。

【示例 8-21】提取数据库表 goods 中在 2020 年 1 月上架的商品信息。

SQL 语句如下：

```
SELECT
name,
price,
time1
FROM goods WHERE MONTH(time1)=1 AND YEAR(time1)=2020;
```

在上述 SQL 语句中，返回列“name”“price”和“time1”的信息，然后使用内置函数 MONTH()提取列“time1”的值是“1”的数据信息，并且使用内置函数 YEAR()提取列“time1”的值是“2020”的数据信息，执行结果如图 8-25 所示。

	name	price	time1
1	iPhone	45	2020-01-01 15:42:32.000
2	USB风扇	56	2020-01-14 15:42:32.000
3	32GU盘	56	2020-01-15 15:42:32.000
4	商品10	55	2020-01-03 15:42:32.000
5	商品11	60	2020-01-16 15:42:32.000

（a）SQL Server 数据库

name	price	time1
iPhone	45	2020-01-01 15:42:32
USB风扇	56	2020-01-14 15:42:32
32GU盘	56	2020-01-15 15:42:32
商品10	55	2020-01-03 15:42:32
商品11	60	2020-01-16 15:42:32

（b）MySQL 数据库

图 8-25　执行结果

8.2.9　在 MySQL 数据库中使用函数 DATE_FORMAT()转换日期格式

在 MySQL 数据库中，可以使用内置函数 DATE_FORMAT()格式化处理日期，具体语法格式如下：

```
DATE_FORMAT(date,format)
```

参数说明如下：

- 参数 date：表示合法的日期；
- 参数 format：设置“日期/时间”的输出格式，常用的格式如表 8-3 所示。

表 8-3　参数 format 的常用值

格　式	描　述
%a	缩写星期名
%b	缩写月名
%c	月，数值
%D	带有英文前缀的月中的天
%d	月的天，数值(00-31)
%e	月的天，数值(0-31)
%f	微秒
%H	小时（00-23)
%h	小时（01-12)
%I	小时（01-12)
%i	分钟，数值(00-59)
%j	年的天（001-366)
%k	小时（0-23)
%l	小时（1-12)
%M	月名
%m	月，数值(00-12)
%p	AM 或 PM
%r	时间，12-小时（hh:mm:ss AM 或 PM）

续表

格　式	描　述
%S	秒(00-59)
%s	秒(00-59)
%T	时间, 24-小时 (hh:mm:ss)
%U	周 (00-53) 星期日是一周的第一天
%u	周 (00-53) 星期一是一周的第一天
%V	周 (01-53) 星期日是一周的第一天，与 %X 使用
%v	周 (01-53) 星期一是一周的第一天，与 %x 使用
%W	星期名
%w	周的天 （0=星期日, 6=星期六）
%X	年，其中的星期日是周的第一天，4 位，与 %V 使用
%x	年，其中的星期一是周的第一天，4 位，与 %v 使用
%Y	年，4 位
%y	年，2 位

下面我们用三个示例修改一下商品上架时间的格式。

【示例 8-22】将数据库表 goods 中商品上架时间的格式修改为“年-月-日”格式（m、d 为小写形式）。

SQL 语句如下：

```
SELECT
name,
price,
DATE_FORMAT(time1,'%Y-%m-%d') 'AS 修改后的时间'
FROM goods;
```

在上述 SQL 语句中，使用内置函数 DATE_FORMAT()将列“time1”中的数据转换为“'%Y-%m-%d”格式，注意，“Y”是大写形式，“m”和“d”是小写形式，如图 8-26 所示。

id	name	price	reserve	sales	company	ship	time1
1	iPhone	45	155	290	公司A	AA01	2020-01-01 15:42:32
2	鼠标	45	34	23	公司B	BC03	2020-02-01 15:42:32
3	固态硬盘	456	2345	2999	公司C	AS43	2020-07-01 15:42:32
4	鲈鱼	56	100	200	公司A	DF21	2020-10-01 15:42:32
5	USB风扇	56	200	500	公司B	FD34	2020-01-14 15:42:32
6	32GU盘	56	12	700	公司C	23DE	2020-01-15 15:42:32
7	品商品7	77	20	600	公司A	DF11	2020-08-01 15:42:32
8	品8商	99	45	50	公司B	GG00	2020-09-01 14:42:32
9	商品9	87	67	45	公司C	TH12	2020-11-01 15:42:32
10	商品10	55	60	67	公司A	23HD	2020-01-03 15:42:32
11	商品11	60	20	NULL	公司B	12FB	2020-01-16 15:42:32

（a）原来的数据

name	price	AS修改后的时间
iPhone	45	2020-01-01
鼠标	45	2020-02-01
固态硬盘	456	2020-07-01
鲈鱼	56	2020-10-01
USB风扇	56	2020-01-14
32GU盘	56	2020-01-15
品商品7	77	2020-08-01
品8商	99	2020-09-01
商品9	87	2020-11-01
商品10	55	2020-01-03
商品11	60	2020-01-16

（b）转换后的数据

图 8-26　执行结果

【示例 8-23】将数据库表 goods 中商品上架时间的格式修改为“月/日”格式。

SQL 语句如下：

```
SELECT
name,
price,
DATE_FORMAT(time1,'%m/%d') 'AS 修改后的时间'
FROM goods;
```

在上述 SQL 语句中，使用内置函数 DATE_FORMAT()将列“time1”中的数据转换为“%m-%d”格式，注意，“m”和“d”都是小写形式，如图 8-27 所示。

id	name	price	reserve	sales	company	ship	time1
1	iPhone	45	155	290	公司A	AA01	2020-01-01 15:42:32
2	鼠标	45	34	23	公司B	BC03	2020-02-01 15:42:32
3	固态硬盘	456	2345	2999	公司C	AS43	2020-07-01 15:42:32
4	鲈鱼	56	100	200	公司A	DF21	2020-10-01 15:42:32
5	USB风扇	56	200	500	公司B	FD34	2020-01-14 15:42:32
6	32GU盘	56	12	700	公司C	23DE	2020-01-15 15:42:32
7	品商品7	77	20	600	公司A	DF11	2020-08-01 15:42:32
8	品8商	99	45	50	公司B	GG00	2020-09-01 14:42:32
9	商品9	87	67	45	公司C	TH12	2020-11-01 15:42:32
10	商品10	55	60	67	公司A	23HD	2020-01-03 15:42:32
11	商品11	60	20	*NULL*	公司B	12FB	2020-01-16 15:42:32

（a）原来的数据

name	price	AS修改后的时间
iPhone	45	01/01
鼠标	45	02/01
固态硬盘	456	07/01
鲈鱼	56	10/01
USB风扇	56	01/14
32GU盘	56	01/15
品商品7	77	08/01
品8商	99	09/01
商品9	87	11/01
商品10	55	01/03
商品11	60	01/16

（b）转换后的数据

图 8-27　执行效果

通过表 8-3 可知，参数 format 值的大小写有不同的含义，我们通过一个简单的示例来了解一下。

【示例 8-24】将数据库表 goods 中商品上架时间的格式修改为“年-月-日”格式（M、D 为大写形式）。

SQL 语句如下：

```
SELECT
name,
price,
DATE_FORMAT(time1,'%Y-%M-%D') 'AS 修改后的时间'
FROM goods;
```

在上述 SQL 语句中，使用内置函数 DATE_FORMAT()将列“time1”中的数据转换为“'%Y-%M-%D”格式，注意，“Y”“M”和“D”都是大写形式，如图 8-28 所示。

id	name	price	reserve	sales	company	ship	time1
1	iPhone	45	155	290	公司A	AA01	2020-01-01 15:42:32
2	鼠标	45	34	23	公司B	BC03	2020-02-01 15:42:32
3	固态硬盘	456	2345	2999	公司C	AS43	2020-07-01 15:42:32
4	鲈鱼	56	100	200	公司A	DF21	2020-10-01 15:42:32
5	USB风扇	56	200	500	公司B	FD34	2020-01-14 15:42:32
6	32GU盘	56	12	700	公司C	23DE	2020-01-15 15:42:32
7	品商品7	77	20	600	公司A	DF11	2020-08-01 15:42:32
8	品8商	99	45	50	公司B	GG00	2020-09-01 14:42:32
9	商品9	87	67	45	公司C	TH12	2020-11-01 15:42:32
10	商品10	55	60	67	公司A	23HD	2020-01-03 15:42:32
11	商品11	60	20	*NULL*	公司B	12FB	2020-01-16 15:42:32

（a）原来的数据

name	price	AS修改后的时间
iPhone	45	2020-January-1st
鼠标	45	2020-February-1st
固态硬盘	456	2020-July-1st
鲈鱼	56	2020-October-1st
USB风扇	56	2020-January-14th
32GU盘	56	2020-January-15th
品商品7	77	2020-August-1st
品8商	99	2020-September-1st
商品9	87	2020-November-1st
商品10	55	2020-January-3rd
商品11	60	2020-January-16th

（b）转换后的数据

图 8-28　执行结果

8.2.10　在 Oracle 数据库中使用函数 TO_CHAR()转换日期格式

在 Oracle 数据库中，日期的默认显示格式是“日-月-年”，例如“27-3-2022”，这种格式很不符合我们的阅读习惯。此时可以使用内置函数 TO_CHAR()格式化处理日期，具体语法格式如下：

```
TO_CHAR(expreesion,format)
```

相关参数说明如下：

- 参数 expreesion：表示要转换的日期或数字；
- 参数 format：设置“日期/时间”的输出格式，常用格式的具体说明如表 8-4 所示。

表 8-4　参数 format 的取值说明

取值	说明
YYYY	四位表示的年份
YYY,YY,Y	年份的最后三位、两位或一位，默认为当前世纪
MM	01~12 的月份编号
MONTH	9 个字符表示的月份，右边用空格填补
MON	三位字符的月份缩写
WW	一年中的星期
D	星期中的第几天
DD	月份中的第几天
DDD	年所中的第几天
DAY	9 个字符表示的天的全称，右边用空格补齐
HH，HH12	一天中的第几个小时，12 进制表示法
HH24	一天中的第几个小时，取值范围 00~23

续表

取值	说明
MI	一小时中的分钟
SS	一分钟中的秒
SSSS	从午夜开始过去的秒数

【示例 8-25】将数据库表 goods 中商品上架时间的格式修改为“年-月-日”格式。

SQL 语句如下：

```
SELECT
name,
price,
DATE_FORMAT(time1,'YYYY-MM-DD') 'AS 修改后的时间'
FROM goods;
```

在上述 SQL 语句中，使用内置函数 DATE_FORMAT()将列“time1”中的数据转换为“YYYY-MM-DD”格式；注意，“Y”“M”“D”都是大写形式，如图 8-29 所示。

id	name	price	reserve	sales	company	ship	time1
1	iPhone	45	155	290	公司A	AA01	2020-01-01 15:42:32
2	鼠标	45	34	23	公司B	BC03	2020-02-01 15:42:32
3	固态硬盘	456	2345	2999	公司C	AS43	2020-07-01 15:42:32
4	鲈鱼	56	100	200	公司A	DF21	2020-10-01 15:42:32
5	USB风扇	56	200	500	公司B	FD34	2020-01-14 15:42:32
6	32GU盘	56	12	700	公司C	23DE	2020-01-15 15:42:32
7	品商品7	77	20	600	公司A	DF11	2020-08-01 15:42:32
8	品8商	99	45	50	公司B	GG00	2020-09-01 14:42:32
9	商品9	87	67	45	公司C	TH12	2020-11-01 15:42:32
10	商品10	55	60	67	公司A	23HD	2020-01-03 15:42:32
11	商品11	60	20	*NULL*	公司B	12FB	2020-01-16 15:42:32

（a）原来的数据

name	price	AS修改后的时间
iPhone	45	2020-01-01
鼠标	45	2020-02-01
固态硬盘	456	2020-07-01
鲈鱼	56	2020-10-01
USB风扇	56	2020-01-14
32GU盘	56	2020-01-15
品商品7	77	2020-08-01
品8商	99	2020-09-01
商品9	87	2020-11-01
商品10	55	2020-01-03
商品11	60	2020-01-16

（b）转换后的数据

图 8-29　执行效果

8.2.11　使用函数 CAST()转换数据类型

在 SQL Server 数据库和 Oracle 数据库中，可以使用内置函数 CAST()转换数据库中某列的数据类型，具体语法格式如下：

```
CAST(expression AS data_type)
```

参数说明如下：

- expression：任何有效的 SQL Server 表达式；
- AS：用于分隔两个参数，在 AS 之前的“expression”表示要处理的数据，在 AS 之后的“data_type”表示要转换的数据类型；

- data_type：表示目标系统所提供的数据类型，包括 bigint 和 sql_variant，不能使用用户定义的数据类型。

【示例 8-26】将文本格式的“209”转换为整数格式。

SQL 语句如下：

```
SELECT CAST('209' AS INT)
```

在上述 SQL 语句中，使用内置函数 CAST()将文本格式的“209”转换为“INT”格式，执行结果如图 8-30 所示。

图 8-30　执行结果

【示例 8-27】将小数“20.9”转换为整数格式。

SQL 语句如下：

```
SELECT CAST(20.9 AS INT)
```

在上述 SQL 语句中，使用内置函数 CAST()将小数“20.9”转换为“INT”格式，执行结果如图 8-31 所示。

图 8-31　执行结果

注意：通过图 8-31 的执行效果可知，将小数转换为整数时，直接舍弃小数点后面的数字，不遵循四舍五入的原则。

接下来看一下函数 CAST()在 SQL Server 数据库和 Oracle 数据库中的具体应用。

首先在数据库表 goods 中新增一个名为“time2”的列，设置数据类型是文本类型“nchar(10)”，用于表示本商品的进货时间，然后向列“time2”中添加一些数据。列“time2”的具体设计结构和其中的数据信息如图 8-32 所示。

列名	数据类型	允许 Null 值
id	bigint	☐
name	char(10)	☑
price	float	☐
reserve	bigint	☑
sales	bigint	☑
company	char(10)	☑
ship	nchar(10)	☑
time1	datetime	☑
time2	nchar(10)	☑

（a）设计结构

id	name	price	reserve	sales	company	ship	time1	time2
1	iPhone	45	155	290	公司A	AA01	2020-01-01 15:42:32.000	2020
2	鼠标	45	34	23	公司B	BC03	2020-02-01 15:42:32.000	2020
3	固态硬盘	456	2345	2999	公司C	AS43	2020-07-01 15:42:32.000	2021
4	鲈鱼	56	100	200	公司A	DF21	2020-10-01 15:42:32.000	2020
5	USB风扇	56	200	500	公司B	FD34	2020-01-14 15:42:32.000	1999
6	32GU盘	56	12	700	公司C	23DE	2020-01-15 15:42:32.000	2020
7	品商品7	77	20	600	公司A	DF11	2020-08-01 15:42:32.000	2020
8	品8商	99	45	50	公司B	GG00	2020-09-01 15:42:32.000	2019
9	商品9	87	67	45	公司C	TH12	2020-11-01 15:42:32.000	2018
10	商品10	55	60	67	公司A	23HD	2020-01-03 15:42:32.000	2017
11	商品11	60	20	NULL	公司B	12FB	2020-01-16 15:42:32.000	2009

（b）数据库中的数据

图 8-32　新增列“time2”

【示例 8-28】将数据库表 goods 中商品进货时间的格式修改为整数格式。

SQL 语句如下：

```
SELECT
name,
price,
CAST(time2 AS INT) '转换后的时间'
FROM goods;
```

在上述 SQL 语句中，使用内置函数 CAST()将列“time2”中的数据类型转换为“INT”格式，执行结果如图 8-33 所示。

	name	price	转换后的时间
1	iPhone	45	2020
2	鼠标	45	2020
3	固态硬盘	456	2021
4	鲂鱼	56	2020
5	USB风扇	56	1999
6	32GU盘	56	2020
7	品商品7	77	2020
8	品8商	99	2019
9	商品9	87	2018
10	商品10	55	2017
11	商品11	60	2009

图 8-33　执行结果

注意：在上述示例中，为了保证能够将列“time2”中的数据类型成功转换为整数格式，一定要确保在数据中不能包含字母和特殊字符（如下画线、小数点等），否则将会出错。

第 9 章　高级行操作

在前面内容的讲解中，我们已经了解了查询数据库数据的一些基本方法，当然这些方法的查询结果相对比较简单；但是在实际工作中，很多时候我们所需要的信息要经过判断甄别，甚至为了阅读方便要增加一些标记符号，例如判断某行信息是否存在、随机查询某行数据、在结果中添加编号、隔行显示数据以及查询指定范围内的所有行数据等，这就需要用到高级行操作的知识了。

9.1　使用 EXISTS 运算符判断某行信息是否存在

在 SQL 语句中，运算符 EXISTS 能够判断查询子句是否有记录，如果有一条或多条记录存在返回 True，否则返回 False。在本节中，将详细讲解使用 EXISTS 运算符判断某行信息是否存在的知识和具体示例。

9.1.1　使用 EXISTS 运算符的基本语法

使用 EXISTS 运算符的基本语法如下：

```
SELECT column_name
FROM table_name
WHERE EXISTS
(SELECT column_name FROM table_name WHERE condition);
```

参数说明如下：

- table_name：数据库表的名字；
- column_name：数据库表“table_name”中某些列的名字；
- condition：满足某个条件的表达式。

上述 SQL 语句的功能是查询数据库表“table_name”中列“column_name”的信息，并且只返回满足条件“condition”的信息。EXISTS 用于检查子查询是否至少会返回一行数据，该子查询实际上并不返回任何数据，而是返回值 True 或 False。

9.1.2　查询数据库中第 n 行信息

在现实中经常需要查询数据库中的某行信息，这时候我们可以借助于 EXISTS 运算符实现；看一下下面的具体示例。

【示例 9-1】查询数据库表 goods 中第 6 个商品的信息。

SQL 语句如下：

```
SELECT
id,
name,
price,
sales
FROM (SELECT TOP 6 * FROM goods) AA
WHERE NOT EXISTS(SELECT * FROM (SELECT TOP 5 * FROM goods) BB
WHERE AA.id=BB.id);
```

在上述 SQL 语句中，首先查询数据库表 goods 中前 6 行的信息，然后提取出前 5 行的数据信息，最后使用 NOT EXISTS 语句将第 6 行数据显示出来。

因为在 MySQL 数据库中不能使用 TOP 子句，而是需要使用 LIMIT 子句，所以在 MySQL 数据库中使用如下 SQL 语句实现上面的功能。

```
SELECT
id,
name,
price,
sales
FROM (SELECT * FROM goods LIMIT 6) AA
WHERE NOT EXISTS(SELECT * FROM (SELECT * FROM goods LIMIT 5) BB
WHERE AA.id=BB.id);
```

执行结果如图 9-1 所示。

	id	name	price	reserve	sales	company	ship	time1	time2
1	1	iPhone	45	155	290	公司A	AA01	2020-01-01 15:42:32.000	2020
2	2	鼠标	45	34	23	公司B	BC03	2020-02-01 15:42:32.000	2020
3	3	固态硬盘	456	2345	2999	公司C	AS43	2020-07-01 15:42:32.000	2021
4	4	鲈鱼	56	100	200	公司A	DF21	2020-10-01 15:42:32.000	2020
5	5	USB风扇	56	200	500	公司B	FD34	2020-01-14 15:42:32.000	1999
6	6	32GU盘	56	12	700	公司C	23DE	2020-01-15 15:42:32.000	2020
7	7	品商品7	77	20	600	公司A	DF11	2020-08-01 15:42:32.000	2020
8	8	品8商	99	45	50	公司B	GG00	2020-09-01 15:42:32.000	2019
9	9	商品9	87	67	45	公司C	TH12	2020-11-01 15:42:32.000	2018
10	10	商品10	55	60	67	公司A	23HD	2020-01-03 15:42:32.000	2017
11	11	商品11	60	20	NULL	公司B	12FB	2020-01-16 15:42:32.000	2009

（a）数据库表 goods 中的数据

	id	name	price	sales
1	6	32GU盘	56	700

（b）SQL Server 数据库

id	name	price	sales
6	32GU盘	56	700

（c）MySQL 数据库

图 9-1　执行结果

9.2　随机查询某行数据

在 SQL 语句中，有时需要随机查询数据库中的某行数据，例如抽奖或随机抽查时；此时需要借助内置函数来实现这一功能。在本节中，将详细讲解在不同数据库中随机查询数据库中某行数据的知识和具体示例。

9.2.1　在 SQL Server 数据库中随机查询某行数据

在 SQL Server 数据库中，可以使用函数 NEWID()随机查询数据库中的某行数据。每一次调用函数 NEWID()，都会随机返回不同的数据。

【示例 9-2】随机返回数据库表 goods 中的信息。

SQL 语句如下：

```
SELECT
id,
name,
price,
sales
FROM goods ORDER BY NEWID();
```

在上述 SQL 语句中，查询数据库表 goods 中列“id”“name”“price”和“sales”的信息。因为在 ORDER BY 子句中使用了随机函数 NEWID()，所以会返回随机排序的结果。执行结果如图 9-2 所示，注意每次运行都会返回不同的结果。

	id	name	price	sales
1	1	iPhone	45	290
2	2	鼠标	45	23
3	9	商品9	87	45
4	3	固态硬盘	456	2999
5	6	32GU盘	56	700
6	4	鲅鱼	56	200
7	10	商品10	55	67
8	11	商品11	60	NULL
9	7	品商品7	77	600
10	8	品8商	99	50
11	5	USB风扇	56	500

图 9-2　某次执行结果

【示例 9-3】随机返回数据库表 goods 中某一行数据的信息。

SQL 语句如下：

```
SELECT TOP 1
id,
name,
price,
```

```
sales
FROM goods ORDER BY NEWID();
```

在上述 SQL 语句中，“SELECT TOP 1”表示查询数据库表 goods 中某一行的数据信息。因为在 ORDER BY 子句中使用了随机函数 NEWID()，所以会随机返回一行数据信息。执行结果如图 9-3 所示。

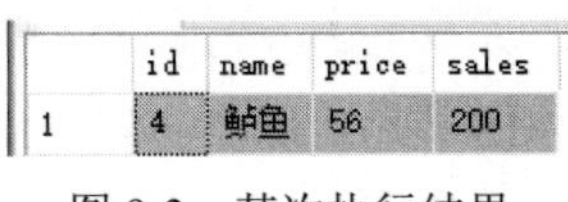

	id	name	price	sales
1	4	鲈鱼	56	200

图 9-3　某次执行结果

9.2.2　在 MySQL 数据库中随机查询某行数据

在 MySQL 数据库中，可以用函数 RAND()随机查询数据库中的某行或者某几行数据。同样，每一次调用函数 RAND()，都会随机返回不同的数据。

【示例 9-4】随机返回数据库表 goods 中的信息。

SQL 语句如下：

```
SELECT
id,
name,
price,
sales
FROM goods ORDER BY RAND();
```

在上述 SQL 语句中，查询数据库表 goods 中列“id”“name”“price”和“sales”的信息。因为在 ORDER BY 子句中使用了随机函数 RAND()，所以会返回随机排序的结果。执行结果如图 9-4 所示。

id	name	price	sales
4	鲈鱼	56	200
2	鼠标	45	23
9	商品9	87	45
11	商品11	60	NULL
6	32GU盘	56	700
1	iPhone	45	290
10	商品10	55	67
8	品8商	99	50
5	USB风扇	56	500
7	品商品7	77	600
3	固态硬盘	456	2999

图 9-4　某次执行结果

【示例 9-5】随机返回数据库表 goods 中某一行数据的信息。

SQL 语句如下：

```
SELECT
id,
```

```
    name,
    price,
    sales
    FROM goods ORDER BY RAND() LIMIT 1;
```

在上述 SQL 语句中，“LIMIT1”表示查询数据库表 goods 中某一行的数据信息。因为在 ORDER BY 子句中使用了随机函数 RAND()，所以会随机返回一行数据信息。执行结果如图 9-5 所示。

id	name	price	sales
10	商品10	55	67

图 9-5 某次执行效果

9.2.3 在 Oracle 数据库中随机查询某行数据

要想在 Oracle 数据库表中随机取出某一行数据，可以使用如下 2 种方案实现。

方案 1

使用 dbms_random.random 对数据进行随机排序，然后取出结果集中的第 1 条数据信息。注意，这种方案的效率太低。

【示例 9-6】随机返回数据库表 goods 中某一行数据的信息（方案 1）。

```
SELECT
*
FROM (SELECT * FROM goods ORDER BY dbms_random.random) WHERE ROWNUM =1;
```

在上述 SQL 语句中，查询数据库表“goods”中某一行的数据信息。执行结果如图 9-6 所示，注意每次运行都会返回不同的结果行。

	id	name	price	reserve	sales	company	ship	time1	time2
1	9	商品9	87	67	45	公司C	TH12	2020-11-01 15:42:32.000	2018

图 9-6 某次执行结果

方案 2

使用函数 dbms_random.value()对数据随机排序，然后取出结果集中的第 1 条数据信息，此方案与上面的方案 1 的原理相同。但因为本方案的函数运行效率更高，所以建议在实际工作中尽量使用本方案。

【示例 9-7】随机返回数据库表 goods 中某一行数据的信息（方案 2）。

```
SELECT
 *
FROM (SELECT * FROM goods ORDER BY dbms_random.value()) WHERE ROWNUM <=1;
```

在上述 SQL 语句中，查询数据库表 goods 中某一行的数据信息。执行结果如图 9-7 所示。

	id	name	price	reserve	sales	company	ship	time1	time2
1	7	品商品7	77	20	600	公司A	DF11	2020-08-01 15:42:32.000	2020

图 9-7　某次执行结果

9.3　在结果中添加编号

在实际应用中，有时候为了提高结果集的可读性，可以为查询结果添加编号，这样可以更加直观地展示出查询结果。例如在下面的示例中，展示了通过使用子查询（将在后面的内容中介绍）在结果集中添加编号的方法。

【示例 9-8】为查询结果添加编号。

```
SELECT
(SELECT COUNT(id)
FROM goods A
WHERE A.id>=B.id) 添加的编号,id,name,price
FROM goods B ORDER BY 1;
```

在上述 SQL 语句中，将数据库表 goods 中列“id”的数值按照从大到小的顺序进行排列，然后为每一行数据添加一个编号。执行结果如图 9-8 所示。

添加的编号	id	name	price
11	1	iPhone	45
10	2	鼠标	45
9	3	固态硬盘	456
8	4	鲈鱼	56
7	5	USB风扇	56
6	6	32GU盘	56
5	7	品商品7	77
4	8	品8商	99
3	9	商品9	87
2	10	商品10	55
1	11	商品11	60

（a）SQL Server 数据库

添加的编号	id	name	price
1	11	商品11	60
2	10	商品10	55
3	9	商品9	87
4	8	品8商	99
5	7	品商品7	77
6	6	32GU盘	56
7	5	USB风扇	56
8	4	鲈鱼	56
9	3	固态硬盘	456
10	2	鼠标	45
11	1	iPhone	45

（b）MySQL 数据库

图 9-8　执行结果

9.4　隔行显示数据

在实际应用中，有时候为了满足软件程序需求，需要隔行显示查询结果，例如随机抽查数据库中奇偶数行数据。在本节中，将详细讲解不同数据库中隔行显示数据的知识和方法。

9.4.1　SQL Server 数据库中的隔行显示

在 SQL Server 数据库中，可以先使用函数 ROW_NUMBER()将 SELECT 查询的数据进行排序，为每一条数据加一个行号；然后使用开窗函数 OVER()改变进行聚合运算的窗口范围。如果 OVER 关键字后面括号中的选项为空，则开窗函数 OVER()对结果集中的所有数据进行聚合运算。

【示例 9-9】为查询结果添加编号，并显示隔行数据。

SQL 语句如下：

```
SELECT
*
FROM(
SELECT ROW_NUMBER() OVER(ORDER BY id) 添加的编号,*
FROM goods) A WHERE A.添加的编号%2=1;
```

在上述 SQL 语句中，将数据库表 goods 中数据按照列“id”进行排列，然后使用求模运算符“%”过滤掉偶数行的数据。执行结果如图 9-9 所示。

添加的编号	id	name	price	reserve	sales	company	ship	time1	time2
1	1	iPhone	45	155	290	公司A	AA01	2020-01-01 15:42:32.000	2020
3	3	固态硬盘	456	2345	2999	公司C	AS43	2020-07-01 15:42:32.000	2021
5	5	USB风扇	56	200	500	公司B	FD34	2020-01-14 15:42:32.000	1999
7	7	品商品7	77	20	600	公司A	DF11	2020-08-01 15:42:32.000	2020
9	9	商品9	87	67	45	公司C	TH12	2020-11-01 15:42:32.000	2018
11	11	商品11	60	20	NULL	公司B	12FB	2020-01-16 15:42:32.000	2009

图 9-9　执行结果

同样的道理，可以使用求模运算符“%”过滤奇数行的数据，只显示偶数行的数据信息。

【示例 9-10】为查询结果添加编号，并显示偶数行的数据。

SQL 语句如下：

```
SELECT
*
FROM(
SELECT ROW_NUMBER() OVER(ORDER BY id) 添加的编号,*
FROM goods) A WHERE A.添加的编号%2=0;
```

执行后结果如图 9-10 所示。

添加的编号	id	name	price	reserve	sales	company	ship	time1	time2
2	2	鼠标	45	34	23	公司B	BC03	2020-02-01 15:42:32.000	2020
4	4	鲈鱼	56	100	200	公司A	DF21	2020-10-01 15:42:32.000	2020
6	6	32GU盘	56	12	700	公司C	23DE	2020-01-15 15:42:32.000	2020
8	8	品8商	99	45	50	公司B	GG00	2020-09-01 15:42:32.000	2019
10	10	商品10	55	60	67	公司A	23HD	2020-01-03 15:42:32.000	2017

图 9-10　执行结果

9.4.2　Oracle 数据库中的隔行显示

在 Oracle 数据库中，也可以先使用函数 ROW_NUMBER()将 SELECT 查询的数据进行排序，为每一条数据加一个行号，然后使用开窗函数 OVER()改变进行聚合运算的窗口范围；但是在 Oracle 数据库中不能使用求模运算符“%”过滤偶数行的数据，需要使用求余函数 MOD()实现过滤功能。

【示例 9-11】为查询结果添加编号，并显示隔行数据。

SQL 语句如下：

```
SELECT
*
FROM(
SELECT ROW_NUMBER() OVER(ORDER BY id) 添加的编号,*
FROM goods) A WHERE MOD(A.添加的编号,2)=1;
```

在上述 SQL 语句中，将数据库表 goods 中数据按照列“id”进行排列，然后使用求余函数 MOD()过滤掉偶数行的数据。执行结果如图 9-11 所示。

添加的编号	id	name	price	reserve	sales	company	ship	time1	time2
1	1	iPhone	45	155	290	公司A	AA01	2020-01-01 15:42:32.000	2020
3	3	固态硬盘	456	2345	2999	公司C	AS43	2020-07-01 15:42:32.000	2021
5	5	USB风扇	56	200	500	公司B	FD34	2020-01-14 15:42:32.000	1999
7	7	品商品7	77	20	600	公司A	DF11	2020-08-01 15:42:32.000	2020
9	9	商品9	87	67	45	公司C	TH12	2020-11-01 15:42:32.000	2018
11	11	商品11	60	20	NULL	公司B	12FB	2020-01-16 15:42:32.000	2009

图 9-11　执行结果

9.5　查询指定范围内的所有行数据

除了可以使用函数 ROW_NUMBER()和 OVER()查询显示数据库表内的隔行数据外，还可以使用这两个函数检索数据库表中指定范围内的所有行信息。我们来看下面的示例（以 SQL server 数据库为例）。

【示例 9-12】查询数据库表 goods 中第 2～7 行的数据信息。

SQL 语句如下：

```
SELECT
*
FROM(
SELECT ROW_NUMBER() OVER(ORDER BY id) 添加的编号,*
FROM goods) A WHERE A.添加的编号 BETWEEN 2 AND 7;
```

执行结果如图 9-12 所示。

	添加的编号	id	name	price	reserve	sales	company	ship	time1	time2
1	2	2	鼠标	45	34	23	公司B	BC03	2020-02-01 15:42:32.000	2020
2	3	3	固态硬盘	456	2345	2999	公司C	AS43	2020-07-01 15:42:32.000	2021
3	4	4	鲈鱼	56	100	200	公司A	DF21	2020-10-01 15:42:32.000	2020
4	5	5	USB风扇	56	200	500	公司B	FD34	2020-01-14 15:42:32.000	1999
5	6	6	32GU盘	56	12	700	公司C	23DE	2020-01-15 15:42:32.000	2020
6	7	7	品商品7	77	20	600	公司A	DF11	2020-08-01 15:42:32.000	2020

图 9-12　执行结果

第 10 章　常用的内置函数

在本书前面的内容中，我们已经多次使用函数处理数据库中的数据，例如，在上一章中，我们使用函数 MONTH()提取了日期中的“月份”数等。其实，在 SQL 语句中还有很多内置函数，通过这些内置函数可以实现更加强大的数据处理功能。在本章中，我们将详细讲解使用常见内置函数的知识和具体使用方法。

10.1　注意函数的兼容性问题

与大多数计算机语言一样，在 SQL 语句中，也可以用函数处理数据。函数一般是在围绕数据执行的，为数据的转换和处理提供了方便。在 SQL 语句中，提供了大量实现如下功能的函数：

- 用于处理文本字符串（如删除或填充值、转换值为大写或小写）的文本函数；
- 用于在数值数据上进行算术操作（如返回绝对值、进行代数运算）的数值函数；
- 用于处理日期和时间值并从这些值中提取特定成分（如返回两个日期之差、检查日期有效性）的日期和时间函数；
- 用于生成美观好懂的输出内容的格式化函数（如用语言形式表达日期、用货币符号和千分位表示金额）；
- 返回 DBMS 正使用的特殊信息（如返回用户登录信息）的系统函数。

在学习本章的内容之前，需要先了解使用 SQL 函数所存在的问题：兼容性问题。与几乎所有数据库产品都支持 SQL 语句（如 SELECT）不同，事实上，只有少数几个函数被所有主要的数据库产品等同支持。每一个数据库产品都有自己特定的函数，这些特定函数在其他数据库产品中是不能使用的，这就是兼容性问题。虽然可以在每个数据库产品中使用所有类型的函数，但是各个函数的名称和语法可能会不同。为了说明可能存在的问题，表 10-1 列出了 3 类常用的函数及其在各个数据库产品中的语法。

表 10-1　DBMS 函数的差异

函数类型	语　法
字符串处理	DB2、Oracle、PostgreSQL 和 SQLite 使用 SUBSTR()；MariaDB、MySQL 和 SQL Server 使用 SUBSTRING()
数据类型转换	Oracle 使用多个函数，每种类型的转换有一个函数；DB2 和 PostgreSQL 使用 CAST()；MariaDB、MySQL 和 SQL Server 使用 CONVERT()
取当前日期	DB2 和 PostgreSQL 使用 CURRENT_DATE；MariaDB 和 MySQL 使用 CURDATE()；Oracle 使用 SYSDATE；SQL Server 使用 GETDATE()；SQLite 使用 DATE()

由表 10-1 可知，在使用 SQL 函数时要特别注意兼容性的问题，时刻注意某个函数可能在其他数据库中不可用。

注意：为了提高代码的可移植性，许多 SQL 程序员不赞成使用不兼容的函数。但是如果不使用这些函数，编写某些应用程序代码会很艰难。当大家面临是否应该使用函数的选择时，决定权在你，使用或是不使用也没有对错之分。如果你决定使用函数，那么应该保证做好代码注释，以便以后你（或其他人）能确切地知道这些 SQL 代码的含义。

10.2 文本处理函数

在本节中，将详细讲解在 SQL 语句中常用文本处理函数的知识，包括拼接字段、删除空格、返回类似结果、返回字符串部分内容，获取字符长度以及大小写转换等。

10.2.1 拼接字段

在 SQL Server 数据库中，可以使用“+”拼接字符串，下面的示例展示了拼接数据库表中两个列的信息。

【示例 10-1】拼接数据库表 goods 中商品名称和制造商的信息。

SQL 语句如下：

```
SELECT
name + company AS '拼接后'
FROM goods
ORDER BY price DESC;
```

在上述 SQL 语句中，首先查询数据库表 goods 中列“name”和列“company”的信息，然后将这两个列的信息用“+”拼接在一起组成新的列，并将这个新的列命名为“拼接后”，最后将检索结果根据列“price”的值降序排列。假设数据库表 goods 中的信息如图 10-1 所示，则在 SQL Server 数据库中的执行结果如图 10-1 所示。

	id	name	price	reserve	sales	company	ship	time1	time2
1	1	iPhone	45	155	290	公司A	AA01	2020-01-01 15:42:32.000	2020
2	2	鼠标	45	34	23	公司B	BC03	2020-02-01 15:42:32.000	2020
3	3	固态硬盘	456	2345	2999	公司C	AS43	2020-07-01 15:42:32.000	2021
4	4	鲈鱼	56	100	200	公司A	DF21	2020-10-01 15:42:32.000	2020
5	5	USB风扇	56	200	500	公司B	FD34	2020-01-14 15:42:32.000	1999
6	6	32GU盘	56	12	700	公司C	23DE	2020-01-15 15:42:32.000	2020
7	7	品商品7	77	20	600	公司A	DF11	2020-08-01 15:42:32.000	2020
8	8	品8商	99	45	50	公司B	GG00	2020-09-01 15:42:32.000	2019
9	9	商品9	87	67	45	公司C	TH12	2020-11-01 15:42:32.000	2018
10	10	商品10	55	60	67	公司A	23HD	2020-01-03 15:42:32.000	2017
11	11	商品11	60	20	NULL	公司B	12FB	2020-01-16 15:42:32.000	2009

（a）数据库表中的数据

	拼接后
1	固态硬盘 公司C
2	品8商 公司B
3	商品9 公司C
4	品商品7 公司A
5	商品11 公司B
6	鲈鱼 公司A
7	USB风扇 公司B
8	32GU盘 公司C
9	商品10 公司A
10	iPhone 公司A
11	鼠标 公司B

（b）检索结果

图 10-1 执行结果

注意：请确保使用“+”拼接的两个列的数据类型相同，否则会出错。例如上述示例中，如果拼接 char(10)类型列“name”和 float 类型的列“price”将会出错。

通过“+”直接拼接后会发现：两个字段的值之间用空格隔开了，有时觉得这种分割不够直观，此时可以考虑使用括号之类的特殊字符进行分割，我们来看下面的 SQL 语句。

```
SELECT
name+'('+ company +')' AS '拼接后'
FROM goods
ORDER BY price DESC;
```

在上述 SQL 语句中，首先查询数据库表 goods 中列“name”和列“company”的信息，并将列“company”的信息用小括号括起来，然后将这两个列的信息用“+”拼接在一起组成新的列，并将这个新的列命名为“拼接后”。在 SQL Server 数据库中的执行结果如图 10-2 所示。

	拼接后
1	固态硬盘 (公司C)
2	品8商 (公司B)
3	商品9 (公司C)
4	品商品7 (公司A)
5	商品11 (公司B)
6	鲈鱼 (公司A)
7	USB风扇 (公司B)
8	32GU盘 (公司C)
9	商品10 (公司A)
10	iPhone (公司A)
11	鼠标 (公司B)

图 10-2　执行结果

在 MySQL 数据库或 MariaDB 数据库中，需要使用内置函数 Concat()实现拼接功能。并且在 SQL Server 数据库中也可以使用内置函数 Concat()实现拼接功能。下面的示例拼接了数据库表中两个列的信息。

【示例 10-2】使用内置函数 Concat()拼接数据库表 goods 中商品名称和制造商的信息。

SQL 语句如下：

```
SELECT
Concat(name, company)  AS '拼接后'
FROM goods
ORDER BY price DESC;
```

在上述 SQL 语句中，首先查询数据库表 goods 中列“name”和列“company”的信息，然后将这两个列的信息用函数 Concat()拼接在一起组成新的列，并将这个新的列命名为“拼接后”，最后将检索结果根据列“price”的值降序排列。执行结果如图 10-3 所示。

	拼接后
1	固态硬盘 公司C
2	品8商 公司B
3	商品9 公司C
4	品商品7 公司A
5	商品11 公司B
6	鲈鱼 公司A
7	USB风扇 公司B
8	32GU盘 公司C
9	商品10 公司A
10	iPhone 公司A
11	鼠标 公司B

（a）SQL Server 数据库

拼接后
固态硬盘公司C
品8商公司B
商品9公司C
品商品7公司A
商品11公司B
鲈鱼公司A
USB风扇公司B
32GU盘公司C
商品10公司A
iPhone公司A
鼠标公司B

（b）MySQL 数据库

图 10-3 执行结果

前面介绍过，在 SQL Server 数据库中使用“+”拼接数据时，需要拼接相同数据类型的列，而内置函数 Concat()可以拼接不同数据类型的列。下面的示例拼接了数据库表中两个不同数据类型的列的数据。

【示例 10-3】使用内置函数 Concat()拼接数据库表 goods 中商品名称和商品价格的信息。

SQL 语句如下：

```
SELECT
Concat(name, price)  AS '拼接后'
FROM goods
ORDER BY price DESC;
```

在上述 SQL 语句中，首先查询数据库表 goods 中列“name”(char(10)类型)和列“price”(float 类型)的信息，然后将这两个列的信息用函数 Concat()拼接在一起组成新的列，并将这个新的列命名为“拼接后”，最后将检索结果根据列“price”的值降序排列。在 MySQL 数据库中的执行结果如图 10-4 所示。

	拼接后
1	固态硬盘 456
2	品8商 99
3	商品9 87
4	品商品7 77
5	商品11 60
6	鲈鱼 56
7	USB风扇 56
8	32GU盘 56
9	商品10 55
10	iPhone 45
11	鼠标 45

（a）SQL Server 数据库

拼接后
固态硬盘456
品8商99
商品987
品商品777
商品1160
鲈鱼56
USB风扇56
32GU盘56
商品1055
iPhone45
鼠标45

（b）MySQL 数据库

图 10-4 执行结果

10.2.2　删除空格

细心的读者会发现，在前面的示例中，无论是使用“+”拼接两个列，还是使用内置函数 Concat()拼接两个列，在 SQL Server 数据库的执行结果中会发现：在两列数据之间有空格。但是在实际应用中，有时候不需要这些空格，此时可以使用内置函数删除这些空格。下面是最为常用的两个删除空格的函数。

- RIGHT()：删除字符串右边的空格。
- LTRIM()：删除字符串左边的空格。

【示例 10-4】使用函数 RIGHT()去掉字符串右边的空格。

SQL 语句如下：

```
SELECT
RTRIM(name) + company AS '拼接后'
FROM goods
ORDER BY price DESC;
```

在上述 SQL 语句中，首先查询数据库表 goods 中列“name”和列“company”的信息，然后将这两个列的信息用“+”拼接在一起组成新的列，在拼接中使用函数 RIGHT()删除列“name”中右侧的空格。在 SQL Server 数据库中的执行结果如图 10-5 所示。

	拼接后
1	固态硬盘　公司C
2	品8商　公司B
3	商品9　公司C
4	品商品7　公司A
5	商品11　公司B
6	鲈鱼　公司A
7	USB风扇　公司B
8	32GU盘　公司C
9	商品10　公司A
10	iPhone　公司A
11	鼠标　公司B

（a）未使用函数 RIGHT()

	拼接后
1	固态硬盘公司C
2	品8商公司B
3	商品9公司C
4	品商品7公司A
5	商品11公司B
6	鲈鱼公司A
7	USB风扇公司B
8	32GU盘公司C
9	商品10公司A
10	iPhone公司A
11	鼠标公司B

（b）使用了函数 RIGHT()

图 10-5　执行结果

在使用内置函数 Concat()拼接两个列的数据时，也可以使用函数 RIGHT()和 LTRIM()删除空格。例如在下面的示例中，使用函数 LTRIM()删除了列中数据左侧的空格。

【示例 10-5】使用函数 LTRIM()删除数据左侧空格。

SQL 语句如下：

```
SELECT
Concat(name), LTRIM(price)  AS '拼接后'
FROM goods
ORDER BY price DESC;
```

在上述 SQL 语句中，首先查询数据库表 goods 中列“name”和列“price”的信息，然后将这两个列的信息用函数 Concat()拼接在一起组成新的列，在拼接中使用函数 LTRIM()删除列“price”中左侧的空格。执行结果如图 10-6 所示。

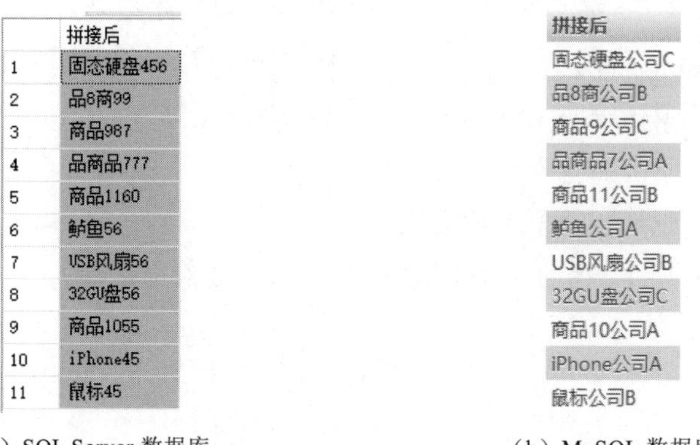

	拼接后
1	固态硬盘456
2	品8商99
3	商品987
4	品商品777
5	商品1160
6	鲈鱼56
7	USB风扇56
8	32GU盘56
9	商品1055
10	iPhone45
11	鼠标45

（a）SQL Server 数据库

拼接后
固态硬盘公司C
品8商公司B
商品9公司C
品商品7公司A
商品11公司B
鲈鱼公司A
USB风扇公司B
32GU盘公司C
商品10公司A
iPhone公司A
鼠标公司B

（b）MySQL 数据库

图 10-6　执行结果

10.2.3　返回类似的结果

我们先来看一下小例子，假设想检索数据库表 goods 中名称为“鼠”的商品，则可以通过如下代码实现。

```
SELECT
name,
price,
company
FROM goods
WHERE name = '鼠';
```

在上述 SQL 语句中，查询数据库表 goods 中列“name”的值为“鼠”的信息，执行结果如图 10-7 所示。

	id	name	price	reserve	sales	company
1	1	iPhone	45	155	290	公司A
2	2	鼠标	45	34	23	公司B
3	3	固态硬盘	456	2345	2999	公司C
4	4	鲈鱼	56	100	200	公司A
5	5	USB风扇	56	200	500	公司B
6	6	32GU盘	56	12	700	公司C
7	7	品商品7	77	20	600	公司A
8	8	品8商	99	45	50	公司B
9	9	商品9	87	67	45	公司C
10	10	商品10	55	60	67	公司A
11	11	商品11	60	20	NULL	公司B

（a）数据库表中的数据

	name	price	company

（b）执行结果为空

图 10-7　执行结果

因为目前在数据库表 goods 中并没有名称为“鼠”的商品，所以执行结果为空。但是在数据库中有一个名称为“鼠标”的商品，而有时需要检索出名字和“鼠”差不多的商品，此时应该如何实现呢？除了前面学习的通配符 LIKE 外，还可以使用内置函数 SOUNDEX()实现。

函数 SOUNDEX()是一个将任何文本串转换为描述其语音表示的字母数字模式的算法。函数 SOUNDEX()考虑了类似的发音字符和音节，使得能对字符串进行发音比较而不是字母比较。

【示例 10-6】检索数据库表 goods 中名称类似于“鼠”的商品信息。

SQL 语句如下：

```
SELECT
name,
price,
company
FROM goods
WHERE SOUNDEX(name) = SOUNDEX('鼠 ');
```

在 MySQL 数据库中的执行结果如图 10-8 所示。

name	price	company
鼠标	45	公司B

图 10-8　执行结果

注意：目前 PostgreSQL 数据库不支持函数 SOUNDEX()，而在部分 SQL Server 数据库中也不支持这个函数，例如笔者使用的 SQL Server 2016 便不支持函数 SOUNDEX()。

10.2.4　返回字符串左侧或右侧的部分内容

在 SQL 语句中，可以使用内置函数 LEFT()和 RIGHT()分别返回字符串左侧或右侧的指定个数的部分内容。函数 LEFT()和 RIGHT()的语法格式如下：

```
LEFT(ARG,LENGTH)
RIGHT(ARG,LENGTH)
```

参数说明如下：

- ARG：数据库表中某个列的名字；
- LENGTH：返回字符串的个数。

上述 SQL 语句的功能是，分别返回数据库列“ARG”最左侧或最右侧的 LENGTH 个字符串，列“ARG”可以是 CHAR 或 BINARY STRING。

【示例 10-7】返回数据库表 goods 中每个商品名称中最左侧的一个字符。

SQL 语句如下：

```
SELECT
LEFT(name,1),
price,
company
FROM goods;
```

在上述 SQL 语句中，首先查询数据库表 goods 中列“name”“price”和“company”的信息，并且使用函数 LEFT()返回列“name”中最左侧的一个字符。执行结果如图 10-9 所示。

	(无列名)	price	company
1	i	45	公司A
2	鼠	45	公司B
3	固	456	公司C
4	鲋	56	公司A
5	U	56	公司B
6	3	56	公司C
7	品	77	公司A
8	品	99	公司B
9	商	87	公司C
10	商	55	公司A
11	商	60	公司B

（a）SQL Server 数据库

LEFT(name,1)	price	company
i	45	公司A
鼠	45	公司B
固	456	公司C
鲋	56	公司A
U	56	公司B
3	56	公司C
品	77	公司A
品	99	公司B
商	87	公司C
商	55	公司A
商	60	公司B

（b）MySQL 数据库

图 10-9　执行结果

10.2.5　获取字符长度

在实际应用中，经常需要获取数据库表中某列数据的字符长度。在不同的数据库中会用到不同的内置函数；下面我们来看一下不同数据库的具体实现方法。

（1）在 SQL Server 数据库中，可以使用内置函数 LEN()获取某列数据的长度，单位是字符。

【示例 10-8】获取数据库表 goods 中商品名称的字符长度（SQL Server 版）。

SQL 语句如下：

```
SELECT
id,
name,
LEN(name) AS '字符长度'
FROM goods;
```

在上述 SQL 语句中，首先查询了数据库表 goods 中列“id”和“name”的信息。然后使用内置函数 LEN()获取列“name”的长度，并将这个新的列命名为“字符长度”。

假设数据库表 goods 中的信息如图 10-10（a）所示，则在 SQL Server 数据库中的执行结果如图 10-10（b）所示。

	id	name	price	reserve	sales	company	ship	time1	time2
1	1	iPhone	45	155	290	公司A	AA01	2020-01-01 15:42:32.000	2020
2	2	鼠标	45	34	23	公司B	BC03	2020-02-01 15:42:32.000	2020
3	3	固态硬盘	456	2345	2999	公司C	AS43	2020-07-01 15:42:32.000	2021
4	4	鲈鱼	56	100	200	公司A	DF21	2020-10-01 15:42:32.000	2020
5	5	USB风扇	56	200	500	公司B	FD34	2020-01-14 15:42:32.000	1999
6	6	32GU盘	56	12	700	公司C	23DE	2020-01-15 15:42:32.000	2020
7	7	品商品7	77	20	600	公司A	DF11	2020-08-01 15:42:32.000	2020
8	8	品8商	99	45	50	公司B	GG00	2020-09-01 15:42:32.000	2019
9	9	商品9	87	67	45	公司C	TH12	2020-11-01 15:42:32.000	2018
10	10	商品10	55	60	67	公司A	23HD	2020-01-03 15:42:32.000	2017
11	11	商品11	60	20	NULL	公司B	12FB	2020-01-16 15:42:32.000	2009

（a）数据库表中的数据

	id	name	字符长度
1	1	iPhone	6
2	2	鼠标	2
3	3	固态硬盘	4
4	4	鲈鱼	2
5	5	USB风扇	5
6	6	32GU盘	5
7	7	品商品7	4
8	8	品8商	3
9	9	商品9	3
10	10	商品10	4
11	11	商品11	4

（b）检索结果

图 10-10　执行结果

（2）在 MySQL 和 Oracle 数据库中，我们可以使用内置函数 LENGTH()获取某列数据的长度，单位是字符。

【示例 10-9】获取数据库表 goods 中商品名称的字符长度（MySQL/Oracle 版）。

SQL 语句如下：

```
SELECT
id,
name,
LENGTH(name) AS '字符长度'
FROM goods;
```

在上述 SQL 语句中，首先查询了数据库表 goods 中列“id”和“name”的信息，然后使用内置函数 LENGTH()获取列“name”的长度，并将这个新的列命名为“字符长度”。

假设数据库表 goods 中的信息如图 10-11（a）所示，则在 MySQL/Oracle 数据库中的执行结果如图 10-11（b）所示。

	id	name	price	reserve	sales	company	ship	time1	time2
1	1	iPhone	45	155	290	公司A	AA01	2020-01-01 15:42:32.000	2020
2	2	鼠标	45	34	23	公司B	BC03	2020-02-01 15:42:32.000	2020
3	3	固态硬盘	456	2345	2999	公司C	AS43	2020-07-01 15:42:32.000	2021
4	4	鲈鱼	56	100	200	公司A	DF21	2020-10-01 15:42:32.000	2020
5	5	USB风扇	56	200	500	公司B	FD34	2020-01-14 15:42:32.000	1999
6	6	32GU盘	56	12	700	公司C	23DE	2020-01-15 15:42:32.000	2020
7	7	品商品7	77	20	600	公司A	DF11	2020-08-01 15:42:32.000	2020
8	8	品8商	99	45	50	公司B	GG00	2020-09-01 15:42:32.000	2019
9	9	商品9	87	67	45	公司C	TH12	2020-11-01 15:42:32.000	2018
10	10	商品10	55	60	67	公司A	23HD	2020-01-03 15:42:32.000	2017
11	11	商品11	60	20	NULL	公司B	12FB	2020-01-16 15:42:32.000	2009

（a）数据库表中的数据

id	name	字符长度
1	iPhone	6
2	鼠标	6
3	固态硬盘	12
4	鲈鱼	6
5	USB风扇	9
6	32GU盘	7
7	品商品7	10
8	品8商	7
9	商品9	7
10	商品10	8
11	商品11	8

（b）检索结果

图 10-11　执行结果

注意：在 Oracle 数据库中，还可以使用内置函数 LENGTHB()计算某数据列的字节长度，单位是字节。对于单字节字符来说，函数 LENGTHB()和函数 LENGTH()的执行结果相同。在实际应用中，经常用 length('string')=lengthb('string')判断在列“string”中是否含有中文。

10.2.6 大小写转换

在实际应用中，有时候需要将某列数据中的字母实现大写转换或小写转换。在不同的数据库中使用的函数不同，下面我们来具体看一下。

（1）在 SQL Server 和 Oracle 数据库中，可以使用如下内置函数实现大小写转换功能。

- 函数 UPPER()：转换为大写字母的形式。
- 函数 LOWER()：转换为小写字母的形式。

【示例 10-10】 将数据库表 goods 中商品名称中的字母转换为大写形式。

SQL 语句如下：

```
SELECT
id,
name,
UPPER(name) AS '转换为大写'
FROM goods;
```

在上述 SQL 语句中，首先查询数据库表 goods 中列“id”和列“name”的信息，然后使用内置函数 UPPER()将列“name”中的值转换为大写形式，并将这个新的列命名为“转换为大写”。

执行结果如图 10-12 所示。

	id	name	price	reserve	sales	company	ship	time1	time2
1	1	iPhone	45	155	290	公司A	AA01	2020-01-01 15:42:32.000	2020
2	2	鼠标	45	34	23	公司B	BC03	2020-02-01 15:42:32.000	2020
3	3	固态硬盘	456	2345	2999	公司C	AS43	2020-07-01 15:42:32.000	2021
4	4	鲈鱼	56	100	200	公司A	DF21	2020-10-01 15:42:32.000	2020
5	5	USB风扇	56	200	500	公司B	FD34	2020-01-14 15:42:32.000	1999
6	6	32GU盘	56	12	700	公司C	23DE	2020-01-15 15:42:32.000	2020
7	7	品商品7	77	20	600	公司A	DF11	2020-08-01 15:42:32.000	2020
8	8	品8商	99	45	50	公司B	GG00	2020-09-01 15:42:32.000	2019
9	9	商品9	87	67	45	公司C	TH12	2020-11-01 15:42:32.000	2018
10	10	商品10	55	60	67	公司A	23HD	2020-01-03 15:42:32.000	2017
11	11	商品11	60	20	NULL	公司B	12FB	2020-01-16 15:42:32.000	2009

（a）数据库表中的数据

图 10-12　执行结果

	id	name	转换为大写
1	1	iPhone	IPHONE
2	2	鼠标	鼠标
3	3	固态硬盘	固态硬盘
4	4	鲈鱼	鲈鱼
5	5	USB风扇	USB风扇
6	6	32GU盘	32GU盘
7	7	品商品7	品商品7
8	8	品8商	品8商
9	9	商品9	商品9
10	10	商品10	商品10
11	11	商品11	商品11

（b）SQL Server 数据库

id	name	转换为大写
1	iPhone	IPHONE
2	鼠标	鼠标
3	固态硬盘	固态硬盘
4	鲈鱼	鲈鱼
5	USB风扇	USB风扇
6	32GU盘	32GU盘
7	品商品7	品商品7
8	品8商	品8商
9	商品9	商品9
10	商品10	商品10
11	商品11	商品11

（c）Oracle 数据库

图 10-12　执行结果（续）

【示例 10-11】将数据库表 goods 中商品名称中的字母转换为小写形式（SQL Server/Oracle 版）。

```
SELECT
id,
name,
LOWER(name) AS '转换为小写'
FROM goods;
```

在上述代码中，首先查询数据库表 goods 中列“id”和列“name”的信息，然后使用内置函数 LOWER()将列“name”中值转换为小写形式，并将这个新的列命名为“转换为小写”。

执行结果如图 10-13 所示。

	id	name	转换为小写
1	1	iPhone	iphone
2	2	鼠标	鼠标
3	3	固态硬盘	固态硬盘
4	4	鲈鱼	鲈鱼
5	5	USB风扇	usb风扇
6	6	32GU盘	32gu盘
7	7	品商品7	品商品7
8	8	品8商	品8商
9	9	商品9	商品9
10	10	商品10	商品10
11	11	商品11	商品11

（a）SQL Server 数据库

id	name	转换为小写
1	iPhone	iphone
2	鼠标	鼠标
3	固态硬盘	固态硬盘
4	鲈鱼	鲈鱼
5	USB风扇	usb风扇
6	32GU盘	32gu盘
7	品商品7	品商品7
8	品8商	品8商
9	商品9	商品9
10	商品10	商品10
11	商品11	商品11

（b）Oracle 数据库

图 10-13　执行结果

（2）在 MySQL 数据库中，我们可以使用如下内置函数实现大小写转换功能。

- 函数 LCASE()：转换为小写字母的形式。

- 函数 UCASE()：转换为大写字母的形式。

【示例 10-12】将数据库表 goods 中商品名称中的字母转换为小写形式（MySQL 版）。

SQL 语句如下：

```
SELECT
id,
name,
LCASE(name) AS '转换为小写'
FROM goods;
```

在上述 SQL 语句中，首先查询数据库表 goods 中列“id”和列“name”的信息，然后使用内置函数 LCASE()将列“name”中值转换为小写形式，并将这个新的列命名为“转换为小写”。

在 MySQL 数据库中的执行结果如图 10-14 所示。

id	name	转换为小写
1	iPhone	iphone
2	鼠标	鼠标
3	固态硬盘	固态硬盘
4	鲈鱼	鲈鱼
5	USB风扇	usb风扇
6	32GU盘	32gu盘
7	品商品7	品商品7
8	品8商	品8商
9	商品9	商品9
10	商品10	商品10
11	商品11	商品11

图 10-14　执行结果

10.3　日期操作函数

在第 8 章中，我们讲解过和日期、时间相关的操作函数，但是在具体的工作中，经常需要用更精确的时间展示数据库的信息，在本节的内容中，将进一步讲解几个和日期相关的操作函数的用法。

10.3.1　提取年月日

因为在不同的数据库中提取年月日等时间信息的函数会有所不同，接下来将分别讲解 SQL Server 数据库和 MySQL 数据库中相关日期的操作函数。

（1）在 SQL Server 数据库中，可以使用内置函数 DATEPART()获取“日期/时间”的单独部分，比如年、月、日、小时、分钟等。具体语法格式如下：

```
DATEPART(datepart,date)
```

其中，参数 date 是合法的日期表达式，可以是表 10-2 中的值。

表 10-2　参数 date 的取值

AR	缩　写
年	yy, yyyy
季度	qq, q
月	mm, m
年中的日	dy, y
日	dd, d
周	wk, ww
星期	dw, w
小时	hh
分钟	mi, n
续秒	ss, s
毫秒	ms
微秒	mcs
纳秒	ns

【示例 10-13】分别提取数据库表 goods 中商品上架时间中的年、月、日信息（SQL Server 版）。

SQL 语句如下：

```
SELECT
name,
price,
DATEPART(yyyy,time1) AS '年',
DATEPART(mm,time1) AS '月',
DATEPART(dd,time1) AS '日'
FROM goods;
```

在上述 SQL 语句中，首先查询数据库表 goods 中列“price”和列“name”的信息，然后使用内置函数 DATEPART()分别获取了列“time1”中“年”“月”“日”的信息，并将新的列分别命名为“年”“月”“日”。

在 SQL Server 数据库中的执行结果如图 10-15 所示。

	id	name	price	reserve	sales	company	ship	time1	time2
1	1	iPhone	45	155	290	公司A	AAD1	2020-01-01 15:42:32.000	2020
2	2	鼠标	45	34	23	公司B	BC03	2020-02-01 15:42:32.000	2020
3	3	固态硬盘	456	2345	2999	公司C	AS43	2020-07-01 15:42:32.000	2021
4	4	鲈鱼	56	100	200	公司A	DF21	2020-10-01 15:42:32.000	2020
5	5	USB风扇	56	200	500	公司B	FD34	2020-01-14 15:42:32.000	1999
6	6	32GU盘	56	12	700	公司C	23DE	2020-01-15 15:42:32.000	2020
7	7	品商品7	77	20	600	公司A	DF11	2020-08-01 15:42:32.000	2020
8	8	品8商	99	45	50	公司B	GG00	2020-09-01 15:42:32.000	2019
9	9	商品9	87	67	45	公司C	TH12	2020-11-01 15:42:32.000	2018
10	10	商品10	55	60	67	公司A	23HD	2020-01-03 15:42:32.000	2017
11	11	商品11	60	20	NULL	公司B	12FB	2020-01-16 15:42:32.000	2009

（a）数据库中的数据

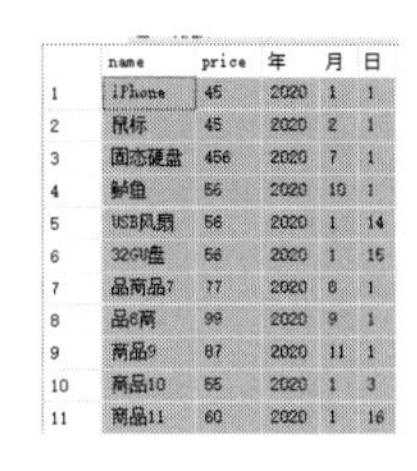

	name	price	年	月	日
1	iPhone	45	2020	1	1
2	鼠标	45	2020	2	1
3	固态硬盘	456	2020	7	1
4	鲈鱼	56	2020	10	1
5	USB风扇	56	2020	1	14
6	32GU盘	56	2020	1	15
7	品商品7	77	2020	8	1
8	品8商	99	2020	9	1
9	商品9	87	2020	11	1
10	商品10	55	2020	1	3
11	商品11	60	2020	1	16

（b）检索结果

图 10-15　执行结果

（2）在 MySQL 数据库中，可以使用函数 DATE_FORMAT()实现提取日期的功能，具体语法格式如下：

```
DATE FORMAT(date,datepart)
```

其中，参数 date 是合法的日期表达式，可以是表 10-3 中的值。

表 10-3　参数 date 的取值与说明

取　值	说　明
%a	工作日的缩写名称 （Sun..Sat）
%b	月份的缩写名称 （Jan..Dec）
%c	月份，数字形式（0..12）
%D	带有英语后缀的该月日期 （0th, 1st, 2nd, 3rd, ...）
%d	该月日期, 数字形式（00..31）
%e	该月日期, 数字形式（0..31）
%f	微秒（000000..999999）
%H	小时（00..23）
%h	小时（01..12）
%I	小时（01..12）
%i	分钟,数字形式（00..59）
%j	一年中的第几天（001..366）
%k	小时（0..23）
%l（小写 L）	小时（1..12）
%M	月份名称（January..December）
%m	月份, 数字形式（00..12）
%p	上午（AM）或下午（ PM）
%r	获得时间，例如（10: 11: 43 AM）
%S	秒（00..59）
%s	秒（00..59）
%T	时间，例如（10:11:43　不加 AM 或 PM）
%U	周（00..53），其中周日为每周的第一天
%u	周（00..53），其中周一为每周的第一天
%V	周（01..53），其中周日为每周的第一天；和 %X 同时使用
%v	周（01..53），其中周一为每周的第一天；和 %x 同时使用
%W	工作日名称（周日..周六）
%w	一周中的每日（0=周日..6=周六）
%X	该周的年份，其中周日为每周的第一天，数字形式，4 位数；和%V 同时使用
%x	该周的年份，其中周一为每周的第一天，数字形式，4 位数；和%v 同时使用
%Y	年份，数字形式，4 位数
%y	年份，数字形式，2 位数
%%	‘%’文字字符

【示例 10-14】分别提取数据库表 goods 中商品上架时间中的年、月、日信息（MySQL 版）。

SQL 语句如下：

```
SELECT
name,
price,
DATE_FORMAT(time1,'%Y') AS '年',
DATE_FORMAT(time1,'%m') AS '月',
DATE_FORMAT(time1,'%d') AS '日'
FROM goods;
```

关于上述 SQL 语句，请注意参数位置，其他不再赘述，和示例 10-13 类似。在 MySQL 数据库中的执行结果如图 10-16 所示。

name	price	年	月	日
iPhone	45	2020	01	01
鼠标	45	2020	02	01
固态硬盘	456	2020	07	01
鲈鱼	56	2020	10	01
USB风扇	56	2020	01	14
32GU盘	56	2020	01	15
品商品7	77	2020	08	01
品8商	99	2020	09	01
商品9	87	2020	11	01
商品10	55	2020	01	03
商品11	60	2020	01	16

图 10-16　执行结果

10.3.2　提取年份相关信息

同样，因为不同的数据库支持不同的功能函数，接下来将分别讲解 MySQL 数据库和 Oracle 数据库中提取年份信息的函数操作。

（1）在 MySQL 数据库中，可以使用函数 YEAR()提取某列数据中的年份相关信息。

【示例 10-15】查询数据库表 goods 中在 2020 年上架的商品信息（MySQL 版）。

SQL 语句如下：

```
SELECT
*
FROM goods
WHERE YEAR(time1) = 2020;
```

在上述 SQL 语句中，我们使用函数 YEAR()提取表 goods 内"time1"列中年份为"2020"的商品信息。在 MySQL 数据库执行后会显示如图 10-17 所示的查询结果。

id	name	price	reserve	sales	company	ship	time1
1	iPhone	45	155	290	公司A	AA01	2020-01-01 15:42:32
2	鼠标	45	34	23	公司B	BC03	2020-02-01 15:42:32
3	固态硬盘	456	2345	2999	公司C	AS43	2020-07-01 15:42:32
4	鲈鱼	56	100	200	公司A	DF21	2020-10-01 15:42:32
5	USB风扇	56	200	500	公司B	FD34	2020-01-14 15:42:32
6	32GU盘	56	12	700	公司C	23DE	2020-01-15 15:42:32
7	品商品7	77	20	600	公司A	DF11	2020-08-01 15:42:32
8	品8商	99	45	50	公司B	GG00	2020-09-01 14:42:32
9	商品9	87	67	45	公司C	TH12	2020-11-01 15:42:32
10	商品10	55	60	67	公司A	23HD	2020-01-03 15:42:32
11	商品11	60	20	*NULL*	公司B	12FB	2020-01-16 15:42:32

图 10-17　执行结果

（2）在 Oracle 数据库中，可以使用函数 EXTRACT()提取年份相关信息。

【示例 10-16】查询数据库表 goods 中在 2020 年上架的商品信息（Oracle 版）。

SQL 语句如下：

```
SELECT *
FROM goods
WHERE EXTRACT(year FROM time1) = 2020;
```

在上述 SQL 语句中，使用函数 EXTRACT()提取列“time1”中“年”的成分，其中参数“year”表示提取“年”部分，将返回值再与“2020”进行比较。在 Oracle 数据库中的结果如图 10-18 所示。

id	name	price	reserve	sales	company	ship	time1
1	iPhone	45	155	290	公司A	AA01	2020-01-01 15:42:32
2	鼠标	45	34	23	公司B	BC03	2020-02-01 15:42:32
3	固态硬盘	456	2345	2999	公司C	AS43	2020-07-01 15:42:32
4	鲈鱼	56	100	200	公司A	DF21	2020-10-01 15:42:32
5	USB风扇	56	200	500	公司B	FD34	2020-01-14 15:42:32
6	32GU盘	56	12	700	公司C	23DE	2020-01-15 15:42:32
7	品商品7	77	20	600	公司A	DF11	2020-08-01 15:42:32
8	品8商	99	45	50	公司B	GG00	2020-09-01 14:42:32
9	商品9	87	67	45	公司C	TH12	2020-11-01 15:42:32
10	商品10	55	60	67	公司A	23HD	2020-01-03 15:42:32
11	商品11	60	20	*NULL*	公司B	12FB	2020-01-16 15:42:32

图 10-18　执行结果

注意：在 Oracle 数据库中，还可以使用函数 to_date()实现提取年月日的功能。例如：

```
SELECT *
FROM goods
WHERE time1 BETWEEN to_date('2020-01-01', 'yyyy-mm-dd')
 AND to_date('2020-12-31', 'yyyy-mm-dd');
```

在上述代码中，函数 to_date()用来将两个字符串转换为日期。一个包含“2020 年 1 月 1 日”，另一个包含“2020 年 12 月 31 日”。BETWEEN 操作符用来找出两个日期之间的所有订单。值得注意的是，上述代码不能在 SQL Server 数据库中起作用，因为它不支持函数 to_date()。但是，如果用函数 DATEPART()替换 to_date()，当然可以使用这种类型的语句。

10.4　数值处理函数

数值处理函数仅用于处理数值数据。这些函数主要用于代数、三角或几何运算领域，因此不像字符串或“日期-时间”处理函数使用那么频繁。在目前主流的 DBMS 函数中，数值处理函数是比较统一的。在表 10-4 中列出一些常用的数值处理函数。

表 10-4　常用的数值处理函数

函　数	说　明
ABS()	返回一个数的绝对值
COS()	返回一个角度的余弦
EXP()	返回一个数的指数值
PI()	返回圆周率 π 的值
SIN()	返回一个角度的正弦
SQRT()	返回一个数的平方根
TAN()	返回一个角度的正切

关于不同数据库产品所支持的数值处理函数，请大家参阅相应的官方文档。

第11章　数 据 汇 总

在实际应用中，经常需要汇总数据库中的数据信息；例如，统计所有商品的总销量、找出列中售价最高的商品等。为了帮助开发者快速汇总数据库数据，SQL 提供了专门的内置聚集函数，专门用于实现数据汇总功能。在本章中，将详细讲解使用实现数据汇总的知识和具体使用方法。

11.1　SQL 中的聚集函数

在实际应用中汇总数据信息时，可以归结为下面的操作需求：

- 确定数据库表中的行数（或者满足某个条件或包含某个特定值的行数）；
- 获得数据库表中某些行的和；
- 找出数据库中列（或所有行或某些特定的行）的最大值、最小值、平均值。

上述操作需求都需要汇总出表中的数据，而不需要查出数据本身。SQL 提供了专门的内置聚集函数来提高开发效率。通过使用这些聚集函数，可以方便地将检索的数据汇总。常用的聚集函数有 5 个，具体说明如表 11-1 所示。

表 11-1　常用的 SQL 聚集函数

函　数	功能描述
AVG()	返回某列的平均值
COUNT()	返回某列的行数
MAX()	返回某列的最大值
MIN()	返回某列的最小值
SUM()	返回某列值之和

注意：与本书介绍的其他内置函数不同，SQL 的聚集函数在各种主要 SQL 实现中得到了相当一致的支持，通常不存在不同数据库产品的兼容性问题。

11.2　计算平均值

在 SQL 语句中，可以使用聚集函数 AVG()计算数据库中某列数据的平均值。在本节中，将详细讲解使用内置函数 AVG()计算平均值的知识和具体示例。

11.2.1　函数 AVG()的基本用法

在 SQL 语句中，使用函数 AVG()的基本语法如下：

```
SELECT
AVG(column_name)
FROM
table_name
```

参数说明如下：

- table_name：表示数据库表的名字；
- column_name：表示数据库表“table_name”中列的名字。

上述 SQL 语句的功能是，查询数据库表 table_name 中列“column_name”的信息，并计算列“column_name”中所有数据的平均值。

【示例 11-1】计算数据库表 goods 中保存的商品的平均价格。

SQL 语句如下：

```
SELECT
AVG(price) AS '平均价'
FROM goods;
```

在上述 SQL 语句中，首先查询数据库表 goods 中列“price”信息，然后使用函数 AVG()计算列“price”的平均值。执行结果如图 11-1 所示。

id	name	price	reserve	sales	company	ship	time1	time2
1	iPhone	45	155	290	公司A	AA01	2020-01-01 15:42:32.000	2020
2	鼠标	45	34	23	公司B	BC03	2020-02-01 15:42:32.000	2020
3	固态硬盘	456	2345	2999	公司C	AS43	2020-07-01 15:42:32.000	2021
4	鲂鱼	56	100	200	公司A	DF21	2020-10-01 15:42:32.000	2020
5	USB风扇	56	200	500	公司B	FD34	2020-01-14 15:42:32.000	1999
6	32G U盘	56	12	700	公司C	23DE	2020-01-15 15:42:32.000	2020
7	品商品7	77	20	600	公司A	DF11	2020-08-01 15:42:32.000	2020
8	品8商	99	45	50	公司B	GG00	2020-09-01 15:42:32.000	2019
9	商品9	87	67	45	公司C	TH12	2020-11-01 15:42:32.000	2018
10	商品10	55	60	67	公司A	23HD	2020-01-03 15:42:32.000	2017
11	商品11	60	20	NULL	公司B	12FB	2020-01-16 15:42:32.000	2009

（a）数据库表中的数据

	平均价
1	99.2727272727273

（b）SQL Server 数据库

平均价
99.2727

（c）MySQL 数据库

图 11-1　执行结果

由此可见，聚集函数 AVG()不存在兼容性的问题，可以同时在 SQL Server 或 MySQL 数据库中使用，但是在使用时需要注意计算结果的精度问题。

11.2.2 计算多个列的平均值

在 SQL 语句中，可以使用函数 AVG()同时计算多个列中数据的平均值。

【示例 11-2】分别计算数据库表 goods 中保存的商品的平均价格和平均销量。

SQL 语句如下：

```
SELECT
AVG(price) AS '平均价格'
,
AVG(sales) AS '平均销量'
FROM goods;
```

上述代码中分别查询数据库表 goods 中列“price”“sales”的信息，然后使用函数 AVG() 计算两列各自的平均值。

执行结果如图 11-2 所示。

	平均价格	平均销量
1	99.2727272727273	547

（a）SQL Server 数据库

平均价格	平均销量
99.2727	547.4000

（b）MySQL 数据库

图 11-2　执行结果

从本示例的执行结果中可以看出，函数 AVG()会忽略值为 NULL 的数据。

11.2.3 在函数 AVG()中使用算术运算符

在 SQL 语句使用函数 AVG()计算平均值时，可以在其中使用常见的算术运算符。这一点十分重要，通过运算符可以满足项目中大多数和数学运算相关的问题，例如计算总销售金额、计算员工的平均工资、计算商品的销量等。下面我们来看一个具体示例。

【示例 11-3】在计算平均价格和平均销量时使用算术运算符。

SQL 语句如下：

```
SELECT
AVG(price*2) AS '平均价格'
,
AVG(sales+2) AS '平均销量'
FROM goods;
```

在上述代码中，查询数据库表 goods 中列“price”“sales”的信息，然后使用函数 AVG() 计算列“price*2”和列“sales+2”的平均值。

执行结果如图 11-3 所示。

	平均价格	平均销量
1	198.545454545455	549

（a）SQL Server 数据库

平均价格	平均销量
198.5455	549.4000

（b）MySQL 数据库

图 11-3　执行结果

11.2.4　函数 AVG()和 WHERE 子句的混用

在 SQL 语句使用函数 AVG()计算平均值时，可以使用 WHERE 子句限制计算范围。

【示例 11-4】计算数据库表 goods 中价格大于 70 的商品的平均价格。

SQL 语句如下：

```
SELECT
AVG(price) AS '平均价'
FROM goods
WHERE price>70;
```

在上述 SQL 语句中，首先查询数据库表 goods 中列“price”的信息，然后使用 WHERE 子句和函数 AVG()限制并计算列“price”中大于 70 的值的平均值。执行结果如图 11-4 所示。

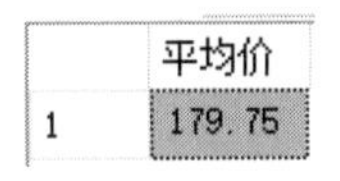

	平均价
1	179.75

（a）SQL Server 数据库

平均价
179.7500

（b）MySQL 数据库

图 11-4　执行结果

11.2.5　设置计算结果的精度

当在 SQL 语句使用函数 AVG()计算平均值时，在 SQL Server 数据库或 MySQL 数据库中的计算精度是不同的，为了使计算结果统一，可以考虑使用内置函数 ROUND()设置计算结果的精度。

【示例 11-5】在计算平均价格时保留两位小数。

SQL 语句如下：

```
SELECT
ROUND(AVG(price),2) AS '平均价'
FROM goods;
```

在上述 SQL 语句中，函数 ROUND()用于将计算结果舍入为指定的小数位数。执行结果如图 11-5 所示。

	平均价
1	99.27

（a）SQL Server 数据库

平均价
99.27

（b）MySQL 数据库

图 11-5　执行结果

如果列“price”的数据类型不是数字类型，而是字符串类型，则还需要使用函数 CAST()进行转换。例如，下面 SQL 语句的功能也是在计算结果中保留两位小数。

```
SELECT
CAST(ROUND(AVG(price),2) as REAL) AS '平均价'
FROM goods;
```

11.2.6 AVG 函数与 WHERE 子句的嵌套使用

在实际应用中，经常需要在数据库中查询价格高于平均价的商品。这时就需要把函数 AVG()作为 SELECT 查询的 WHERE 子句的一部分。

【示例 11-6】检索数据库表 goods 中商品价格高于平均价的商品信息。

SQL 语句如下：

```
SELECT
name AS '商品名',
price AS '售价'
FROM goods
WHERE(price>(SELECT AVG(price) FROM goods));
```

在上述代码中，分别查询了列“name”“price”的信息，然后重新命名为“商品名”和“售价”。接下来使用函数 AVG()计算列“price”的平均值，然后在 WHERE 子句中检索出“price”值大于这个平均值的商品信息。执行结果如图 11-6 所示。

	商品名	售价
1	固态硬盘	456

（a）SQL Server 数据库

商品名	售价
固态硬盘	456

（b）MySQL 数据库

图 11-6 执行结果

11.3 获取结果集的行数

在 SQL 语句中，可以使用内置函数 COUNT()计算数据库中某列数据的行数。在本节中，将详细讲解使用内置函数 COUNT()计算行数的基本用法和具体实践案例。

11.3.1 函数 COUNT()的基本用法

在 SQL 语句中，可利用函数 COUNT()确定数据库表中行的数目或符合特定条件的行的数目，通常有如下两种使用函数 COUNT()的方式：

- 使用 COUNT(*)对表中行的数目进行计数，无论表列中包含的是空值（NULL）还是非空值；
- 使用 COUNT(column)对特定列中值的行进行计数；需要注意的是，会忽略 NULL 的值。

在 SQL 语句中，使用函数 COUNT()的基本语法如下：

```
SELECT
 COUNT(column_name)
FROM
 table_name;
```

上述 SQL 语句的功能是，查询数据库表 table_name 中列“column_name”的信息，并计算列“column_name”所包含数据的行数。下面我们通过一个具体的示例了解一下。

【示例 11-7】统计数据库表 goods 中列“price”的行数。

SQL 语句如下：

```
SELECT
COUNT(price) AS '数据的行数'
FROM goods;
```

在上述 SQL 语句中，首先查询数据库表 goods 中列“price”信息，然后使用函数 COUNT()计算列“price”的行数。执行结果如图 11-7 所示。

id	name	price	reserve	sales	company	ship	time1	time2
1	iPhone	45	155	290	公司A	AA01	2020-01-01 15:42:32.000	2020
2	鼠标	45	34	23	公司B	BC03	2020-02-01 15:42:32.000	2020
3	固态硬盘	456	2345	2999	公司C	AS43	2020-07-01 15:42:32.000	2021
4	鲈鱼	56	100	200	公司A	DF21	2020-10-01 15:42:32.000	2020
5	USB风扇	56	200	500	公司B	FD34	2020-01-14 15:42:32.000	1999
6	32GU盘	56	12	700	公司C	23DE	2020-01-15 15:42:32.000	2020
7	品商品7	77	20	600	公司A	DF11	2020-08-01 15:42:32.000	2020
8	品8商	99	45	50	公司B	GG00	2020-09-01 15:42:32.000	2019
9	商品9	87	67	45	公司C	TH12	2020-11-01 15:42:32.000	2018
10	商品10	55	60	67	公司A	23HD	2020-01-03 15:42:32.000	2017
11	商品11	60	20	NULL	公司B	12FB	2020-01-16 15:42:32.000	2009

（a）数据库中的数据

	数据的行数
1	11

（b）SQL Server 数据库

数据的行数
11

（b）MySQL 数据库

图 11-7　执行结果

11.3.2　使用函数 COUNT()统计所有列的行数

在 SQL 语句中，可利用函数 COUNT()统计所有列的行数，此时函数 COUNT()的参数是星号“*”。

【示例 11-8】统计数据库表 goods 中所有数据的行数。

SQL 语句如下：

```
SELECT
COUNT(*) AS '数据的行数'
FROM goods;
```

在上述 SQL 语句中，首先查询数据库表 goods 中所有列的信息，然后使用函数 COUNT()计算行数。执行结果如图 11-8 所示。

（a）SQL Server 数据库　　（b）MySQL 数据库

图 11-8　执行结果

11.3.3　计算多个列的平均值

在 SQL 语句中，可以使用函数 COUNT()同时计算多个列中数据的行数，以获得某些重要信息。

【示例 11-9】分别计算数据库表 goods 中保存的商品的平均价格和平均销量。

SQL 语句如下：

```
SELECT
COUNT(price) AS '价格'
,
COUNT(sales) AS '销量'
FROM goods;
```

在上述代码中，查询了数据库表 goods 中列“price”“sale”的信息，然后使用函数 COUNT()计算这两列的行数。

执行结果如图 11-9 所示。

（a）SQL Server 数据库　　（b）MySQL 数据库

图 11-9　执行结果

在本示例中，为什么结果中销量列“sales”的行数是 10 而不是 11 呢？因为 id 为 11 的这个商品的“sales”值是 NULL，如图 11-10 所示。

id	name	price	reserve	sales	company	ship	time1	time2
1	iPhone	45	155	290	公司A	AA01	2020-01-01 15:42:32.000	2020
2	鼠标	45	34	23	公司B	BC03	2020-02-01 15:42:32.000	2020
3	固态硬盘	456	2345	2999	公司C	AS43	2020-07-01 15:42:32.000	2021
4	鲂鱼	56	100	200	公司A	DF21	2020-10-01 15:42:32.000	2020
5	USB风扇	56	200	500	公司B	FD34	2020-01-14 15:42:32.000	1999
6	32GU盘	56	12	700	公司C	23DE	2020-01-15 15:42:32.000	2020
7	品商品7	77	20	600	公司A	DF11	2020-08-01 15:42:32.000	2020
8	品8商	99	45	50	公司B	GG00	2020-09-01 15:42:32.000	2019
9	商品9	87	67	45	公司C	TH12	2020-11-01 15:42:32.000	2018
10	商品10	55	60	67	公司A	23HD	2020-01-03 15:42:32.000	2017
11	商品11	60	20	NULL	公司B	12FB	2020-01-16 15:42:32.000	2009

图 11-10　值为 NULL 的商品

由此可见，在使用函数 COUNT(sales)计算列“sales”的行数时，因为含有值为 NULL 的行，所以此行不被计算在内。但是需要注意的是，这仅仅是使用函数 COUNT(sales)计算列“sales”的行数，而使用函数COUNT()计算其他不包含NULL的列时，或者使用COUNT(*)计算所有数据的行数时则不会影响统计结果，这一点可以在上述执行结果中看出对比：“价格”的行数是 11、“销量”的行数是 10。下面的示例也说明这一点。

【示例 11-10】分别计算数据库表 goods 中保存的商品的平均库存和平均销量。

SQL 语句如下：

```
SELECT
COUNT(reserve) AS '库存'
,
COUNT(sales) AS '销量'
FROM goods;
```

上述代码中，查询了数据库表 goods 中列“reserve”“sale”的信息，然后使用函数 COUNT()计算这两列的行数。

执行结果如图 11-11 所示。由此可见，即使对同一个数据库表 goods 使用函数 COUNT()进行统计，但是因为统计列的不同得到的结果也不同。在本示例中，由于在列“sales”中有 NULL 值的存在，所以“销量”的行数比“库存”行数要少一行。

	库存	销量
1	11	10

（a）SQL Server 数据库

库存	销量
11	10

（b）MySQL 数据库

图 11-11　执行结果

11.3.4　函数 COUNT()和 WHERE 子句的混用

在 SQL 语句中使用函数 COUNT()计算行数时，同样可以使用 WHERE 子句限制计算范围。

【示例 11-11】统计数据库表 goods 中价格大于 70 的商品个数。

SQL 语句如下：

```
SELECT
COUNT(price) AS '售价高于 70 的个数'
FROM goods
WHERE price>70;
```

在上述 SQL 语句中，首先查询数据库表 goods 中列“price”的信息，然后使用 WHERE 子句和函数 COUNT()限制并计算列“price”的值大于 70 的商品个数。执行结果如图 11-12 所示。

（a）SQL Server 数据库　　（b）MySQL 数据库

图 11-12　执行结果

11.4　计算最大值与最小值

在 SQL 语句中，可以使用内置函数 MAX()或 MIN()分别获取数据库中某列数据中的最大值和最小值。在本节中，将详细讲解使用内置函数 MAX()和 MIN()的基本用法和实践应用。

11.4.1　函数 MAX()和 MIN()的基本用法

在 SQL 语句中，函数 MAX()和 MIN()的具体功能如下：

- 函数 MAX()：返回指定列中的最大值；
- 函数 MIN()：返回指定列中的最小值。

（1）在 SQL 语句中，使用函数 MAX()的基本语法如下：

```
SELECT
 MAX(column_name)
FROM
 table_name;
```

上述 SQL 语句的功能是查询数据库表 table_name 中列“column_name”的信息，并获取列“column_name”所包含数据的最大值。

（2）在 SQL 语句中，使用函数 MIN()的基本语法如下：

```
SELECT
 MIN(column_name)
FROM
 table_name;
```

上述 SQL 语句的功能是查询数据库表 table_name 中列“column_name”的信息，并获取列“column_name”所包含数据的最小值。

注意：函数 MAX()和 MIN()会忽略值为 NULL 的数据。

【示例 11-12】分别获取数据库表 goods 中售价最高和最低的两个商品的信息。

SQL 语句如下：

```
SELECT
MAX(price) AS '售价最高',
MIN(price) AS '售价最低'
FROM goods;
```

在上述 SQL 语句中，首先查询数据库表 goods 中列“price”信息，然后使用函数 MAX()和 MIN()获取列“price”中数据的最大值和最小值。执行结果如图 11-13 所示。

	售价最高	售价最低
1	456	45

（a）SQL Server 数据库

售价最高	售价最低
456	45

（b）MySQL 数据库

图 11-13　执行结果

11.4.2　参数可以是字符串和时间

函数 MAX()和 MIN()的参数除了可以是数字外，还可以是字符串数据类型和时间/日期数据类型。例如在下面的示例中，分别获取日期数据类型中的最大值和最小值。

【示例 11-13】分别获取数据库表 goods 中最新上架和最早上架的两个商品的信息。

SQL 语句如下：

```
SELECT
MAX(time1) AS '最新上架',
MIN(time1) AS '最早上架'
FROM goods;
```

在上述 SQL 语句中，首先查询数据库表 goods 中列“time1”的信息，然后使用函数 MAX()和 MIN()分别获取列“time1”中数据的最大值和最小值。执行结果如图 11-14 所示。

	最新上架	最早上架
1	2020-11-01 15:42:32.000	2020-01-01 15:42:32.000

（a）SQL Server 数据库

最新上架	最早上架
2020-11-01 15:42:32	2020-01-01 15:42:32

（b）MySQL 数据库

图 11-14　执行结果

如果函数 MAX()和 MIN()的参数是字符串类型，那么会分别获取按字母顺序排列的最高值或最低值，我们来看下面的示例。

【示例 11-14】分别获取数据库表 goods 中商品名称的最大值和最小值。

SQL 语句如下：

```
SELECT
MAX(name) AS '文本最大',
MIN(name) AS '文本最小'
FROM goods;
```

在上述 SQL 语句中，首先查询数据库表 goods 中列“time1”的信息，然后使用函数 MAX()和 MIN()分别获取列“time1”中字符串数值的最大值和最小值。执行结果如图 11-15 所示。

（a）SQL Server 数据库　　（b）MySQL 数据库

图 11-15　执行结果

11.4.3　函数 MAX()/MIN()和 WHERE 子句的混用

在 SQL 语句中使用函数 MAX()和函数 MIN()时，我们同样可以使用 WHERE 子句限制计算范围。

【示例 11-15】只统计数据库表 goods 中价格大于 70 的商品售价的最大值和最小值。

SQL 语句如下：

```
SELECT
MAX(price) AS '售价最高',
MIN(price) AS '售价最低'
FROM goods
WHERE price>70;
```

在上述 SQL 语句中，首先查询数据库表 goods 中列“price”的信息，然后使用 WHERE 子句获取售价大于 70 的商品信息，最后在售价高于 70 的商品中分别使用函数 MAX()和 MIN()获取最大值和最小值。执行结果如图 11-16 所示。

（a）SQL Server 数据库　　（b）MySQL 数据库

图 11-16　执行结果

11.4.4　与 AVG()函数的混合使用

在实际应用中，经常会遇到计算去除最大值和最小值后计算平均值的情形，例如体育赛场上的裁判打分。在 SQL 语句中，可以使用函数 MAX()、MIN()和 AVG()实现这一功能。

【示例 11-16】统计数据库表 goods 中去掉最高和最低售价后商品的平均价格。

SQL 语句如下：

```
SELECT AVG(price) AS '去掉最大值和最小值后的平均值'
FROM goods
WHERE price not in (
(SELECT MIN(price) FROM goods),
(SELECT MAX(price) FROM goods));
```

在上述代码中，首先查询数据库表 goods 中列“price”的信息，并使用函数 AVG()计算列“price”的平均值。这里的平均值使用 WHERE 子句限制了查询条件，就是用“not in”排除了列“price”中的最大值和最小值。

执行结果如图 11-17 所示。

（a）SQL Server 数据库

去掉最大值和最小值后的平均值
68.2500

（b）MySQL 数据库

图 11-17　执行结果

11.5　求和

在 SQL 语句中，可以使用内置函数 SUM()计算数据库表中某列数据的和。在本节中，将详细讲解使用内置函数 SUM()的基本语法，并通过 5 个示例演示 SUM()函数在不同场景中的具体使用方法。

11.5.1　函数 SUM()的基本用法

在 SQL 语句中，函数 SUM()能够返回数据库库中某列数据的和，其基本语法如下：

```
SELECT
 SUM(column_name)
FROM
 table_name;
```

上述 SQL 语句的功能是查询数据库表 table_name 中列“column_name”的信息，并计算列“column_name”中所有数据的和。

【示例 11-17】计算数据库表 goods 所有商品的总销量。

SQL 语句如下：

```
SELECT
SUM(sales) AS '销量的和'
FROM goods;
```

在上述 SQL 语句中，首先查询数据库表 goods 中列“sales”的信息，然后使用函数 SUM()计算列“sales”中所有数据的和。执行结果如图 11-18 所示。

（a）SQL Server 数据库　　（b）MySQL 数据库

图 11-18　执行结果

从本示例的执行结果中可以看出，函数 SUM()会忽略值为 NULL 的数据。

11.5.2　计算多个列的和

在 SQL 语句中，还可以使用函数 SUM()同时计算多个列中数据的和。

【示例 11-18】分别计算数据库表 goods 中所有商品的总库存和总销量。

SQL 语句如下：

```
SELECT
AVG(reserve) AS '总库存'
,
SUM(sales) AS '总销量'
FROM goods;
```

在上述代码中，分别查询了数据库表 goods 中列“reserve”“sales”的信息，然后使用函数 SUM()计算这两列中各自数据的和。

执行结果如图 11-19 所示。之所以两种数据库的结果不同，是因为它们保存的数据不同。

（a）SQL Server 数据库　　（b）MySQL 数据库

图 11-19　执行结果

11.5.3　函数 SUM()和 WHERE 子句的混合使用

在 SQL 语句中使用函数 SUM()计算某列中数据的和时，可以使用 WHERE 子句限制计算范围。

【示例 11-19】计算数据库表 goods 中价格大于 70 的商品的总销量。

SQL 语句如下：

```
SELECT
SUM(sales) AS '销量 的和'
FROM goods
```

```
WHERE price>70;
```

在上述 SQL 语句中，首先查询数据库表 goods 中列“sales”的信息，然后使用函数 SUM()计算“price”大于 70 的列“sales”中数据的和。执行结果如图 11-20 所示。

	销量 的和
1	3694

（a）SQL Server 数据库

销量 的和
3694

（b）MySQL 数据库

图 11-20 执行结果

11.5.4 函数 SUM()、WHERE 子句和 BETWEEN 子句的混合使用

在实际应用中，经常需要计算具体时间范围内的数据总和。例如，计算某季度某个商品的销量总和、计算某个时间段某个商品的销售额等。

【示例 11-20】计算数据库表 goods 中第 3 季度所有商品的销量总和。

SQL 语句如下：

```
SELECT
SUM(sales) AS '总销量'
FROM goods
WHERE time1 BETWEEN '2020-07-01' AND '2020-09-30';
```

在上述代码中，首先查询数据库表 goods 中列“sales”的信息，然后使用 WHERE 子句提取上架时间是第 3 季度的商品，最后使用函数 SUM()计算第 3 季度所有商品的销量总和。

执行结果如图 11-21 所示。

（a）SQL Server 数据库　　（b）MySQL 数据库

图 11-21 执行结果

11.5.5 在函数 SUM()中使用算术运算符

在 SQL 语句中使用函数 SUM()求和时，可以使用常见的算术运算符。例如，在数据库表 goods 中，列“price”表示商品的单价，列“sales”表示商品的销量，那么“price*sales”则表示这个商品的销售额。我们来看下面的具体示例。

【示例 11-21】计算数据库表 goods 中制造商是“公司 A”的所有商品的销售总额。

SQL 语句如下：

```
SELECT
SUM(price*sales) AS '公司A产品的销售额'
FROM goods WHERE company='公司A';
```

在上述代码中，首先使用“price*sales”计算某商品的销售额，接下来使用 WHERE 子句提取列“company”中值为“公司 A”的信息，然后使用函数 AVG()计算这些商品总的销售额。

执行结果如图 11-22 所示。

	id	name	price	reserve	sales	company	ship	time1	time2
1	1	iPhone	45	155	290	公司A	AA01	2020-01-01 15:42:32.000	2020
2	2	鼠标	45	34	23	公司B	BC03	2020-02-01 15:42:32.000	2020
3	3	固态硬盘	456	2345	2999	公司C	AS43	2020-07-01 15:42:32.000	2021
4	4	鲈鱼	56	100	200	公司A	DF21	2020-10-01 15:42:32.000	2020
5	5	USB风扇	56	200	500	公司B	FD34	2020-01-14 15:42:32.000	1999
6	6	32GU盘	56	12	700	公司C	23DE	2020-01-15 15:42:32.000	2020
7	7	品商品7	77	20	600	公司A	DF11	2020-08-01 15:42:32.000	2020
8	8	品8商	99	45	50	公司B	GG00	2020-09-01 15:42:32.000	2019
9	9	商品9	87	67	45	公司C	TH12	2020-11-01 15:42:32.000	2018
10	10	商品10	55	60	67	公司A	23HD	2020-01-03 15:42:32.000	2017
11	11	商品11	60	20	NULL	公司B	12FB	2020-01-16 15:42:32.000	2009

（a）数据库表中的数据

	公司A产品的销售额
1	74135

（b）SQL Server 数据库

公司A产品的销售额
74135

（c）MySQL 数据库

图 11-22　执行结果

11.6　聚集函数的联合使用

在前面介绍了常见数据汇总函数的用法，在实际应用中，经常需要联合使用这些分组函数，我们来看一个具体的示例。

【示例 11-22】分别计算数据库表 goods 中在售商品的数量、最高价、最低价和平均价。

SQL 语句如下：

```
SELECT COUNT(*) AS '商品数量',
       MIN(price) AS '最高价',
       MAX(price) AS '最底价',
       AVG(price) AS '平均价'
FROM goods;
```

在上述 SQL 语句中，我们分别使用了 COUNT()、MIN()、MAX()和 AVG()四种聚集函数，聚集函数的联合使用可以提升 SQL 语句的执行效率。

执行结果如图 11-23 所示。

	商品数量	最高价	最底价	平均价
1	11	45	456	99.2727272727273

（a）SQL Server 数据库

商品数量	最高价	最底价	平均价
11	45	456	99.2727

（b）MySQL 数据库

图 11-23　执行结果

第 12 章　数 据 分 组

在实际应用中，经常需要将数据库中的数据信息进行分组处理。例如，将不同制造商的商品汇总在一起进行分组、将每个季度上架的商品进行分组等。为了帮助开发者快速对数据库表中的数据进行分组，SQL 提供了很多相关的关键字和子句，专门用于实现数据分组功能。在本章中，将详细讲解实现数据分组的知识和具体方法。

12.1　使用 GROUP BY 子句创建分组

在 SQL 语句中，组合使用 GROUP BY 子句和聚合函数，可以根据一个或多个列对结果集进行分组。在本节中，将详细讲解使用 GROUP BY 子句创建分组的知识和示例。

12.1.1　GROUP BY 子句的基本用法

在 SQL 语句中，GROUP BY 子句的基本语法格式如下：

```
SELECT
  column_name, aggregate_function(column_name)
FROM table_name
GROUP BY column_name;
```

基本参数说明如下：

- table_name：表示数据库表的名字；
- column_name：表示数据库表 table_name 中列的名字。
- aggregate_function：聚合函数的名字，例如 AVG()、SUM()等。

上述 SQL 语句的功能是查询数据库表 table_name 中列“column_name”的信息，并使用聚合函数 ggregate_function()计算列“column_name”中数据的值，然后根据列“column_name”进行分组，将列“column_name”中值相同的数据分到一个组中。我们来看一个具体的示例。

【示例 12-1】统计数据库表 goods 中不同制造商的商品数量。

SQL 语句如下：

```
SELECT
  company AS '制造商',
  COUNT(company) AS '商品数量'
FROM goods
GROUP BY company;
```

在上述 SQL 语句中，首先查询数据库表 goods 中列“company”的信息，然后使用函数 COUNT()统计列“company”中数据的数量，最后根据列“company”中的值将相同的数据分到一个组中。执行结果如图 12-1 所示。

id	name	price	reserve	sales	company	ship	time1	time2
1	iPhone	45	155	290	公司A	AA01	2020-01-01 15:42:32.000	2020
2	鼠标	45	34	23	公司B	BC03	2020-02-01 15:42:32.000	2020
3	固态硬盘	456	2345	2999	公司C	AS43	2020-07-01 15:42:32.000	2021
4	鲅鱼	56	100	200	公司A	DF21	2020-10-01 15:42:32.000	2020
5	USB风扇	56	200	500	公司B	FD34	2020-01-14 15:42:32.000	1999
6	32GU盘	56	12	700	公司C	23DE	2020-01-15 15:42:32.000	2020
7	品商品7	77	20	600	公司A	DF11	2020-08-01 15:42:32.000	2020
8	品8商	99	45	50	公司B	GG00	2020-09-01 15:42:32.000	2019
9	商品9	87	67	45	公司C	TH12	2020-11-01 15:42:32.000	2018
10	商品10	55	60	67	公司A	23HD	2020-01-03 15:42:32.000	2017
11	商品11	60	20	NULL	公司B	12FB	2020-01-16 15:42:32.000	2009

（a）数据库表中的数据

	制造商	商品数量
1	公司A	4
2	公司B	4
3	公司C	3

（b）SQL Server 数据库

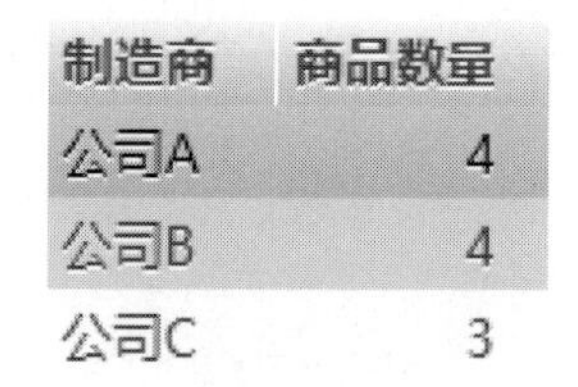

制造商	商品数量
公司A	4
公司B	4
公司C	3

（c）MySQL 数据库

图 12-1　执行结果

在使用 GROUP BY 子句前，需要知道如下重要的规定：

- GROUP BY 子句可以包含任意数目的列，因而可以对分组进行嵌套，更细致地进行数据分组；
- 如果在 GROUP BY 子句中嵌套了分组，数据将在最后指定的分组上进行汇总。换句话说，在建立分组时，指定的所有列都一起计算（所以不能从个别的列取回数据）；
- GROUP BY 子句中列出的每一列都必须是检索列或有效的表达式（但不能是聚集函数）。如果在 SELECT 语句中使用表达式，则必须在 GROUP BY 子句中指定相同的表达式，不能使用别名；
- 大多数 SQL 实现不允许 GROUP BY 列带有长度可变的数据类型（如文本或备注型字段）；
- 除聚集计算语句外，SELECT 语句中的每一列都必须在 GROUP BY 子句中给出；
- 如果分组列中包含具有 NULL 值的行，则 NULL 将作为一个分组返回。如果列中有多行 NULL 值，它们将分为一组；

- GROUP BY 子句必须出现在 WHERE 子句之后、ORDER BY 子句之前。

12.1.2 聚合键中包含 NULL 值的情况

为了更好地说明如何处理聚合键中包含 NULL 值的情况，我们需要对数据库表 goods 做一下修改。

在数据库表 goods 中新增一个名为“type”的列，设置数据类型为 nchar(10)，用于表示商品的类别，然后分别为数据库表中的商品设置一个具体的类别，如图 12-2 所示。

列名	数据类型	允许 Null 值
id	bigint	☐
name	char(10)	☑
price	float	☐
reserve	bigint	☑
sales	bigint	☑
company	char(10)	☑
ship	nchar(10)	☑
time1	datetime	☑
time2	nchar(10)	☑
type	nchar(10)	☑

（a）设计结构

	id	name	price	reserve	sales	company	ship	time1	time2	type
1	1	iPhone	45	155	290	公司A	AA01	2020-01-01 15:42:32.000	2020	数码
2	2	鼠标	45	34	23	公司B	BC03	2020-02-01 15:42:32.000	2020	数码
3	3	固态硬盘	456	2345	2999	公司C	AS43	2020-07-01 15:42:32.000	2021	数码
4	4	鲈鱼	56	100	200	公司A	DF21	2020-10-01 15:42:32.000	2020	生鲜
5	5	USB风扇	56	200	500	公司B	FD34	2020-01-14 15:42:32.000	1999	家用电器
6	6	32GU盘	56	12	700	公司C	23DE	2020-01-15 15:42:32.000	2020	数码
7	7	品商品7	77	20	600	公司A	DF11	2020-08-01 15:42:32.000	2020	未分类
8	8	品8商	99	45	50	公司B	GG00	2020-09-01 15:42:32.000	2019	未分类
9	9	商品9	87	67	45	公司C	TH12	2020-11-01 15:42:32.000	2018	未分类
10	10	商品10	55	60	67	公司A	23HD	2020-01-03 15:42:32.000	2017	未分类
11	11	商品11	60	20	NULL	公司B	12FB	2020-01-16 15:42:32.000	2009	NULL

（b）数据库表中的数据

图 12-2 修改后的数据库表 goods

通过图 12-2（b），我们可以看到，新的数据库表 goods 最后一个商品的“type”值是 NULL，这样的情况在具体的实践中如何处理呢？我们通过一个简单的示例来看一下。

【示例 12-2】统计数据库表 goods 中不同类别的在售商品的数量。

SQL 语句如下：

```
SELECT
  type AS '商品类别',
  COUNT(*) AS '商品数量'
```

```
FROM goods
GROUP BY type ;
```

在上述SQL语句中，首先查询数据库表goods中列“type”信息，然后使用函数COUNT()统计数据行的数量，最后将列“type”中值相同的数据分到一个组中。执行结果如图 12-3 所示。

	商品类别	商品数量
1	NULL	1
2	家用电器	1
3	生鲜	1
4	数码	4
5	未分类	4

（a）SQL Server 数据库

商品类别	商品数量
	1
家用电器	1
数码	4
未分类	4
生鲜	1

（b）MySQL 数据库

图 12-3 执行结果

从上述示例的执行结果可以看出，当聚合键中包含 NULL 值时，SQL Server 数据库会将 NULL 值作为一组特定的数据；而在 MySQL 数据库中，NULL 值显示为空白。

12.1.3 联合使用 GROUP BY 子句和 WHERE 子句

在使用了 GROUP BY 子句的 SELECT 语句中，也可以使用 WHERE 子句来作具体范围的限制。联合使用 GROUP BY 子句和 WHERE 子句的语法格式如下：

```
SELECT
  column_name, aggregate_function(column_name)
WHERE column_name operator value
FROM table_name
GROUP BY column_name;
```

相关参数说明如下：

- operator：合法的运算符，例如=、>、<等；
- value：合法的具体值，可以是数字、字符串。

上述 SQL 语句的功能是查询数据库表 table_name 中列“column_name”的信息，并使用聚合函数 ggregate_function()计算列“column_name”中的数据的值，然后根据列“column_name”的值进行分组，将值相同的数据分到一个组中。

【示例 12-3】分组统计数据库表 goods 中某时间段内不同制造商的商品数量。

SQL 语句如下：

```
SELECT
  company AS '制造商',
  COUNT(company) AS '商品数量'
```

```
FROM goods WHERE time1 BETWEEN '2020-01-01' AND  '2020-08-01'
GROUP BY company;
```

在上述 SQL 语句中，首先查询数据库表 goods 中在 2020-01-01 到 2020-08-01 这一时间段内上架的商品信息，然后使用函数 COUNT()统计列“company”中数据的数量，最后将列“company”中值相同的数据分到一个组中。执行结果如图 12-4 所示。

	制造商	商品数量
1	公司A	2
2	公司B	3
3	公司C	2

（a）SQL Server 数据库

制造商	商品数量
公司A	2
公司B	3
公司C	2

（b）MySQL 数据库

图 12-4　执行结果

GROUP BY 子句的书写位置也有严格要求，一定要写在 FROM 语句之后（如果有 WHERE 子句，需要写在 WHERE 子句之后）。如果无视子句的书写顺序，SQL 就一定无法正常执行而出错。通过上述示例的执行效果可知，当 GROUP BY 子句和 WHERE 子句并用时，SELECT 语句的执行顺序如下：

```
FROM → WHERE → GROUP BY → SELECT
```

12.2　使用 HAVING 子句过滤分组

在使用 GROUP BY 子句进行分组时还可以过滤分组，例如规定包括哪些分组、排除哪些分组。再如，你可能想要查询至少包含两个商品的类别，想要查询至少包含两个商品的制造商等。在 SQL 语句中，使用 HAVING 子句可以实现过滤分组功能。HAVING 子句类似于 WHERE 子句。事实上，目前为止所学过的所有类型的 WHERE 子句都可以用 HAVING 来替代。二者唯一的差别是，WHERE 子句只能过滤行，而 HAVING 子句可以过滤分组。

12.2.1　使用 HAVING 子句的基本用法

在 SQL 语句中，HAVING 子句的基本语法格式如下：

```
SELECT
 column_name, aggregate_function(column_name)
FROM table_name
GROUP BY column_name
HAVING aggregate_function(column_name) operator value;
```

上述 SQL 语句的功能是查询数据库表 table_name 中列“column_name”的信息，并使用聚合函数 ggregate_function()计算列“column_name”中的数据的值，然后根据列

“column_name”进行分组，将列“column_name”中值相同的数据分到一个组中，并且在分组时需要满足 HAVING 子句后面的过滤条件。我们来看一个具体的示例。

【示例 12-4】将数据库表 goods 中至少包含 4 个商品的制造商进行分组。

SQL 语句如下：

```
SELECT
  company AS '制造商',
  COUNT(company) AS '商品数量'
FROM goods
GROUP BY company
 HAVING COUNT(*) >= 4;
```

在上述 SQL 语句中，首先查询了数据库表 goods 中列“company”的信息，然后使用函数 COUNT()统计列“company”中数据的数量，使用 HAVING 子句限制只分组统计至少包含 4 个商品的制造商，最后将满足条件的数据分到一个组中。执行结果如图 12-5 所示。

	制造商	商品数量
1	公司A	4
2	公司B	4

（a）SQL Server 数据库

制造商	商品数量
公司A	4
公司B	4

（b）MySQL 数据库

图 12-5　执行结果

注意：在使用 HAVING 子句进行分组过滤时，一定要将 HAVING 子句放在 GROUP BY 子句的后面，否则会出错。

12.2.2　联合使用子句 GROUP BY、HAVING 和 WHERE

HAVING 子句和 WHERE 子句都能实现数据过滤功能，那么两者的区别是什么呢？我们来详细说一下，WHERE 子句在数据分组前进行过滤，是过滤行的。HAVING 子句在数据分组后进行过滤，是过滤分组的。这是一个非常重要的区别，WHERE 子句排除的行不包括在分组中，这可能会改变计算值，从而影响 HAVING 子句中基于这些值过滤掉的分组。

在 SQL 语句中，联合使用子句 GROUP BY、HAVING 和 WHERE 的基本语法格式如下：

```
SELECT
column_name, aggregate_function(column_name)
FROM table_name
WHERE column_name operator value
GROUP BY column_name
HAVING aggregate_function(column_name) operator value;
```

上述 SQL 语句的功能是查询数据库表 table_name 中列“column_name”的信息，然后使用聚合函数 ggregate_function()计算列“column_name”中数据的值，并根据列

“column_name”的值进行分组，将值相同的数据分到一个组中；同时，在分组时需要同时满足 HAVING 子句和 WHERE 子句的过滤条件。

【示例 12-5】过滤分组统计数据库表 goods 中商品在某时间段内上架且至少包含 4 个商品的制造商信息。

SQL 语句如下：

```
SELECT
  company AS '制造商',
  COUNT(company) AS '商品数量'
FROM goods WHERE time1 BETWEEN '2020-01-01' AND  '2020-10-01'
GROUP BY company
 HAVING COUNT(*) >= 4;
```

在上述 SQL 语句中，首先查询数据库表 goods 中列“company”信息，然后使用函数 COUNT()统计列“company”中数据的数量，并使用 GROUP BY 子句进行分组统计，在分组统计时必须满足如下两个过滤条件：

- 使用 HAVING 子句过滤只分组统计至少包含 4 个商品的制造商；
- 使用 WHERE 子句过滤在“2020-01-01”到“2020-10-01”这一时间段内上架的商品。

执行结果如图 12-6 所示。

	制造商	商品数量
1	公司B	4

（a）SQL Server 数据库

制造商	商品数量
公司B	4

（b）MySQL 数据库

图 12-6　执行结果

注意：HAVING 子句与 WHERE 子句的用法和功能十分相似，如果不指定 GROUP BY 子句，则大多数数据库产品会同等对待它们。建议在使用 HAVING 子句时应该结合 GROUP BY 子句，而 WHERE 子句一般只用于标准的行级过滤。

12.3　分组和排序

在使用 GROUP BY 子句进行分组时，对于得出的分组数据可以使用 ORDER BY 子句实现排序功能。在本节中，将详细讲解使用 ORDER BY 子句对分组数据进行排序的知识和具体示例。

12.3.1　比较子句 ORDER BY 和 GROUP BY

在表 12-1 中总结了子句 ORDER BY 和 GROUP BY 之间的差别。

表 12-1　ORDER BY 与 GROUP BY 的差别

ORDER BY	GROUP BY
对产生的输出排序	对行分组，但输出可能不是分组的顺序
任意列都可以使用（甚至非选择的列也可以使用）	只可能使用选择列或表达式列，而且必须使用每个选择列表达式
不一定需要	如果与聚集函数一起使用列（或表达式），则必须使用

在表 12-1 中，第一项差别极为重要。我们发现，用 GROUP BY 子句分组的数据确实是以分组顺序输出的；但并不总是这样，这不是 SQL 规范所要求的。此外，即使特定的 DBMS 总是按照给出的 GROUP BY 子句排序数据，用户也可能要求以不同的顺序排序。即使以某种方式分组数据（获得特定的分组聚集值），并不表示你需要以相同的方式排序输出，因此应该提供明确的 ORDER BY 子句，使其效果等同于 GROUP BY 子句。

12.3.2　使用子句 ORDER BY 和 GROUP BY 对分组数据进行排序

了解了子句ORDER和GROUP BY的差异，我们通过一个示例来看一下它们的具体用法。

【示例 12-6】分组统计数据库表 goods 中不同类别在售商品的数量并降序排列。

SQL 语句如下：

```
SELECT
  type AS '商品类别',
  COUNT(*) AS '商品数量'
FROM goods
GROUP BY type
ORDER BY '商品数量' DESC;
```

在上述 SQL 语句中，首先查询数据库表 goods 中列“type”的信息，然后使用函数 COUNT()统计数据行的数量，接下来使用子句 GROUP BY 将列“type”中值相同的数据分到一组中，最后使用子句 ORDER 将分组结果降序排列。执行结果如图 12-7 所示。

	商品类别	商品数量
1	数码	4
2	未分类	4
3	NULL	1
4	家用电器	1
5	生鲜	1

图 12-7　执行结果

12.4　创建多列分组

在前面的示例中，都是对单列数据进行分组的，例如基于商品类别进行分组、基于商品制造商进行分组等。其实在同一个查询中，可以同时基于多个列创建多个分组。我们来看下面这个具体的示例。

【示例 12-7】分组统计数据库表 goods 中每个制造商旗下各类商品的数量。

SQL 语句如下：

```
SELECT
  company AS '制造商',
  type AS '商品类别',
  COUNT(*) AS '商品数量'
FROM goods
GROUP BY type,company;
```

在上述 SQL 语句中，首先查询数据库表 goods 中列“company”“type”的信息，然后使用函数 COUNT()统计数据行的数量，并使用子句 GROUP BY 进行分组统计，在分组统计时必须同时满足如下两个分组条件：

- 根据商品类别列“type”进行分组；
- 根据商品制造商列“company”进行分组。

执行结果如图 12-8 所示。

	制造商	商品类别	商品数量
1	公司A	生鲜	1
2	公司A	数码	1
3	公司A	未分类	2
4	公司B	NULL	1
5	公司B	家用电器	1
6	公司B	数码	1
7	公司B	未分类	1
8	公司C	数码	2
9	公司C	未分类	1

（a）SQL Server 数据库

制造商	商品类别	商品数量
公司B		1
公司B	家用电器	1
公司A	数码	1
公司B	数码	1
公司C	数码	2
公司A	未分类	2
公司B	未分类	1
公司C	未分类	1
公司A	生鲜	1

（b）MySQL 数据库

图 12-8　执行结果

12.5　在分组中使用其他聚集函数

在前面的示例中，我们在分组过程中使用了聚集函数 COUNT()。除此之外，还可以在分组操作中使用其他聚集函数，以满足不同的查询要求。例如在下面的示例中，不但统计了每个制造商旗下每一类商品的数量，并且统计了每个分组中商品的最高价、最低价和平均价。

【示例 12-8】分组统计数据库表 goods 中每个制造商旗下各类商品的数量、最高价、最低价和平均价。

SQL 语句如下：

```
SELECT
  company AS '制造商',
  type AS '商品类别',
  COUNT(*) AS '商品数量',
  MAX(price) AS '最高价',
  MIN(price) AS '最低价',
  AVG(price) AS '平均价'

FROM goods
GROUP BY type,company;
```

在上述代码中，首先查询数据库表 goods 中列“company”“type”和“price”的信息，然后使用 GROUP BY 子句进行了分组统计，在分组统计时必须同时满足如下两个分组条件：

- 根据商品类别列“type”进行分组；
- 根据商品制造商列“company”进行分组。

接下来，我们分别使用函数 COUNT()、MAX()、MIN()和 AVG()统计每个分组中数据行的数量以及商品的最高价、最低价和平均价。

执行结果如图 12-9 所示。

	制造商	商品类别	商品数量	最高价	最低价	平均价
1	公司A	生鲜	1	56	56	56
2	公司A	数码	1	45	45	45
3	公司A	未分类	2	77	55	66
4	公司B	NULL	1	60	60	60
5	公司B	家用电器	1	56	56	56
6	公司B	数码	1	45	45	45
7	公司B	未分类	1	99	99	99
8	公司C	数码	2	456	56	256
9	公司C	未分类	1	87	87	87

（a）SQL Server 数据库

制造商	商品类别	商品数量	最高价	最低价	平均价
公司B		1	60	60	60.0000
公司B	家用电器	1	56	56	56.0000
公司A	数码	1	45	45	45.0000
公司B	数码	1	45	45	45.0000
公司C	数码	2	456	56	256.0000
公司A	未分类	2	77	55	66.0000
公司B	未分类	1	99	99	99.0000
公司C	未分类	1	87	87	87.0000
公司A	生鲜	1	56	56	56.0000

（b）MySQL 数据库

图 12-9　执行结果

12.6　使用 GROUP BY 子句时的常见错误

截至目前，我们已经学习了聚合函数和 GROUP BY 子句的基本使用方法。虽然 GROUP BY 子句因其方便的特点而使用率较高，但是书写 SQL 时却很容易出错，接下来，我们讲解一下在使用 GROUP BY 子句的时常见错误，希望大家要特别注意。

12.6.1　使用了多余的列

在使用 COUNT()这样的聚合函数时，对 SELECT 语句中的元素有严格的限制。当使用聚合函数时，在 SELECT 语句中只能存在以下 3 种元素：

- 常数；
- 聚合函数；
- GROUP BY 子句中指定的列名（也就是聚合键）。

像数字 123 或者字符串“SQL”这样的固定值，直接写在 SELECT 语句中没有任何问题，此外还可以书写聚合函数或者聚合键；这些在之前的示例代码中都已经出现过。经常出现的错误是把聚合键之外的列名写在 SELECT 语句中。我们来看下面的 SQL 语句。

```
SELECT
  company AS '制造商',
  type AS '商品类别',
  COUNT(*) AS '商品数量',
  price

FROM goods
GROUP BY type,company;
```

在上述 SQL 语句中，列名“price”并没有包含在 GROUP BY 子句中。因此，该列名也不能书写在 SELECT 语句中。执行后会出错，如图 12-10 所示。

```
消息
消息 8120，级别 16，状态 1，第 5 行
选择列表中的列 'goods.price' 无效，因为该列没有包含在聚合函数或 GROUP BY 子句中。
```

图 12-10　错误提示

12.6.2　在 GROUP BY 子句中使用了列的别名

虽然在 SELECT 语句中的项目可以通过“AS 关键字”来指定别名。但是由于 SELECT 语句是在 GROUP BY 子句之后执行，因此在 GROUP BY 子句中是不能使用别名的。

我们来看一个在 GROUP BY 子句中使用了列的别名的错误用法。

SQL 语句如下：

```
SELECT
  type AS '商品类别',
  COUNT(*) AS '商品数量'
FROM goods
GROUP BY type AS '商品类别';
GROUP BY type,company;
```

在上述 SQL 语句的 GROUP BY 子句中使用了列的别名，执行后会出错，如图 12-11 所示。这个错误是 SQL 语句在 DBMS 内部的执行顺序造成的；按照执行顺序，SELECT 语句应在 GROUP BY 子句之后执行，所以在执行 GROUP BY 子句时，DBMS 并不知道 SELECT 语句中定义的别名。

消息
消息 156，级别 15，状态 1，第 5 行
关键字 'AS' 附近有语法错误。

图 12-11　错误提示

注意：在 PostgreSQL 数据库中执行上述 SQL 语句并不会发生错误，而是可以得到正确的运行结果。这说明在 PostgreSQL 数据库中，可以在 GROUP BY 子句中使用列的别名。尽管如此，还是不建议大家这样做，因为这种写法在其他数据库产品中并不是通用的。

12.6.3　在 WHERE 子句中使用了聚合函数

初学者非常容易犯的一个错误是在 WHERE 子句中使用了聚合函数；例如，只想分组统计在数据库表 goods 中含有 4 个商品的"商品类别"，通过下面的代码会实现吗？

```
SELECT
  type AS '商品类别',
  COUNT(*) AS '商品数量'
FROM goods WHERE COUNT(*)=4
GROUP BY type;
```

在上述 SQL 语句的 WHERE 子句中使用了聚合函数，执行后会出错，如图 12-12 所示。这个错误同样是由 SQL 语句在 DBMS 内部的执行顺序造成的，按照执行顺序，SELECT 语句应在 GROUP BY 子句之后执行，所以在执行 GROUP BY 子句时，DBMS 同样并不知道 SELECT 语句中定义的别名。

消息
消息 147，级别 15，状态 1，第 4 行
聚合不应出现在 WHERE 子句中，除非该聚合位于 HAVING 子句或选择列表所包含的子查询中，并且要对其进行聚合的列是外部引用。

图 12-12　错误提示

实际上，只有在 SELECT 语句、HAVING 子句和 ORDER BY 子句中才可以使用 COUNT()、MAX()等聚合函数；其实我们可以使用 HAVING 子句实现上述要求。

SQL 语句如下：

```
SELECT
  type AS '商品类别',
  COUNT(*) AS '商品数量'
FROM goods
GROUP BY type
HAVING COUNT(*) >= 4;
```

执行结果如图 12-13 所示。

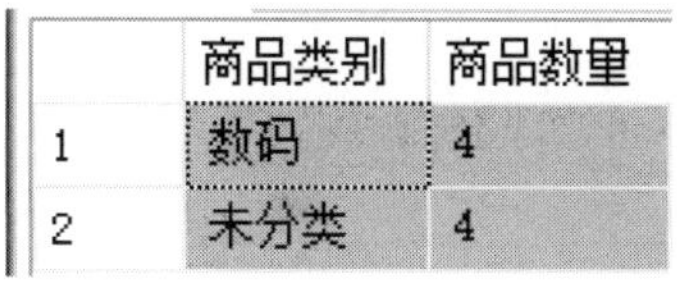

	商品类别	商品数量
1	数码	4
2	未分类	4

（a）SQL Server 数据库

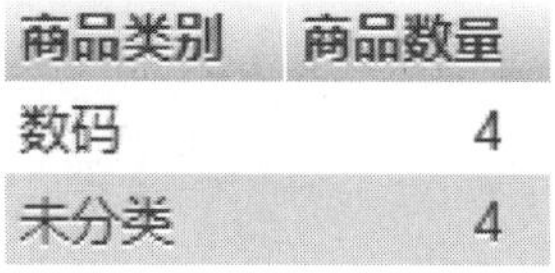

商品类别	商品数量
数码	4
未分类	4

（b）MySQL 数据库

图 12-13　执行结果

12.7　总结 SELECT 常用子句的特点与编写顺序

到此为止，已经介绍了 SELECT 语句中大多数常用子句的知识和用法，那么究竟这些子句的编写顺序是如何规定的？表 12-2 中列出了它们在使用时必须遵循的顺序。SQL 的语法要求编写顺序是从上到下的。

表 12-2　常用的 SELECT 子句及其编写顺序

子　句	说　明	是否必须使用	编写顺序
SELECT	要返回的列或表达式	是	1
FROM	从中检索数据的表	仅在从表选择数据时使用	2
WHERE	行级过滤	否	3
GROUP BY	分组说明	仅在按组计算聚集时使用	4
HAVING	组级过滤	否	5
ORDER BY	输出排序顺序	否	6

第 13 章　子　查　询

子查询就是嵌套查询，也称为查询中的查询，是指在一个完整的 SELECT 查询语句中嵌套若干个不同功能的子查询语句，从而一起完成复杂查询功能的一种编写形式。在本章中，将详细讲解使用子查询的知识和具体使用方法。

13.1　子查询的基本语法

子查询是指将一个查询（子查询）的结果作为另一个查询（主查询）的数据来源或判断条件的查询，子查询本身是一个独立的 SELECT 语句，通常被嵌套在一个 SELECT 语句、SELECT...INTO 语句、INSERT...INTO 语句、DELETE 语句或 UPDATE 语句中使用。我们可以使用如下三种语法来创建子查询：

```
comparison [ANY | ALL | SOME] (sqlstatement)
expression [NOT] IN (sqlstatement)
 [NOT] EXISTS (sqlstatement)
```

上述语法中的参数说明如下：

- comparison：指一个表达式及一个比较运算符，将表达式与子查询的结果作比较；
- expression：用以搜寻子查询结果集的表达式；
- sqlstatement：SELECT 子查询语句，遵从与其他 SELECT 语句相同的格式及规则，它必须放在小括号中。

13.2　单行子查询

单行子查询是指可以确定子查询的返回结果只有一个时的查询，假设现在数据库表 good 中的商品信息如图 13-1 所示。

在数据库表 goods 中，列“price”值为 77 的商品只有一个，那么可以在子查询中查询价格为 77 的商品。

	id	name	price	reserve	sales	company	ship	time1	time2	type
1	1	iPhone	45	155	290	公司A	AA01	2020-01-01 15:42:32.000	2020	数码
2	2	鼠标	45	34	23	公司B	BC03	2020-02-01 15:42:32.000	2020	数码
3	3	固态硬盘	456	2345	2999	公司C	AS43	2020-07-01 15:42:32.000	2021	数码
4	4	鲈鱼	56	100	200	公司A	DF21	2020-10-01 15:42:32.000	2020	生鲜
5	5	USB风扇	56	200	500	公司B	FD34	2020-01-14 15:42:32.000	1999	家用电器
6	6	32G U盘	56	12	700	公司C	23DE	2020-01-15 15:42:32.000	2020	数码
7	7	品商品7	77	20	600	公司A	DF11	2020-08-01 15:42:32.000	2020	未分类
8	8	品8商	99	45	50	公司B	GG00	2020-09-01 15:42:32.000	2019	未分类
9	9	商品9	87	67	45	公司C	TH12	2020-11-01 15:42:32.000	2018	未分类
10	10	商品10	55	60	67	公司A	23HD	2020-01-03 15:42:32.000	2017	未分类
11	11	商品11	60	20	NULL	公司B	12FB	2020-01-16 15:42:32.000	2009	NULL

图 13-1　数据库表 goods 中的商品信息

【示例 13-1】查询数据库表 goods 中价格为 77 的商品的制造商包含的所有商品信息。

SQL 语句如下：

```
select
name,
company,
price
from goods
where company=( select company from goods where price=77);
```

在上述代码中，我们在子查询语句中查询了价格为 77 的商品的制造商，结果是“公司 A”；然后在主查询中查询满足子查询条件的信息，也就是查询制造商是“公司 A”的商品信息。

执行结果如图 13-2 所示。

	name	company	price
1	iPhone	公司A	45
2	鲈鱼	公司A	56
3	品商品7	公司A	77
4	商品10	公司A	55

（a）SQL Server 数据库

name	company	price
iPhone	公司A	45
鲈鱼	公司A	56
品商品7	公司A	77
商品10	公司A	55

（b）MySQL 数据库

图 13-2　执行结果

注意：有的读者会问“上述示例是不是多此一举”？只需使用如下 SQL 语句实现即可，这说明不用子查询也可以实现相同的查询结果。确实如此，但是如果不知道价格为 77 的商品的制造商是“公司 A”呢，并且我们的目的主要是讲解子查询的用法，而不是讨论哪种方法更加简单。

```
select
name,
company,
price
from goods
where company='公司A';
```

接下来，我们将再增加一层查询条件，来看一下单行子查询的使用。

【示例 13-2】查询数据库 goods 中价格高于 100 并且销量高于 200 的商品信息。

SQL 语句如下：

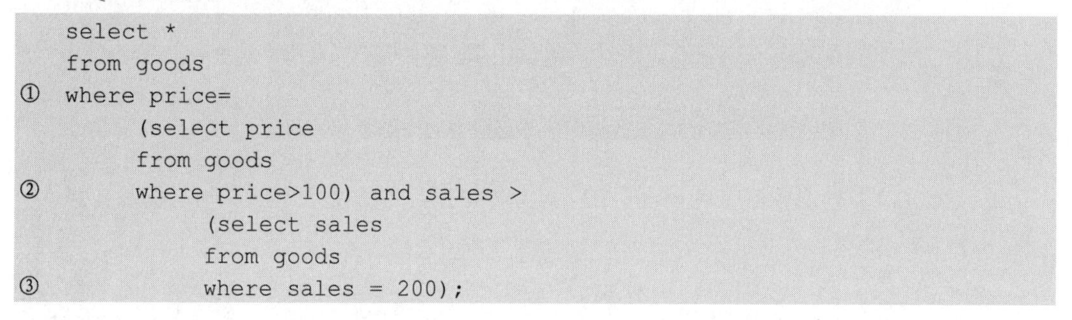

```
    select *
    from goods
①  where price=
         (select price
         from goods
②        where price>100) and sales >
              (select sales
              from goods
③             where sales = 200);
```

在上述代码中，语句③表示查询列“sales”的值是 200 的销量信息；语句②表示查询列“price”的值大于 100 并且列“sales”的值大于 200 的价格信息；语句①表示查询数据库表中满足语句②的商品信息。

执行结果如图 13-3 所示。

	id	name	price	reserve	sales	company	ship	time1	time2	type
1	3	固态硬盘	456	2345	2999	公司C	AS43	2020-07-01 15:42:32.000	2021	数码

（a）SQL Server 数据库

id	name	price	reserve	sales	company	ship	time1	type
3	固态硬盘	456	2345	2999	公司C	AS43	2020-07-01 15:42:32	数码

（b）MySQL 数据库

图 13-3 执行结果

在示例 13-2 的 SQL 语句中有两个子查询语句②和③，每个子查询语句的结果只有一个。

（1）语句③：查询列“sales”的值是 200 的销量信息，查询结果只有一个，如图 13-4 所示。

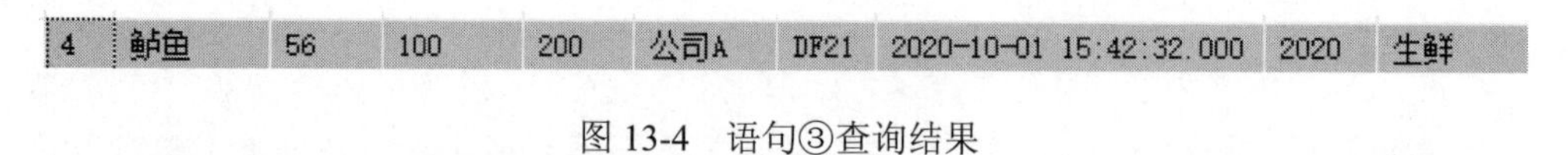

4	鲔鱼	56	100	200	公司A	DF21	2020-10-01 15:42:32.000	2020	生鲜

图 13-4 语句③查询结果

（2）语句②：查询列“price”的值大于 100 并且列“sales”的值大于 200 的价格信

息，查询结果只有一个，如图 13-5 所示。

	id	name	price	reserve	sales	company	ship	time1	time2	type
1	3	固态硬盘	456	2345	2999	公司C	AS43	2020-07-01 15:42:32.000	2021	数码

图 13-5 语句②查询结果

上述两个子查询的查询结果都只有一个，完全满足单行子查询的要求。如果查询结果不是一个呢？我们来看下面这段代码，它的目的是查询数据库表中价格高于 97 并且销量高于 200 的商品信息。

SQL 语句如下：

```
select *
from goods
where price=
     (select price
     from goods
     where price>97) and sales >
          (select sales
          from goods
          where sales = 200);
```

上述代码执行后会显示查询出错，如图 13-6 所示。

消息

消息 102，级别 15，状态 1，第 6 行
"7"附近有语法错误。

（a）SQL Server 数据库

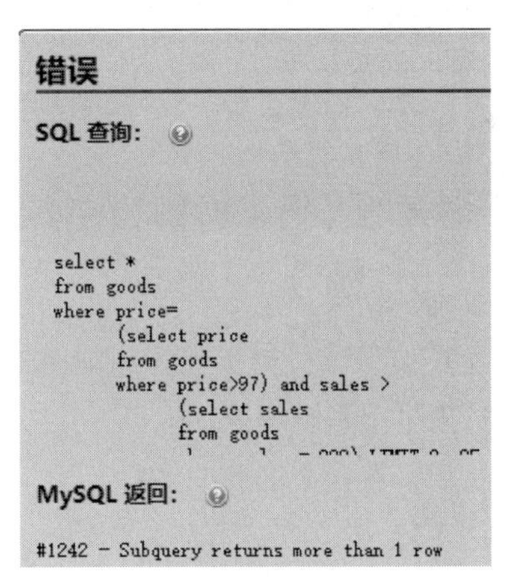

（b）MySQL 数据库

图 13-6 查询出错

这是因为在数据库表 goods 中，列“price”的值大于 97 的数据有多条，如图 13-7 所示。这违反了 SQL 单行子查询的语法规定，所以执行出错。

	id	name	price	reserve	sales	company	ship	time1	time2	type
1	1	iPhone	45	155	290	公司A	AA01	2020-01-01 15:42:32.000	2020	数码
2	2	鼠标	45	34	23	公司B	BC03	2020-02-01 15:42:32.000	2020	数码
3	3	固态硬盘	456	2345	2999	公司C	AS43	2020-07-01 15:42:32.000	2021	数码
4	4	鲈鱼	56	100	200	公司A	DF21	2020-10-01 15:42:32.000	2020	生鲜
5	5	USB风扇	56	200	500	公司B	FD34	2020-01-14 15:42:32.000	1999	家用电器
6	6	32GU盘	56	12	700	公司C	23DE	2020-01-15 15:42:32.000	2020	数码
7	7	品商品7	77	20	600	公司A	DF11	2020-08-01 15:42:32.000	2020	未分类
8	8	品8商	99	45	50	公司B	GG00	2020-09-01 15:42:32.000	2019	未分类
9	9	商品9	87	67	45	公司C	TH12	2020-11-01 15:42:32.000	2018	未分类
10	10	商品10	55	60	67	公司A	23HD	2020-01-03 15:42:32.000	2017	未分类
11	11	商品11	60	20	NULL	公司B	12FB	2020-01-16 15:42:32.000	2009	NULL

图 13-7　数据表 goods 中的商品信息

13.3　多行子查询

如果我们不确定子查询的返回结果有多少，此时可以使用多行子查询来解决问题。在 SQL 多行子查询操作中，可以借助如表 13-1 所示的多行操作符来实现。

表 13-1　多行操作符及其含义

操作符	含　义
IN	等于列表中的任何一个
ANY	和子查询返回的任意一个值比较
ALL	和子查询返回的所有值比较

接下来，我们详细讲解一下不同应用场景下多行子查询的使用方法。

13.3.1　嵌套的多行子查询

在子查询的结果多于一个时，可以使用多行子查询。在子查询中通过使用嵌套查询可以在大型数据库项目中实现更加细密的查询操作，特别是在拥有多个数据库表的项目中，可以实现多个数据库表的联动。

下面我们来看一个嵌套的多行子查询的示例。

【示例 13-3】查询数据库表 goods 中制造商是“公司 A”或“公司 B”的商品信息。

SQL 语句如下：

```
select
*
from goods
where company in(select company from goods where company='公司 A' or
company='公司 B');
```

在上述代码中，首先在子查询语句中查询制造商是“公司 A”或“公司 B”的信息；然后在主查询中查询满足子查询条件的信息，也就是查询制造商是“公司 A”或“公司 B”的商品信息。

执行结果如图 13-6 所示。

	id	name	price	reserve	sales	company	ship	time1	time2	type
1	1	iPhone	45	155	290	公司A	AA01	2020-01-01 15:42:32.000	2020	数码
2	2	鼠标	45	34	23	公司B	BC03	2020-02-01 15:42:32.000	2020	数码
3	4	鲔鱼	56	100	200	公司A	DF21	2020-10-01 15:42:32.000	2020	生鲜
4	5	USB风扇	56	200	500	公司B	FD34	2020-01-14 15:42:32.000	1999	家用电器
5	7	品商品7	77	20	600	公司A	DF11	2020-08-01 15:42:32.000	2020	未分类
6	8	品8商	99	45	50	公司B	GG00	2020-09-01 15:42:32.000	2019	未分类
7	10	商品10	55	60	67	公司A	23HD	2020-01-03 15:42:32.000	2017	未分类
8	11	商品11	60	20	NULL	公司B	12FB	2020-01-16 15:42:32.000	2009	NULL

（a）SQL Server 数据库

id	name	price	reserve	sales	company	ship	time1	type
1	iPhone	45	155	290	公司A	AA01	2020-01-01 15:42:32	数码
4	鲔鱼	56	100	200	公司A	DF21	2020-10-01 15:42:32	生鲜
7	品商品7	77	20	600	公司A	DF11	2020-08-01 15:42:32	未分类
10	商品10	55	60	67	公司A	23HD	2020-01-03 15:42:32	未分类
2	鼠标	45	34	23	公司B	BC03	2020-02-01 15:42:32	数码
5	USB风扇	56	200	500	公司B	FD34	2020-01-14 15:42:32	家用电器
8	品8商	99	45	50	公司B	GG00	2020-09-01 14:42:32	未分类
11	商品11	60	20	*NULL*	公司B	12FB	2020-01-16 15:42:32	

（b）MySQL 数据库

图 13-8　执行结果

13.3.2　操作符 IN 中的多行子查询

使用操作符 IN 是主流数据库产品在实现多行子查询时最常用的操作，接下来我们通过一个简单示例做详细讲解。

例如，在数据库表 goods 中有多个包含“数码”的商品类别，那么可以通过操作符 IN 来查询类别是“数码”的商品信息。

【示例 13-4】查询数据库表 goods 中商品类别名称包含“数码”的商品信息。

SQL 语句如下：

```
SELECT *
FROM goods
WHERE type in ( SELECT type FROM goods WHERE type LIKE '数码%');
```

在上述代码中，首先在子查询语句中查询商品类别名称中包含“数码”的信息；然后在主查询中查询满足子查询条件的信息，也就是查询商品类别名称中包含“数码”的商品信息。

执行结果如图 13-9 所示。

	id	name	price	reserve	sales	company	ship	time1	time2	type
1	1	iPhone	45	155	290	公司A	AA01	2020-01-01 15:42:32.000	2020	数码
2	2	鼠标	45	34	23	公司B	BC03	2020-02-01 15:42:32.000	2020	数码
3	3	固态硬盘	456	2345	2999	公司C	AS43	2020-07-01 15:42:32.000	2021	数码
4	6	32GU盘	56	12	700	公司C	23DE	2020-01-15 15:42:32.000	2020	数码

（a）SQL Server 数据库

id	name	price	reserve	sales	company	ship	time1	type
1	iPhone	45	155	290	公司A	AA01	2020-01-01 15:42:32	数码
2	鼠标	45	34	23	公司B	BC03	2020-02-01 15:42:32	数码
3	固态硬盘	456	2345	2999	公司C	AS43	2020-07-01 15:42:32	数码
6	32GU盘	56	12	700	公司C	23DE	2020-01-15 15:42:32	数码

（b）MySQL 数据库

图 13-9　执行结果

13.3.3　操作符 ANY 中的多行子查询

在 SQL 语句中，操作符 ANY 中的元素可以和集合中的任意一个值进行比较，通过比较来获取满足条件的结果信息。下面我们来看一个具体的示例。

【示例 13-5】检索出数据库表 goods 中价格高于任何“生鲜”类别的商品信息。

SQL 语句如下：

```
select
 *
 from goods
 where price > any (select price from goods where type='生鲜');
```

在上述代码中，首先检索出“生鲜”类别的商品价格，然后使用操作符 ANY 检索出商品价格高于该价格的商品信息。执行结果如图 13-10 所示。

	id	name	price	reserve	sales	company	ship	time1	time2	type
1	3	固态硬盘	456	2345	2999	公司C	AS43	2020-07-01 15:42:32.000	2021	数码
2	7	品商品7	77	20	600	公司A	DF11	2020-08-01 15:42:32.000	2020	未分类
3	8	品8商	99	45	50	公司B	GG00	2020-09-01 15:42:32.000	2019	未分类
4	9	商品9	87	67	45	公司C	TH12	2020-11-01 15:42:32.000	2018	未分类
5	11	商品11	60	20	NULL	公司B	12FB	2020-01-16 15:42:32.000	2009	NULL

（a）SQL Server 数据库

图 13-10　执行结果

id	name	price	reserve	sales	company	ship	time1	type
3	固态硬盘	456	2345	2999	公司C	AS43	2020-07-01 15:42:32	数码
7	品商品7	77	20	600	公司A	DF11	2020-08-01 15:42:32	未分类
8	品8商	99	45	50	公司B	GG00	2020-09-01 14:42:32	未分类
9	商品9	87	67	45	公司C	TH12	2020-11-01 15:42:32	未分类
11	商品11	60	20	NULL	公司B	12FB	2020-01-16 15:42:32	

（b）MySQL 数据库

图 13-10 执行结果（续）

13.3.4 操作符 ALL 中的多行子查询

在 SQL 语句中，操作符 ALL 的元素可以和集合中所有的值进行比较，通过比较来获取满足条件的结果信息。下面我们来看一下具体示例。

【示例 13-6】检索出数据库表 goods 中价格高于所有“生鲜”类别的商品信息。

SQL 语句如下：

```
select
 *
 from goods
 where price > ALL (select price from goods where type='生鲜');
```

在上述代码中，首先检索出“生鲜”类别的商品价格，然后使用操作符 ALL 检索出商品价格高于该价格的商品信息。执行结果如图 13-11 所示。

	id	name	price	reserve	sales	company	ship	time1	time2	type
1	3	固态硬盘	456	2345	2999	公司C	AS43	2020-07-01 15:42:32.000	2021	数码
2	7	品商品7	77	20	600	公司A	DF11	2020-08-01 15:42:32.000	2020	未分类
3	8	品8商	99	45	50	公司B	GG00	2020-09-01 15:42:32.000	2019	未分类
4	9	商品9	87	67	45	公司C	TH12	2020-11-01 15:42:32.000	2018	未分类
5	11	商品11	60	20	NULL	公司B	12FB	2020-01-16 15:42:32.000	2009	NULL

（a）SQL Server 数据库

id	name	price	reserve	sales	company	ship	time1	type
3	固态硬盘	456	2345	2999	公司C	AS43	2020-07-01 15:42:32	数码
7	品商品7	77	20	600	公司A	DF11	2020-08-01 15:42:32	未分类
8	品8商	99	45	50	公司B	GG00	2020-09-01 14:42:32	未分类
9	商品9	87	67	45	公司C	TH12	2020-11-01 15:42:32	未分类
11	商品11	60	20	NULL	公司B	12FB	2020-01-16 15:42:32	

（b）MySQL 数据库

图 13-11 执行结果

注意：细心的读者可能发现，示例 13-5 和 13-6 的结果是相同的，这是因为查询的条件只有一个；操作符 ANY 和 ALL 在区别在于，ANY 匹配集合中的任意一个条件即可，而 ALL 则需要匹配所有条件。

13.4 多列子查询

多列子查询是指在查询结果中含有多个列的子查询，在现实中通常用于实现多个数据库表的联动查询，并且能够同时限制多个列的查询条件。在本节中，将详细讲解在 SQL 语句中使用多列子查询的知识，包括成对比较的多列子查询和非成对比较的多列子查询。

13.4.1 成对比较的多列子查询

假如想要检索出和商品名称“鼠标”相同价格和相同分类的商品信息，应该如何实现呢？首先看下面的多行子查询方案。

SQL 语句如下：

```
select
*
① from goods where price=(select price from goods where name='鼠标')
② and type=(select type from goods where name='鼠标')
```

在上述代码中，在第①个子查询语句中检索出和商品“鼠标”价格相同的商品；在第②个子查询语句中检索出和商品“鼠标”类别相同的商品。

执行结果如图 13-10 所示。

	id	name	price	reserve	sales	company	ship	time1	time2	type
1	1	iPhone	45	155	290	公司A	AA01	2020-01-01 15:42:32.000	2020	数码
2	2	鼠标	45	34	23	公司B	BC03	2020-02-01 15:42:32.000	2020	数码

（a）SQL Server 数据库

id	name	price	reserve	sales	company	ship	time1	type
1	iPhone	45	155	290	公司A	AA01	2020-01-01 15:42:32	数码
2	鼠标	45	34	23	公司B	BC03	2020-02-01 15:42:32	数码

（b）MySQL 数据库

图 13-12　执行结果

在 MySQL 数据库和 Oracle 数据库中，实现上述要求有更好的方案，那就是成对比较的多列子查询；我们来看具体的示例。

【示例 13-7】检索出数据库表 goods 中和商品名称“鼠标”相同价格和相同分类的商品信息。

SQL 语句如下：

```
select
```

```
 *
 from goods
 where (price,type)=(select price,type from goods where name='鼠标')
```

在上述 SQL 语句中，通过成对子句“(price,type)”分别检索出和商品“鼠标”价格相同并且类别相同的商品。执行结果如图 13-13 所示。

id	name	price	reserve	sales	company	ship	time1	type
1	iPhone	45	155	290	公司A	AA01	2020-01-01 15:42:32	数码
2	鼠标	45	34	23	公司B	BC03	2020-02-01 15:42:32	数码

（a）Oracle 数据库

id	name	price	reserve	sales	company	ship	time1	type
1	iPhone	45	155	290	公司A	AA01	2020-01-01 15:42:32	数码
2	鼠标	45	34	23	公司B	BC03	2020-02-01 15:42:32	数码

（b）MySQL 数据库

图 13-13　执行结果

在上述示例中，注意成对子句“(price,type)”中列的顺序一定要和后面查询子句中的顺序相同。例如在下面的 SQL 语句中，括号中列的顺序和后面查询子句中的顺序不相同，此时执行后会出错，如图 13-14 所示。

```
select
 *
 from goods
 where (type,price)=(select price,type from goods where name='鼠标');
```

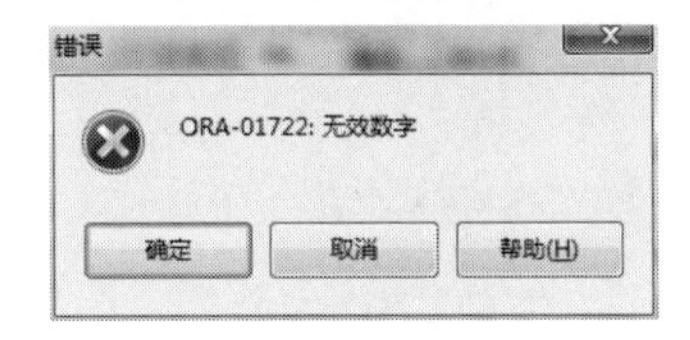

（a）Oracle 数据库

id	name	price	reserve	sales	company	ship	time1	type

（b）MySQL 数据库

图 13-14　错误提示

注意：在 SQL Server 数据库中，并不支持成对比较的多列子查询。

13.4.2　非成对比较的多列子查询

成对查询是指只要查询的数据和子查询返回的数据一一对应，查询才能成功。但是有些项目要求即使不成对也要查看返回结果，这时候可以考虑使用非成对查询。在 SQL Server、MySQL 和 Oracle 等主流数据库中，可以使用非成对比较的多列子查询方式检索数据。

【示例 13-8】检索出数据库表 goods 中每类商品中售价最高的商品信息。

SQL 语句如下：

```
   select
   *
①  from goods where price in(select MAX(price) from goods GROUP BY type)
②  and type IN(select DISTINCT type from goods);
```

在上述代码中，首先在第①个子查询语句中检索出每个商品分类中价格最高的信息；然后在第②个子查询语句中检索出独一无二的商品分类名称。

执行结果如图 13-15 所示。

	id	name	price	reserve	sales	company	ship	time1	time2	type
1	3	固态硬盘	456	2345	2999	公司C	AS43	2020-07-01 15:42:32.000	2021	数码
2	4	鲈鱼	56	100	200	公司A	DF21	2020-10-01 15:42:32.000	2020	生鲜
3	5	USB风扇	56	200	500	公司B	FD34	2020-01-14 15:42:32.000	1999	家用电器
4	6	32GU盘	56	12	700	公司C	23DE	2020-01-15 15:42:32.000	2020	数码
5	8	品8商	99	45	50	公司B	GG00	2020-09-01 15:42:32.000	2019	未分类

（a）SQL Server 数据库

id	name	price	reserve	sales	company	ship	time1	type
3	固态硬盘	456	2345	2999	公司C	AS43	2020-07-01 15:42:32	数码
4	鲈鱼	56	100	200	公司A	DF21	2020-10-01 15:42:32	生鲜
5	USB风扇	56	200	500	公司B	FD34	2020-01-14 15:42:32	家用电器
6	32GU盘	56	12	700	公司C	23DE	2020-01-15 15:42:32	数码
8	品8商	99	45	50	公司B	GG00	2020-09-01 14:42:32	未分类
11	商品11	60	20	*NULL*	公司B	12FB	2020-01-16 15:42:32	

（b）MySQL 数据库

图 13-15　执行结果

13.5　在子查询中使用比较运算符

在 SQL 语句中使用子查询语句时，可以使用比较运算符实现查询功能。在本节中，将详细讲解在 SQL 子查询语句中使用比较运算符的知识，包括比较运算符的基本用法和注意事项。

13.5.1　基本用法

SQL 的语法规定，在 WHERE 子句中可以使用比较运算符来比较某个表达式与子查询的结果，这些可以使用的比较运算符有=、>、>=、<、<=、<>（或!=）等。

【示例 13-9】检索出数据库表 goods 中售价高于“鲈鱼”的商品信息。

SQL 语句如下：

```
select
 name,
 price
 from goods
 where price > (select price from goods where name='鲈鱼');
```

在上述代码中，使用到了比较运算符“＞”；执行结果如图 13-16 所示。

	name	price
1	固态硬盘	456
2	品商品7	77
3	品8商	99
4	商品9	87
5	商品11	60

（a）SQL Server 数据库

name	price
固态硬盘	456
品商品7	77
品8商	99
商品9	87
商品11	60

（b）MySQL 数据库

图 13-16 执行结果

13.5.2 在子查询中使用比较运算符时不能返回多个值

使用比较运算符连接一个子查询，或者使用 ALL 或 ANY 修饰的比较运算符连接子查询时，必须保证在子查询返回的结果集合中只有单行数据，否则会引起查询错误。下面的 SQL 语句，在检索出数据库表 goods 中售价高于“鲈鱼”的商品信息时，因为在子查询 SQL 语句中使用“*”检索多个列的信息，所以执行后会出错。

```
select
 name,
 price
 from goods
 where price > (select * from goods where name='鲈鱼');
```

执行后会显示如图 13-17 所示的错误提示信息。

消息

消息 116，级别 16，状态 1，第 5 行
当没有用 EXISTS 引入子查询时，在选择列表中只能指定一个表达式。

（a）SQL Server 数据库

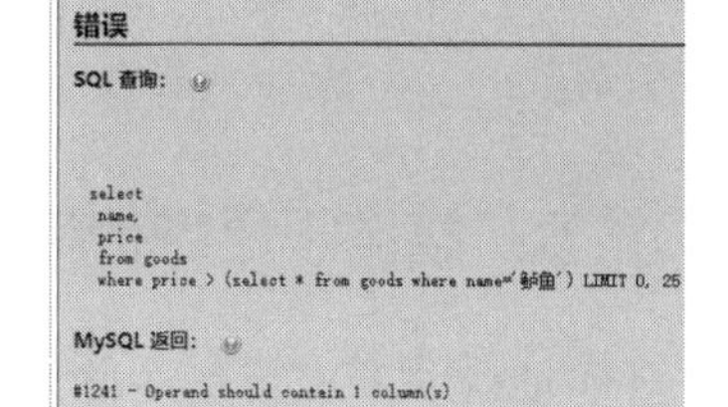

（b）MySQL 数据库

图 13-17 错误提示信息

13.5.3 在子查询中使用比较运算符时不能包含 ORDER BY 子句

SQL 的语法规定，在子查询中语句中使用比较运算符时不能使用 ORDER BY 子句，否则会引起查询错误。请看下面的 SQL 语句，在检索出数据库表 goods 中售价高于“鲈鱼”的商品信息时，想要使用 ORDER BY 子句按照价格高低对查询结果进行排序，结果执行后会出错。

```
select
 name,
 pricea
 from goods
 where price > (select price from goods where name='鲈鱼' ORDER BY price);
```

执行后会显示如图 13-18 所示的错误提示信息，虽然在 MySQL 数据库中没有出现错误，但是并没有对查询结果按照价格高低进行排序。

消息
消息 1033，级别 15，状态 1，第 5 行
除非另外还指定了 TOP、OFFSET 或 FOR XML，否则，ORDER BY 子句在视图、内联函数、派生表、子查询和公用表表达式中无效。

（a）SQL Server 数据库

name	price
固态硬盘	456
品商品7	77
品8商	99
商品9	87
商品11	60

（b）MySQL 数据库信息

图 13-18　错误提示信息

13.6 在子查询中使用聚合函数

在 SQL 语句中使用子查询语句时，可以使用聚合函数（例如 avg()、count()）实现查询功能。在本节中，将详细讲解在 SQL 子查询语句中使用聚合函数的知识和具体示例。

13.6.1 检索价格高于平均价格的商品信息

聚合函数 avg()能够计算某一列数据的平均值，请看下面的示例，功能是检索出数据库表 goods 中价格高于平均价格的商品信息。

【示例 13-10】检索数据库表 goods 中价格高于平均价格的商品信息。

SQL 语句如下：

```
select
 name,
 price
 from goods
 where price > (select avg(price) from goods);
```

上述代码中，除了用到 avg()函数，还使用了比较运算符“>”；执行结果如图 13-19 所示。

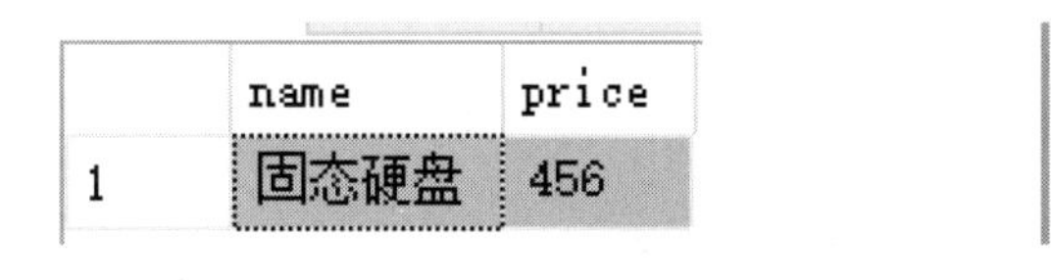

	name	price
1	固态硬盘	456

（a）SQL Server 数据库

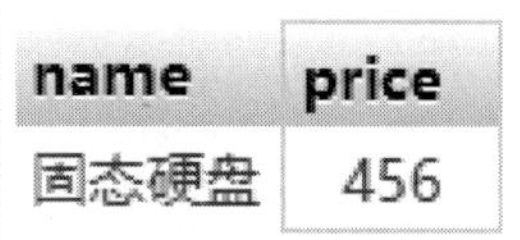

name	price
固态硬盘	456

（b）MySQL 数据库

图 13-19　执行结果

13.6.2　检索价格高于某一类商品平均价格的商品信息

在上面的示例 13-10 中，如果想进一步查询某一类商品的数据应该如何实现呢？请看下面的示例，功能是检索出数据库表 goods 中价格高于“生鲜”类商品平均价格的商品信息。

【示例 13-11】检索出数据库表 goods 中价格高于“生鲜”类商品平均价格的商品信息。

SQL 语句如下：

```
select
 name,
 price
 from goods
 where price > (select avg(price) from goods where type='生鲜');
```

上述代码和示例 13-10 相比，在子查询语句中增加了 where 子句来限制只计算“生鲜”类商品的平均价格。执行结果如图 13-20 所示。

	name	price
1	固态硬盘	456
2	品商品7	77
3	品8商	99
4	商品9	87
5	商品11	60

（a）SQL Server 数据库

name	price
固态硬盘	456
品商品7	77
品8商	99
商品9	87
商品11	60

（b）MySQL 数据库

图 13-20　执行结果

13.7　在子查询中实现分组功能

在 SQL 语句中使用子查询语句时，可以使用 GROUP BY 子句和 HAVING 子句实现分组功能。在本节中，将详细讲解在 SQL 子查询语句中实现分组功能的知识和具体示例。

13.7.1 分组检索价格高于某一类商品平均价格的商品信息

请看下面的示例，功能是检索数据库表 goods 中价格高于“生鲜”类商品平均价格的商品信息，并将检索结果根据商品分类进行分组。

【示例 13-12】分组检索数据库表 goods 中价格高于“生鲜”类商品平均价格的商品信息。

SQL 语句如下：

```
select
 name,
 price
 from goods
 where price > (select avg(price) from goods where type='生鲜' GROUP BY
type);
```

上述代码和示例 13-11 相比，在子查询语句中增加了 GROUP BY 子句来实现分组功能。执行结果如图 13-21 所示。

	name	type	price
1	固态硬盘	数码	456
2	品商品7	未分类	77
3	品8商	未分类	99
4	商品9	未分类	87
5	商品11	NULL	60

（a）SQL Server 数据库

name	type	price
固态硬盘	数码	456
品商品7	未分类	77
品8商	未分类	99
商品9	未分类	87
商品11		60

（b）MySQL 数据库

图 13-21　执行结果

13.7.2 使用 HAVING 子句过滤检索价格高于平均价格的商品信息

前面介绍过，可以使用 HAVING 子句实现过滤更为严格的分组功能。下面示例的功能是检索出数据库表 goods 中商品价格高于“未分类”商品平均价格的商品信息，然后将检索结果根据商品分类进行分组，并且在分组时使用 HAVING 子句过滤设置只检索这类商品总数大于 1 的商品信息。

【示例 13-13】分组过滤检索数据库表 goods 中价格高于“未分类”商品平均价格的商品信息。

SQL 语句如下：

```
select
 name,
```

```
    price
    from goods
    where price > (select avg(price) from goods where type='未分类' GROUP BY
type HAVING COUNT(*) >1);
```

上述代码和示例 13-12 相比，在子查询语句中增加了 HAVING 子句来实现分组功能。执行结果如图 13-22 所示。

	name	price
1	固态硬盘	456
2	品8商	99
3	商品9	87

（a）SQL Server 数据库

name	price
固态硬盘	456
品8商	99
商品9	87

（b）MySQL 数据库

图 13-22　执行结果

第 14 章　连　　接

顾名思义，连接表是指建立其他表之间关系的表。在前面的内容中，所有的查询都是基于单个数据库表 goods 实现的。但是在实际应用中，经常需要在多个数据库表中实现比较复杂的查询功能，例如需要查询 2 个表、3 个表或更多个表才能得到我们想要的数据。在本章中我们会依次讲解内连接、外连接、自连接和使用表别名的知识，并通过一些具体的示例展示这些操作的具体实现。

14.1　什么是连接

SQL 最强大的功能之一就是能在数据查询过程中使用连接（JOIN）表。连接是利用 SQL 的 SELECT 语句执行的最重要的操作，很好地理解连接及其语法是学习 SQL 极为重要的部分。在学习使用连接前，必须了解关系表以及关系数据库设计的一些基础知识。

14.1.1　关系表

在理解关系表之前，先来看下面的一个例子。

有一个包含产品目录的数据库表，其中每类物品占一行。对于每一种物品，要存储的信息包括产品描述、价格，以及生产该产品的制造商。现在有同一制造商生产的多种物品，那么在何处存储制造商名、地址、联系方法等制造商信息呢？较好的方案是分开存储，将这些数据与产品信息分开存储的理由有如下三点：

（1） 同一制造商生产的每个产品，其制造商信息都是相同的，对每个产品重复此信息既浪费时间又浪费存储空间；

（2）如果制造商信息发生变化，例如制造商迁址或电话号码变动，只需修改一次即可；

（3）如果有重复数据（每种产品都存储制造商信息），则很难保证每次输入该数据的方式都相同。输入方式不一致的数据在报表中就很难利用。

相同的数据出现多次绝不是一件好事，这是关系数据库设计的基础。关系表的设计就是要把信息分解成多个表，一类数据一个表。各个表通过某些共同的值互相关联（所以才叫关系数据库）。

在这个例子中可以创建两个数据库表：一个存储制造商信息，另一个存储产品信息。制造商表包含所有制造商信息，每个制造商占一行，具有唯一的标识。此标识称为主键（primary key），可以是制造商 id 或任何其他唯一值。商品信息表只存储产品信息，除了存储制造商 id（制造商表的主键）外，它不存储其他有关制造商的信息。制造商表的主键将制造商表与商品信息表关联，利用制造商 ID 能从制造商表中找出相应制造商的详细信息。

上述做法的好处有以下三点：

（1）制造商信息不重复，不会浪费时间和存储空间；

（2）如果制造商信息变动，可以只更新制造商表中的单个记录，相关表中的数据不用改动；

（3）由于数据不重复，数据显然是一致的，使得处理数据和生成报表更简单。

总之，关系数据可以有效的存储，方便的处理。因此，关系数据库的可伸缩性远比非关系数据库要好。良好的可伸缩性能够适应不断增加的工作量而不失败。

14.1.2　为什么使用连接

上一节我们了解了关系数据（库）的好处，但这些好处是有代价的。如果数据存储在多个表中，怎样用一条 SELECT 语句就检索数据呢？答案是使用连接。简单来说，连接是一种机制，用来在一条 SELECT 语句中关联表，因此称为连接。使用特殊的语法，可以连接多个表返回一组输出，连接在运行时关联表中正确的行。

14.1.3　新建一个表示制造商信息的表

在本小节中，我们将在 SQL Server 数据库和 MySQL 数据库中分别建立一个同名数据库表 Vendors，并添加相关数据，本章相关的示例都会以此为数据库表来进行操作。

1. SQL Server 数据库

打开 SQL Server 数据库，在数据库 shop 中新建数据库表 Vendors，用于保存商品制造商的信息。具体设计结构如图 14-1 所示。

列名	数据类型	允许 Null 值
id	bigint	☐
cname	nchar(10)	☑
phone	nchar(10)	☑
address	nchar(10)	☑
manage	nchar(10)	☑

图 14-1　表“Vendors”的设计结构

在表 Vendors 中，各个列的具体含义如表 14-1 所示。

然后在表 Vendors 中添加如图 14-2 所示的初始数据。

表 14-1　表“Vendors”中各个列的具体含义

列 名 称	含 义	列 名 称	含 义
id	表示制造商的编号，这是一个主键	address	表示制造商的办公地址
cname	表示制造商的名字	manage	表示制造商的负责人
phone	表示制造商的联系电话		

	id	cname	phone	address	manage
1	3	公司A	1234567	北京市西城区	老管
2	14	公司B	0531123	济南市历下区龙奥北路	老李
3	15	公司C	0532345	青岛市市南区	老张

图 14-2　表“Vendors”中的数据

修改原来的数据库表 goods，将列“company”的数据类型修改为 bigint，并将原来的制造商名称修改为编号的形式，编号值取自数据库表 Vendors 中的编号 id，如图 14-3 所示。

列名	数据类型	允许 Null 值
id	bigint	☐
name	char(10)	☑
price	float	☑
reserve	bigint	☑
sales	bigint	☑
company	bigint	☑
ship	nchar(10)	☑
time1	datetime	☑
time2	nchar(10)	☑
type	nchar(10)	☑

（a）表 goods 的结构

id	name	price	reserve	sales	company	ship	time1	time2	type
1	iPhone	45	155	290	3	AA01	2020-01-01 15:42:32.000	2020	数码
2	鼠标	45	34	23	14	BC03	2020-02-01 15:42:32.000	2020	数码
3	固态硬盘	456	2345	2999	15	AS43	2020-07-01 15:42:32.000	2021	数码
4	鲂鱼	56	100	200	3	DF21	2020-10-01 15:42:32.000	2020	生鲜
5	USB风扇	56	200	500	14	FD34	2020-01-14 15:42:32.000	1999	家用电器
6	32GU盘	56	12	700	15	23DE	2020-01-15 15:42:32.000	2020	数码
7	品商品7	77	20	600	3	DF11	2020-08-01 15:42:32.000	2020	未分类
8	品8商	99	45	50	14	GG00	2020-09-01 15:42:32.000	2019	未分类
9	商品9	87	67	45	15	TH12	2020-11-01 15:42:32.000	2018	未分类
10	商品10	55	60	67	3	23HD	2020-01-03 15:42:32.000	2017	未分类
11	商品11	60	20	NULL	14	12FB	2020-01-16 15:42:32.000	2009	NULL

（b）表 goods 中的数据

图 14-3　修改原来的数据库表 goods

2．MySQL 数据库

打开 MySQL 数据库，也在数据库 shop 中新建数据库表 Vendors，数据结构如图 14-4 所示。

#	名字	类型	排序规则	属性	空	默认	注释	额外	操作
1	id	int(10)			否	无		AUTO_INCREMENT	修改 删除 主键 唯一 索引 空间 全文搜索 更多
2	cname	varchar(20)	utf8_general_ci		是	NULL			修改 删除 主键 唯一 索引 空间 全文搜索 更多
3	phone	varchar(20)	utf8_general_ci		是	NULL			修改 删除 主键 唯一 索引 非重复值 (DISTINCT)
4	address	varchar(20)	utf8_general_ci		是	NULL			修改 删除 主键 唯一 索引 空间 全文搜索 更多
5	manage	varchar(20)	utf8_general_ci		是	NULL			修改 删除 主键 唯一 索引 空间 全文搜索 更多

图 14-4　表 Vendors 的设计结构

然后在表 Vendors 中添加如图 14-5 所示的初始数据。

修改原来的数据库表 goods，将列“company”的数据类型修改为 bigint，并将原来的制造商名称修改为编号的形式，编号值取自表 Vendors 中的编号 id，如图 14-6 所示。

id	cname	phone	address	manage
14	公司B	0531123	济南市历下区龙奥北路	老李
15	公司C	0532345	青岛市市南区	老张
3	公司A	1234567	北京市西城区	老管

图 14-5　表 Vendors 中的数据

id	bigint(19)		否	无
name	char(10)	utf8_general_ci	是	NULL
price	bigint(10)		是	NULL
reserve	bigint(10)		是	NULL
sales	bigint(10)		是	NULL
company	bigint(10)		是	NULL
ship	char(10)	utf8_general_ci	否	无
time1	datetime		否	无
type	varchar(20)	utf8_general_ci	否	无

（a）表 goods 的结构

id	name	price	reserve	sales	company	ship	time1	type
1	iPhone	45	155	290	3	AA01	2020-01-01 15:42:32	数码
2	鼠标	45	34	23	14	BC03	2020-02-01 15:42:32	数码
3	固态硬盘	456	2345	2999	15	AS43	2020-07-01 15:42:32	数码
4	鲈鱼	56	100	200	3	DF21	2020-10-01 15:42:32	生鲜
5	USB风扇	56	200	500	14	FD34	2020-01-14 15:42:32	家用电器
6	32GU盘	56	12	700	15	23DE	2020-01-15 15:42:32	数码
7	品商品7	77	20	600	3	DF11	2020-08-01 15:42:32	未分类
8	品8商	99	45	50	14	GG00	2020-09-01 14:42:32	未分类
9	商品9	87	67	45	15	TH12	2020-11-01 15:42:32	未分类
10	商品10	55	60	67	3	23HD	2020-01-03 15:42:32	未分类
11	商品11	60	20	NULL	15	12FB	2020-01-16 15:42:32	

（b）表 goods 中的数据

图 14-6　修改原来的数据库表 goods

14.2　内连接

在使用连接时，通常将连接分为三类，分别是内连接、外连接和自连接。其中，内连接是最早的一种连接，内连接是从结果表中删除与其他被连接表中没有匹配行的所有行，所以内连接可能会丢失信息。通常将内连接分为 3 种：等值连接、不等值连接和自然连接。下面将详细讲解内连接的相关知识和使用方法。

14.2.1　等值连接

在连接条件中使用“=”运算符比较被连接列的列值，其查询结果中列出被连接表中的所有列，包括其中的重复列。创建连接非常简单，指定要连接的所有表以及关联它们的方式即可。我们来看一个具体的示例。

【示例 14-1】查询每个商品制造商的办公地址。

SQL 语句如下：

```
SELECT name, cname, address
FROM Vendors, goods
WHERE Vendors.id = goods.company;
```

对上述 SQL 语句的具体分析如下：

（1）SELECT 语句与前面所有语句一样指定要检索的列。这里最大的差别是所指定的一列（name）在一个表中，而另外两列（cname 和 address）在另一个表中；

（2）再来看 FROM 子句，这与以前的 SELECT 语句不一样，这条语句的 FROM 子句列出两个表：Vendors 和 goods。它们就是这条 SELECT 语句连接的两个表的名字。这两个表用 WHERE 子句连接，WHERE 子句设置数据库将表 Vendors 中的 id 与表 goods 中的 company 匹配，使用 WHERE 子句把要匹配的两列指定为 Vendors.id 和 goods.company。此处需要使用这种完全限定列名的形式，因为这样将更加精确。

执行结果如图 14-7 所示，由此可见，通过使用一条 SELECT 语句，返回两个不同表中的数据。

	name	cname	address
1	iPhone	公司A	北京市西城区
2	鼠标	公司B	济南市历下区龙奥北路
3	固态硬盘	公司C	青岛市市南区
4	鲈鱼	公司A	北京市西城区
5	USB风扇	公司B	济南市历下区龙奥北路
6	32GU盘	公司C	青岛市市南区
7	品商品7	公司A	北京市西城区
8	品8商	公司B	济南市历下区龙奥北路
9	商品9	公司C	青岛市市南区
10	商品10	公司A	北京市西城区
11	商品11	公司B	济南市历下区龙奥北路

（a）SQL Server 数据库

name	cname	address
iPhone	公司A	北京市西城区
鼠标	公司B	济南市历下区龙奥北路
固态硬盘	公司C	青岛市市南区
鲈鱼	公司A	北京市西城区
USB风扇	公司B	济南市历下区龙奥北路
32GU盘	公司C	青岛市市南区
品商品7	公司A	北京市西城区
品8商	公司B	济南市历下区龙奥北路
商品9	公司C	青岛市市南区
商品10	公司A	北京市西城区
商品11	公司C	青岛市市南区

（b）MySQL 数据库

图 14-7　执行结果

在使用等值连接时还可以使用其另一种形式，使用 INNER JOIN 明确指定要连接的类型。如果表中有至少一个匹配，则返回行。使用 INNER JOIN 实现等值连接的语法格式如下：

```
SELECT column_name(s)
FROM table_name1
INNER JOIN table_name2
ON
 table_name1.column_name=table_name2.column_name
```

相关参数说明如下：

- column_name(s)：表示要查询的列；
- table_name1：数据库表的名字；
- table_name2：另一个数据库表的名字；
- ON：设置等值表达式，而不是 WHERE。

上述 SQL 语句的功能是，使用 INNER JOIN 将数据库表 table_name1 和 table_name2 建立等值连接。下面的示例和示例 14-1 的功能完全相同。

【示例 14-2】 查询每个商品制造商的办公地址（INNER JOIN 方案）。

SQL 语句如下：

```
SELECT name, cname, address
FROM
 Vendors
```

```
  INNER JOIN goods
 ON Vendors.id = goods.company;
```

执行结果如图 14-8 所示，和示例 14-1 的执行结果相同。

	name	cname	address
1	iPhone	公司A	北京市西城区
2	鼠标	公司B	济南市历下区龙奥北路
3	固态硬盘	公司C	青岛市市南区
4	鲈鱼	公司A	北京市西城区
5	USB风扇	公司B	济南市历下区龙奥北路
6	32GU盘	公司C	青岛市市南区
7	品商品7	公司A	北京市西城区
8	品8商	公司B	济南市历下区龙奥北路
9	商品9	公司C	青岛市市南区
10	商品10	公司A	北京市西城区
11	商品11	公司B	济南市历下区龙奥北路

（a）SQL Server 数据库

name	cname	address
iPhone	公司A	北京市西城区
鼠标	公司B	济南市历下区龙奥北路
固态硬盘	公司C	青岛市市南区
鲈鱼	公司A	北京市西城区
USB风扇	公司B	济南市历下区龙奥北路
32GU盘	公司C	青岛市市南区
品商品7	公司A	北京市西城区
品8商	公司B	济南市历下区龙奥北路
商品9	公司C	青岛市市南区
商品10	公司A	北京市西城区
商品11	公司C	青岛市市南区

（b）MySQL 数据库

图 14-8 执行结果

可以在 ON 子句之后指定两张表连接所使用的列（连接键），本例中使用的是制造商的编号（Vendors.id）。也就是说，ON 子句是专门用来指定连接条件的，它能起到与 WHERE 子句相同的作用。需要指定多个键时，同样可以使用 AND、OR。在进行内连接时，ON 子句是必不可少的（如果没有 ON 子句会发生错误），并且 ON 子句必须书写在 FROM 子句和 WHERE 子句之间。

知识补充：笛尔儿积连接

笛卡儿积连接也被称为关联连接或交叉连接，在现实中使用笛卡儿积连接的次数屈指可数，那为什么还要在这里进行介绍呢？因为交叉连接是所有连接运算的基础。笛卡儿积连接本身非常简单，但是其结果有点麻烦。

假设将两个表 A 和 B 做成笛卡儿积，就相当于将表 A 中的每一行信息和表 B 中的所有信息进行映射形成新的表，其他操作就是在此新表基础上进行查询操作。

关于示例 14-1 的需求，我们看一下笛卡儿积连接的方案，SQL 语句如下：

```
SELECT name, cname, address
FROM Vendors, goods;
```

和示例 14-1 相比，本示例只是少了 WHERE 子句部分。执行结果如图 14-8 所示。

在示例 14-1 中，大家可能觉得使用 WHERE 子句建立连接关系似乎有点奇怪，但实际上是有个很充分的理由的。要记住，在一条 SELECT 语句中连接几个表时，相应的关系是在运行中构造的。在数据库表的定义中没有指明 DBMS 如何对表进行连接的内容，你必须自己做这件事情。在连接两个表时，实际要做的是将第 1 个表中的每一行与第 2 个表中的每一行配对。WHERE 子句作为过滤条件，只包含那些匹配给定条件（这里是连接条件）的行。没有 WHERE 子句，第 1 个表中的每一行将与第 2 个表中的每一行配对，而不管它们逻辑上是否能匹配在一起。

	name	cname	address
1	iPhone	公司A	北京市西城区
2	鼠标	公司A	北京市西城区
3	固态硬盘	公司A	北京市西城区
4	鲈鱼	公司A	北京市西城区
5	USB风扇	公司A	北京市西城区
6	32GU盘	公司A	北京市西城区
7	品商品7	公司A	北京市西城区
8	品8商	公司A	北京市西城区
9	商品9	公司A	北京市西城区
10	商品10	公司A	北京市西城区
11	商品11	公司A	北京市西城区
12	iPhone	公司B	济南市历下区龙奥北路
13	鼠标	公司B	济南市历下区龙奥北路
14	固态硬盘	公司B	济南市历下区龙奥北路
15	鲈鱼	公司B	济南市历下区龙奥北路
16	USB风扇	公司B	济南市历下区龙奥北路
17	32GU盘	公司B	济南市历下区龙奥北路
18	品商品7	公司B	济南市历下区龙奥北路
19	品8商	公司B	济南市历下区龙奥北路
20	商品9	公司B	济南市历下区龙奥北路
21	商品10	公司B	济南市历下区龙奥北路
22	商品11	公司B	济南市历下区龙奥北路
23	iPhone	公司C	青岛市市南区

（a）SQL Server 数据库

name	cname	address
iPhone	公司A	北京市西城区
iPhone	公司B	济南市历下区龙奥北路
iPhone	公司C	青岛市市南区
鼠标	公司A	北京市西城区
鼠标	公司B	济南市历下区龙奥北路
鼠标	公司C	青岛市市南区
固态硬盘	公司A	北京市西城区
固态硬盘	公司B	济南市历下区龙奥北路
固态硬盘	公司C	青岛市市南区
鲈鱼	公司A	北京市西城区
鲈鱼	公司B	济南市历下区龙奥北路
鲈鱼	公司C	青岛市市南区
USB风扇	公司A	北京市西城区
USB风扇	公司B	济南市历下区龙奥北路
USB风扇	公司C	青岛市市南区
32GU盘	公司A	北京市西城区
32GU盘	公司B	济南市历下区龙奥北路
32GU盘	公司C	青岛市市南区
品商品7	公司A	北京市西城区
品商品7	公司B	济南市历下区龙奥北路
品商品7	公司C	青岛市市南区
品8商	公司A	北京市西城区
品8商	公司B	济南市历下区龙奥北路
品8商	公司C	青岛市市南区
商品9	公司A	北京市西城区

（b）MySQL 数据库

图 14-9　执行结果

通过图 14-9 可以看到，相应的笛卡儿积不是我们想要的。这里返回的数据用每个供应商匹配每个产品，包括供应商不正确的产品（即使供应商根本就没有产品）。

14.2.2　不等值连接

不等值连接是指在 SQL 语句中使用除等号外的其他比较运算符的连接。这一点相对容易理解，我们来看一个具体的示例。

【示例 14-3】查询数据库表中售价高于 70 的商品信息和制造商的办公地点。

SQL 语句如下：

```
SELECT name, cname, price,address
FROM Vendors, goods
WHERE Vendors.id = goods.company AND price>70;
```

上述代码中，用到了比较运算符“＞”；执行结果如图 14-10 所示。

	name	cname	price	address
1	固态硬盘	公司C	456	青岛市市南区
2	品商品7	公司A	77	北京市西城区
3	品8商	公司B	99	济南市历下区龙奥北路
4	商品9	公司C	87	青岛市市南区

（a）SQL Server 数据库

name	cname	price	address
固态硬盘	公司C	456	青岛市市南区
品商品7	公司A	77	北京市西城区
品8商	公司B	99	济南市历下区龙奥北路
商品9	公司C	87	青岛市市南区

（b）MySQL 数据库

图 14-10　执行结果

14.2.3 自然连接

自然连接是基于两个表中同名的一个或多个列而进行连接的，当没有同名的列时，自然连接将失去意义。因为在数据库表 goods 和 Vendors 中各自拥有一个名称为 id 的列，那么我们可以通过自然连接实现下面的示例。

【示例 14-4】查询数据库表中商品编号和制造商编号相同的商品信息和制造商信息。

SQL 语句如下：

```
SELECT name, cname, address
FROM Vendors, goods
WHERE Vendors.id = goods.id;
```

通过上述 SQL 语句，可以检索商品编号和制造商编号相同的商品的名字和制造商的名字以及办公地点信息。执行结果如图 14-11 所示。

	name	cname	address
1	固态硬盘	公司A	北京市西城区

（a）SQL Server 数据库

name	cname	address
固态硬盘	公司A	北京市西城区

（b）MySQL 数据库

图 14-11　执行结果

14.2.4 使用聚合函数

在使用连接操作多个数据库表时，同样可以使用聚合函数来统计多个表中的数据。我们来看下面的示例。

【示例 14-5】统计数据库表中每家制造商的名字和对应的商品数量。

SQL 语句如下：

```
SELECT
 Vendors.id AS '编号',
 cname AS '制造商',
 COUNT(goods.company) AS '产品数量'
FROM Vendors INNER JOIN goods ON Vendors.id = goods.company GROUP BY
Vendors.id,cname;
```

上述代码中，我们用到了聚合函数 COUNT()；执行结果如图 14-12 所示。

	编号	制造商	产品数量
1	3	公司A	4
2	14	公司B	4
3	15	公司C	3

（a）SQL Server 数据库

编号	制造商	产品数量
3	公司A	4
14	公司B	3
15	公司C	4

（b）MySQL 数据库

图 14-12　执行结果

14.3　外连接

内连接可以返回所有满足条件的信息，而外连接可以显示所有的信息，包括那些不符合连接条件的信息。可以将外连接分为 3 种：左外连接、右外连接和全外连接；在本节中，将详细讲解外连接的知识和使用方法。

14.3.1　左外连接

在 SQL 语句中，通常使用 LEFT OUTER 子句实现左外连接，左外连接的结果集包括 LEFT OUTER 子句中指定的左表的所有行，而不仅仅是连接列所匹配的行。如果左表的某行在右表中没有匹配行，则相关联的结果集行中右表的所有选择列均为空值。

使用 LEFT OUTER 子句实现左外连接的语法格式如下：

```
SELECT column_name(s)
FROM table_name1 LEFT OUTER table_name2
ON table_name1.column_name=table_name2.column_name
```

上述 SQL 语句的功能是，保留第 1 个表所有的行，只保留第 2 个表与第 1 个表匹配的行，第 2 个表的相应空行被设置为 NULL。

现在向商品表 goods 中添加一个商品，设置列“company”值是 11，如图 14-13 所示。11 不属于表 Vendors 中任何一个制造商的编号，如图 14-14 所示。

id	name	price	reserve	sales	company	ship	time1	time2	type
1	iPhone	45	155	290	3	AA01	2020-01-01 15:42:32.000	2020	数码
2	鼠标	45	34	23	14	BC03	2020-02-01 15:42:32.000	2020	数码
3	固态硬盘	456	2345	2999	15	AS43	2020-07-01 15:42:32.000	2021	数码
4	鲈鱼	56	100	200	3	DF21	2020-10-01 15:42:32.000	2020	生鲜
5	USB风扇	56	200	500	14	FD34	2020-01-14 15:42:32.000	1999	家用电器
6	32GU盘	56	12	700	15	23DE	2020-01-15 15:42:32.000	2020	数码
7	品商品7	77	20	600	3	DF11	2020-08-01 15:42:32.000	2020	未分类
8	品8商	99	45	50	14	GG00	2020-09-01 15:42:32.000	2019	未分类
9	商品9	87	67	45	15	TH12	2020-11-01 15:42:32.000	2018	未分类
10	商品10	55	60	67	3	23HD	2020-01-03 15:42:32.000	2017	未分类
11	商品11	60	20	NULL	14	12FB	2020-01-16 15:42:32.000	2009	NULL
12	华为手机	5888	20	21	11	12DF	2020-01-16 15:42:32.000	2019	NULL

图 14-13　添加一个“company”值是 11 的商品

id	cname	phone	address	manage
3	公司A	1234567	北京市西城区	老管
14	公司B	0531123	济南市历下区龙奥北路	老李
15	公司C	0532345	青岛市市南区	老张

图 14-14　在表 Vendors 没有 id 是 11 的制造商

接下来，我们使用左外连接查询数据库中每个商品对应的制造商的名字，看看会是什么样的结果。

【示例 14-6】查询数据库表中每个商品对应的制造商名字。

SQL 语句如下：

```
SELECT
 goods.id AS '商品编号',
 name AS '商品名字',
 cname AS '类别'
FROM goods LEFT JOIN Vendors ON goods.company = Vendors.id ORDER BY goods.id;
```

上述代码执行结果如图 14-15 所示，因为 id 是 11 的制造商在表 Vendors 中没有匹配行，所以显示为 NULL。

商品编号	商品名字	类别
1	iPhone	公司A
2	鼠标	公司B
3	固态硬盘	公司C
4	鲈鱼	公司A
5	USB风扇	公司B
6	32GU盘	公司C
7	品商品7	公司A
8	品8商	公司B
9	商品9	公司C
10	商品10	公司A
11	商品11	公司B
12	华为手机	NULL

（a）SQL Server 数据库

商品编号	商品名字	类别
1	iPhone	公司A
2	鼠标	公司B
3	固态硬盘	公司C
4	鲈鱼	公司A
5	USB风扇	公司B
6	32GU盘	公司C
7	品商品7	公司A
8	品8商	公司B
9	商品9	公司C
10	商品10	公司A
11	商品11	公司C
12	华为手机	NULL

（b）MySQL 数据库

图 14-15　执行结果

14.3.2　右外连接

右外连接是左外连接的反向连接，将返回右表的所有行。如果右表的某行在左表中没有匹配行，则将为左表返回空值，在 SQL 语句中，使用 RIGHT JOIN 子句实现右外连接。

使用 RIGHT JOIN 子句实现右外连接的语法格式如下：

```
SELECT column_name(s)
FROM table_name1 RIGHT JOIN  table_name2
ON table_name1.column_name=table_name2.column_name
```

上述 SQL 语句的功能是，保留第 2 个表所有的行，只保留第 1 个表与第 2 个表匹配的行，第 1 个表的相应空行被设置为 NULL。

【示例 14-7】查询数据库表中每个商品对应的制造商名字。

SQL 语句如下：

```
SELECT
 goods.id AS '商品编号',
 name AS '商品名字',
 cname AS '类别'
```

```
FROM goods RIGHT JOIN  Vendors ON goods.company = Vendors.id ORDER BY goods.id;
```

执行结果如图 14-16 所示，因为是右外连接，所以并没有显示列“company”值是 11 的商品信息。

商品编号	商品名字	类别
1	iPhone	公司A
2	鼠标	公司B
3	固态硬盘	公司C
4	鲈鱼	公司A
5	USB风扇	公司B
6	32GU盘	公司C
7	品商品7	公司A
8	品8商	公司B
9	商品9	公司C
10	商品10	公司A
11	商品11	公司B

（a）SQL Server 数据库

商品编号	商品名字	类别
1	iPhone	公司A
2	鼠标	公司B
3	固态硬盘	公司C
4	鲈鱼	公司A
5	USB风扇	公司B
6	32GU盘	公司C
7	品商品7	公司A
8	品8商	公司B
9	商品9	公司C
10	商品10	公司A
11	商品11	公司C

（b）MySQL 数据库

图 14-16　执行结果

14.3.3　全外连接

全外连接的功能是返回两个表的所有行；也就是说，不但返回内连接数据，而且还会返回两个表中不符合条件的数据，在 SQL 语句中，使用 FULL JOIN 子句实现全外连接。

使用 FULL JOIN 子句实现全外连接的语法格式如下：

```
SELECT column_name(s)
FROM table_name1 FULL JOIN table_name2
ON table_name1.column_name=table_name2.column_name
```

上述 SQL 语句的功能是，保留两个数据库表所有的行，相应空行被设置为 NULL。

【示例 14-8】查询数据库表中每个商品对应的制造商名字。

SQL 语句如下：

```
SELECT
 goods.id AS '商品编号',
 name AS '商品名字',
 cname AS '类别'
FROM goods FULL JOIN  Vendors ON goods.company = Vendors.id ORDER BY goods.id;
```

在 SQL Server 数据库或 Oracle 数据库中的执行结果如图 14-17 所示，因为是全外连接，所以显示列“company”值是 11 的商品信息。

注意：虽然 MySQL、Access 和 SQLite 等数据库不支持全外连接，但是可以通过左外连接和右外连接求合集来获取全外连接的查询结果。

商品编号	商品名字	类别
1	iPhone	公司A
2	鼠标	公司B
3	固态硬盘	公司C
4	鲈鱼	公司A
5	USB风扇	公司B
6	32GU盘	公司C
7	品商品7	公司A
8	品8商	公司B
9	商品9	公司C
10	商品10	公司A
11	商品11	公司B
12	华为手机	NULL

图 14-17　执行结果

14.4　自连接

自连接是 SQL 语句中经常用的连接方式，使用自连接可以将自身表的一个镜像当作另一个表来对待，从而能够得到一些特殊的数据。为了方便理解，可以将一个数据库表想象成两个数据库表。在做数据处理时，通常分别给它们重命名来加以区分。

假设想检索数据库表 Vendors 中所有制造商的名字，要求用两列来展示所有制造商的名字，可以考虑用如下的自连接 SQL 语句实现。

```
SELECT
 goods.id AS '商品编号',
 name AS '商品名字',
 cname AS '类别'
FROM goods RIGHT JOIN  Vendors ON goods.company = Vendors.id ORDER BY
goods.id;
```

执行结果如图 14-18 所示。

	Sname1	Sname2
1	公司A	公司A
2	公司A	公司B
3	公司A	公司C
4	公司B	公司A
5	公司B	公司B
6	公司B	公司C
7	公司C	公司A
8	公司C	公司B
9	公司C	公司C

（a）SQL Server 数据库

Sname1	Sname2
公司A	公司A
公司A	公司B
公司A	公司C
公司B	公司A
公司B	公司B
公司B	公司C
公司C	公司A
公司C	公司B
公司C	公司C

（b）MySQL 数据库

图 14-18　执行结果

可以看到，上述 SQL 语句的执行结果出现了笛卡儿积结果集。为了解决结果集的问题，加入 WHERE 子句进行过滤，请看下面的示例。

【示例 14-9】返回两列所有制造商的名字（过滤后）。

SQL 语句如下：

```
SELECT
s1.cname AS Sname1,
s2.cname AS Sname2
FROM Vendors s2,Vendors s1
WHERE s1.cname=s2.cname;
```

执行结果如图 14-19 所示。

	Sname1	Sname2
1	公司A	公司A
2	公司B	公司B
3	公司C	公司C

（a）SQL Server 数据库

Sname1	Sname2
公司A	公司A
公司B	公司B
公司C	公司C

（b）MySQL 数据库

图 14-19　执行结果

这样就体现了自连接的精髓，“公司 A”和自己“公司 A”进行关联，“公司 B”和自己“公司 B”进行关联，“公司 C”和自己“公司 C”进行关联，这就是自连接的目的。但是在日常工作中，有时候使用自连接的目的并不是自己和自己关联，更多的时候是和表里的其他数据进行组合，我们来看下面的 SQL 语句。

```
SELECT
s1.cname AS Sname1,
s2.cname AS Sname2
FROM Vendors s2,Vendors s1
WHERE s1.cname<>s2.cname;
```

执行结果如图 14-20 所示。

	Sname1	Sname2
1	公司A	公司B
2	公司A	公司C
3	公司B	公司A
4	公司B	公司C
5	公司C	公司A
6	公司C	公司B

（a）SQL Server 数据库

Sname1	Sname2
公司A	公司B
公司A	公司C
公司B	公司A
公司B	公司C
公司C	公司A
公司C	公司B

（b）MySQL 数据库

图 14-20　执行结果

通过图 14-20 中的执行效果可以发现，在返回结果中有重复的数据，接下来可以通过如下 SQL 语句进行去重处理。

```
SELECT
s1.cname AS Sname1,
s2.cname AS Sname2
```

```
FROM Vendors s2,Vendors s1
WHERE s1.cname>s2.cname;
```

相较于前面的 SQL 语句，将"＜＞"换成"＞"，实现了去重处理。执行结果如图 14-21 所示。

	Sname1	Sname2
1	公司B	公司A
2	公司C	公司A
3	公司C	公司B

（a）SQL Server 数据库

Sname1	Sname2
公司B	公司A
公司C	公司A
公司C	公司B

（b）MySQL 数据库

图 14-21　执行结果

14.5　使用表别名

在使用 SQL 语句的过程中，除了可以为列的名字设置别名外，还可以为数据库表的名字设置别名；特别是当数据库中表名特别长或者不利于理解时，另命名一个容易理解的别名会非常有用。我们来看一个具体的示例。

【示例 14-10】在查询每个商品制造商的办公地址时使用数据库表别名。

SQL 语句如下：

```
SELECT name, cname, address
FROM Vendors AS V, goods AS G
WHERE V.id = G.company;
```

在上述 SQL 语句中，为数据库表 Vendors 设置别名"V"，为数据库表 goods 设置别名"G"。执行结果如图 14-22 所示，由此可见，使用一条 SELECT 语句，可以返回两个不同表中的数据。

	name	cname	address
1	iPhone	公司A	北京市西城区
2	鼠标	公司B	济南市历下区龙奥北路
3	固态硬盘	公司C	青岛市市南区
4	鲈鱼	公司A	北京市西城区
5	USB风扇	公司B	济南市历下区龙奥北路
6	32GU盘	公司C	青岛市市南区
7	品商品7	公司A	北京市西城区
8	品8商	公司B	济南市历下区龙奥北路
9	商品9	公司C	青岛市市南区
10	商品10	公司A	北京市西城区
11	商品11	公司B	济南市历下区龙奥北路

（a）SQL Server 数据库

name	cname	address
iPhone	公司A	北京市西城区
鼠标	公司B	济南市历下区龙奥北路
固态硬盘	公司C	青岛市市南区
鲈鱼	公司A	北京市西城区
USB风扇	公司B	济南市历下区龙奥北路
32GU盘	公司C	青岛市市南区
品商品7	公司A	北京市西城区
品8商	公司B	济南市历下区龙奥北路
商品9	公司C	青岛市市南区
商品10	公司A	北京市西城区
商品11	公司C	青岛市市南区

（b）MySQL 数据库

图 14-22　执行结果

注意：Oracle 数据库不支持 AS 关键字，不能使用 AS 设置别名。要想在 Oracle 数据库中设置别名，只需简单地指定列名即可。

在 SQL 语句中，表别名不只用于 WHERE 子句；它还可以用于 SELECT 的列表、ORDER BY 子句以及其他语句部分。

第 15 章　组 合 查 询

大多数的 SQL 查询只包含从一个或多个数据库表中返回数据的单条 SELECT 语句；其实，SQL 也允许执行多个查询（也就是多条 SELECT 语句），并将结果作为一个查询结果集返回。这样的查询方式通常称为联合（UNION）或组合查询（compound query）。在本章中，将详细讲解使用操作符 UNION 实现组合查询的知识和具体使用方法。

15.1　操作符 UNION

在 SQL 语句中，操作符 UNION 用于合并两个或多个 SELECT 语句的结果集。在使用时需要注意，UNION 内部的每个 SELECT 语句必须拥有相同数量的列，列也必须拥有相似的数据类型。同时，每个 SELECT 语句中列的顺序必须相同。

15.1.1　使用 UNION 的基本语法

在 SQL 语句中，使用操作符 UNION 的语法格式如下：

```
SELECT column_name(s) FROM table1
UNION
SELECT column_name(s) FROM table2;
```

相应参数说明如下：

- column_name(s)：表示要查询的列；
- table1：数据库表的名字；
- table2：另一个数据库表的名字。

上述 SQL 语句的功能是，使用操作符 UNION 将两个 SELECT 查询语句的结果集合并返回结果。我们来看一下具体的示例。

【示例 15-1】查询数据库表 goods 中商品名称和类别的信息。

SQL 语句如下：

```
SELECT name FROM goods
UNION
SELECT type FROM goods;
```

执行结果如图 15-1 所示。

	name
1	NULL
2	32GU盘
3	iPhone
4	USB风扇
5	固态硬盘
6	华为手机
7	家用电器
8	鲈鱼
9	品8商
10	品商品7
11	商品10
12	商品11
13	商品9
14	生鲜
15	鼠标
16	数码
17	未分类

（a）SQL Server 数据库

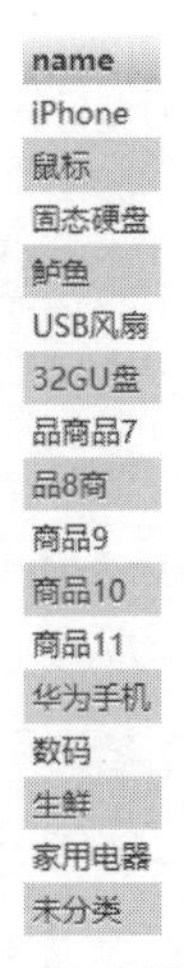

name
iPhone
鼠标
固态硬盘
鲈鱼
USB风扇
32GU盘
品商品7
品8商
商品9
商品10
商品11
华为手机
数码
生鲜
家用电器
未分类

（b）MySQL 数据库

图 15-1　执行结果

需要注意的是，在 SQL Server 数据库中使用操作符 UNION 时，两个选择语句 SELECT 所查询的列的数据类型必须相同，否则将会出错。例如在下面的 SQL 语句中，试图使用 UNION 联合字符串类型和数字类型的数据。

```
SELECT name FROM goods
UNION
SELECT price FROM goods;
```

执行结果如图 15-2 所示。可以看到在 SQL Server 数据库中出现了错误消息

结果　消息
消息 8114，级别 16，状态 5，第 1 行
从数据类型 varchar 转换为 float 时出错。

（a）SQL Server 数据库

name
iPhone
鼠标
固态硬盘
鲈鱼
USB风扇
32GU盘
品商品7
品8商
商品9
商品10
商品11
华为手机
45
456
56
77
99
87
55
60
5888

（b）MySQL 数据库

图 15-2　执行结果

15.1.2　使用 UNION 组合操作两个数据库表

在 SQL 语句中，可以使用操作符 UNION 组合操作两个不同的数据库表。下面示例的功能是分别查询两个数据库表中不同列的数据。

【示例 15-2】查询数据库表中的商品名称和制造商信息。

SQL 语句如下：

```
SELECT name FROM goods
UNION
SELECT type FROM company;
```

执行结果如图 15-3 所示。

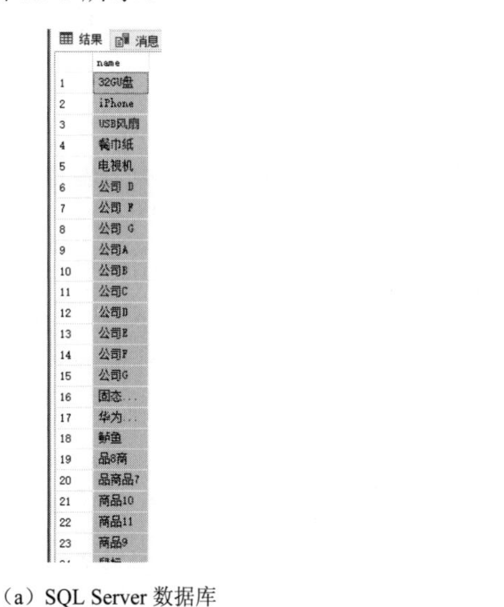

（a）SQL Server 数据库　　　　（b）MySQL 数据库

图 15-3　执行结果

15.1.3　两个查询语句中列的数目必须相同

在 SQL 语句中使用操作符 UNION 时，必须确保两个查询语句中列的数目相同，否则就会出错。例如下面的 SQL 语句，它的功能是分别查询两个数据库表中 3 个不同列的数据。

```
SELECT
 name,
FROM goods
UNION
SELECT
 cname,
 address
```

```
FROM Vendors;
```

在上述 SQL 语句中，第 1 个 SELECT 语句查询数据库表 goods 中一个列（name）的数据信息。在第 2 个 SELECT 语句中，查询数据库表 Vendors 中两个列（cname 和 address）的数据信息。由于列的数目不相同，执行后会出错，如图 15-4 所示。

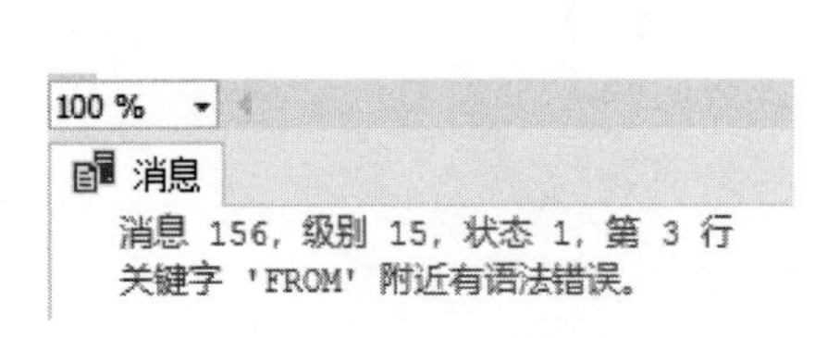

（a）SQL Server 数据库

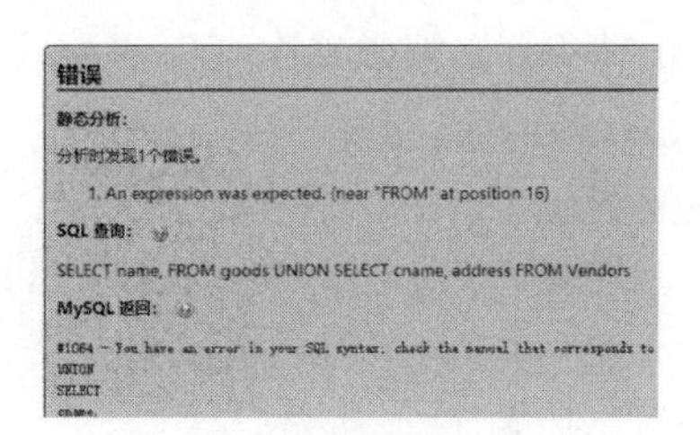

（b）MySQL 数据库

图 15-4　执行结果

要想解决上述的错误，只需设置两个查询语句检索相同数量的列即可。我们再来看下面的 SQL 语句，它的功能是分别查询两个数据库表中 4 个不同列的数据。

```
SELECT
 name,
 type
FROM goods
UNION
SELECT
 cname,
 address
FROM Vendors;
```

在上述 SQL 语句中，第 1 个 SELECT 语句查询数据库表 goods 中两个列（name 和 type）的数据信息。在第 2 个 SELECT 语句中，查询数据库表 Vendors 中两个列（cname 和 address）的数据信息。列的数量是相同的，因此不会报错，执行结果如图 15-5 所示。

	name	type
1	32GU盘	数码
2	iPhone	数码
3	USB风扇	家用电器
4	公司A	北京市西城区
5	公司B	济南市历下区龙奥北路
6	公司C	青岛市市南区
7	固态硬盘	数码
8	华为手机	NULL
9	鲈鱼	生鲜
10	品8商	未分类
11	品商品7	未分类
12	商品10	未分类
13	商品11	NULL
14	商品9	未分类
15	鼠标	数码

（a）SQL Server 数据库

name	type
iPhone	数码
鼠标	数码
固态硬盘	数码
鲈鱼	生鲜
USB风扇	家用电器
32GU盘	数码
品商品7	未分类
品8商	未分类
商品9	未分类
商品10	未分类
商品11	
华为手机	
公司A	北京市西城区
公司B	济南市历下区龙奥北路
公司C	青岛市市南区

（b）MySQL 数据库

图 15-5　执行结果

15.1.4 使用 WHERE 子句限制查询结果

在 SQL 语句中使用操作符 UNION 时，可以使用 WHERE 子句过滤查询结果。下面示例的功能是在查询两个数据库表中两列数据时，使用 WHERE 子句分别限制商品价格和商品分类范围。

【示例 15-3】查询数据库表 Vendors 中制造商为“公司 D”以及数据库表 goods 中商品类型是“生鲜”或“未分类”的数据信息。

SQL 语句如下：

```
SELECT cname FROM Vendors WHERE cname='公司 D'
UNION
SELECT type FROM goods WHERE type IN('生鲜','未分类');
```

在上面代码的第 1 个 SELECT 语句中，使用 WHERE 子句设置只查询数据库表 Vendors 中名字是“公司 D”的数据信息。在第 2 个 SELECT 语句中，使用 WHERE 子句设置只查询表 goods 中商品类型是“生鲜”或“未分类”的数据信息。

执行结果如图 15-6 所示。

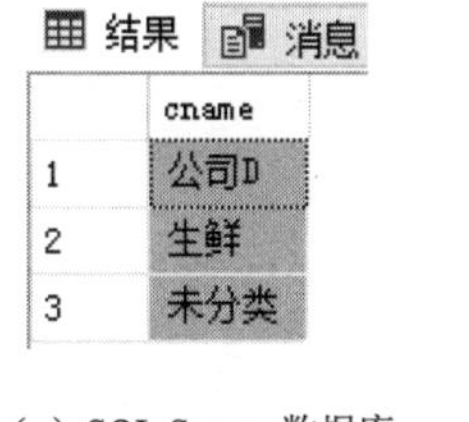

（a）SQL Server 数据库

（b） MySQL 数据库

图 15-6 执行效果

15.1.5 使用 ORDER BY 子句进行排序

在使用 UNION 进行组合查询时，只能使用一条 ORDER BY 子句，并且必须位于最后一条 SELECT 语句之后。对于查询结果来说，不会存在用一种方式排序一部分，而又用另一种方式排序另一部分的情况，因此不允许使用多条 ORDER BY 子句。我们通过下面的示例具体了解一下。

【示例 15-4】使用操作符 UNION 查询数据库表 Vendors 中制造商为“公司 D”以及数据库表 goods 中商品类型是“生鲜”或“未分类”的数据信息，并将结果降序排列。

SQL 语句如下：

```
SELECT cname FROM Vendors WHERE cname='公司 D'
UNION
SELECT type FROM goods WHERE type IN('生鲜','未分类') ORDER BY cname DESC;
```

在上述 SQL 语句的第 2 个 SELECT 语句中，使用 WHERE 子句设置只查询数据库表

goods 中商品类型是“生鲜”或“未分类”的数据信息，并且按照列“cname”的值降序排列两个表的查询结果。

执行后会显示如图 15-7 所示的结果；可以看到，在 SQL Server 数据库中实现了预期的降序排序效果，而在 MySQL 数据库中没有实现预期的降序排序效果。

（a）SQL Server 数据库

（b）MySQL 数据库

图 15-7　执行结果

15.2　操作符 UNION ALL

在 SQL 语句中，除了可以使用操作符 UNION 实现组合查询功能外，还可以使用操作符 UNION ALL 实现组合查询功能。二者的区别在于：

- UNION：对两个结果集进行并集操作，不包括重复行，同时进行默认规则的排序；
- UNION ALL：对两个结果集进行并集操作，包括重复行，不进行排序；在使用 UNION ALL 时，每个 SELECT 语句必须拥有相同数量的列，并且所有的列也必须拥有相似的数据类型。

15.2.1　UNION ALL 的基本语法

在 SQL 语句中，操作符 UNION ALL 的语法格式如下：

```
SELECT column_name(s) FROM table1
UNION ALL
SELECT column_name(s) FROM table2;
```

上述 SQL 语句的功能是，使用 UNION ALL 将两个 SELECT 查询语句的结果集合并，并返回结果。

操作符 UNION 和 UNION ALL 都是将两个结果集合并为一个，但这两者从使用和效率上来说有所不同，两者的主要区别如下：

（1）对重复结果的处理：UNION 在进行表连接后会筛选重复的记录，UNION ALL 不会去除重复记录；

（2）对排序的处理：UNION 将按照字段的顺序进行排序，UNION ALL 只是简单地将两个结果合并后就返回；

（3）从处理效率上看，UNION ALL 要比 UNION 快很多。所以，如果可以确认合并的两个结果集中不包含重复数据且不需要排序时，那么就使用 UNION ALL。

请看下面的示例，功能是组合查询两个列中的数据，并返回查询结果。

【示例 15-5】使用操作符 UNION ALL 查询数据库表 goods 中商品名称和商品类别的信息。

SQL 语句如下：

```
SELECT name FROM goods
UNION ALL
SELECT type FROM goods;
```

执行结果如图 15-8（a）所示，在查询结果中显示 22 条数据。如果将上述 SQL 语句中的 UNION ALL 修改为 UNION，执行结果如图 15-8（b）所示，只有 16 条数据。之所以 UNION 查询结果比 UNION ALL 结果少了 6 条，是因为 UNION 将 6 条重复的数据过滤了。

name
iPhone
鼠标
固态硬盘
鲈鱼
USB风扇
32GU盘
品商品7
品8商
商品9
商品10
商品11
华为手机
数码
数码
数码
生鲜
家用电器
数码
未分类
未分类
未分类
未分类

（a）使用 UNION ALL

name
iPhone
鼠标
固态硬盘
鲈鱼
USB风扇
32GU盘
品商品7
品8商
商品9
商品10
商品11
华为手机
数码
生鲜
家用电器
未分类

（b）使用 UNION

图 15-8 执行结果

15.2.2 UNION ALL 的其他用法

我们在使用 UNION ALL 时也可以通过添加 WHERE 子句和 ORDER BY 子句实现我们需要的查询结果。请看下面的示例，功能是使用 UNION ALL 组合查询数据库表中的两列数据，并使用 ORDER BY 子句排序查询结果。

【示例 15-6】在查询两个数据库表中的数据时使用 ORDER BY 子句进行排序。

SQL 语句如下：

```
SELECT name FROM goods WHERE price>70
UNION ALL
```

```
SELECT type FROM goods WHERE type IN('生鲜','未分类') ORDER BY name DESC;
```

执行结果如图 15-9 所示，在 SQL Server 数据库中实现了预期的降序排序效果，而在 MySQL 数据库中没有实现预期的降序排序效果。

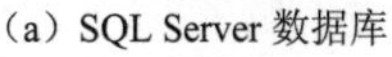
（a）SQL Server 数据库

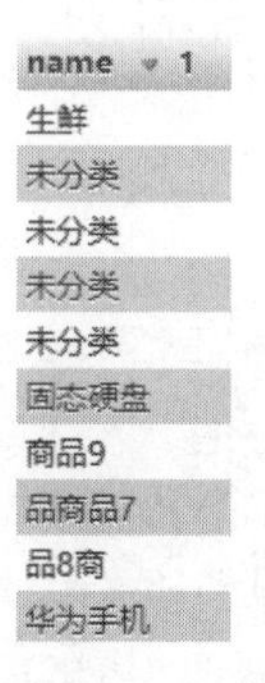

（b）MySQL 数据库

图 15-9　执行结果

15.3　使用运算符 EXISTS

在 SQL 语句中，运算符 EXISTS 用于判断查询子句是否有记录存在；如果有一条或多条记录存在会返回 True，否则返回 False。在现实应用中，当只需要判断后面的查询结果是否存在时使用 EXISTS。在本节中，将详细讲解使用运算符 EXISTS 的知识和具体使用方法。

15.3.1　运算符 EXISTS 的基本语法

在 SQL 语句中，运算符 EXISTS 的基本语法如下：

```
SELECT column_name(s)
FROM table_name
WHERE EXISTS
(SELECT column_name FROM table_name WHERE condition);
```

相应参数说明如下：

- column_name(s)：表示要查询的列；
- table_name：表示要查询的数据库表的名字；上述语法中两个 SELECT 语句中的 table_name 可以是相同的数据库表，也可以是两个不同的数据库表；
- condition：限制条件。

我们通过下面的示例具体了解一下 EXISTS 的用法。

【示例 15-7】查询数据库表 goods 中制造商是“公司 A”的商品信息。

SQL 语句如下：

```
SELECT
 name, price
```

```
  FROM goods
  WHERE EXISTS (SELECT cname FROM Vendors WHERE Vendors.id = goods.company
AND cname ='公司 A');
```

在上述 SQL 语句中用到了两个表：Vendors 和 goods，这两个表用 WHERE 子句正确的连接，WHERE 子句设置数据库将表 Vendors 中的 id 与表 goods 中的 company 匹配，使用 WHERE 子句把要匹配的两列指定为 Vendors.id 和 goods.company。此处需要使用这种完全限定列名的形式，因为这样将更加精确。执行结果如图 15-10 所示。

	name	price
1	iPhone	45
2	鲈鱼	56
3	品商品7	77
4	商品10	55

（a）SQL Server 数据库

name	price
iPhone	45
鲈鱼	56
品商品7	77
商品10	55

（b）MySQL 数据库

图 15-10 执行结果

15.3.2 使用 NOT EXISTS

EXISTS 可以与 NOT 一起使用，帮助我们查找出不符合某个查询条件的数据信息。我们来看下面的具体示例。

【示例 15-8】查询制造商不是“公司 A”的商品信息。

SQL 语句如下：

```
  SELECT
    name, price
  FROM goods
  WHERE NOT EXISTS (SELECT cname FROM Vendors WHERE Vendors.id = goods.company
AND cname ='公司 A');
```

执行结果如图 15-11 所示。

	name	price
1	鼠标	45
2	固态硬盘	456
3	USB风扇	56
4	32GU盘	56
5	品8商	99
6	商品9	87
7	商品11	60
8	华为手机	5888

（a）SQL Server 数据库

name	price
鼠标	45
固态硬盘	456
USB风扇	56
32GU盘	56
品8商	99
商品9	87
商品11	60
华为手机	5888

（b）MySQL 数据库

图 15-11 执行结果

15.3.3 EXISTS 和 UNION 的混用

在 SQL 查询语句中，在使用 UNION 组合查询时可以使用 EXISTS。下面示例的功能是查询制造商不是“公司 A”的商品信息。和前面的示例 15-8 相比，示例 15-10 的实现更加容易理解，读者可以根据自己的习惯实现对应的功能。

【示例 15-9】查询制造商不是“公司 A”的商品信息。

```
SELECT name FROM goods
UNION
SELECT type FROM goods WHERE NOT EXISTS (SELECT cname FROM Vendors  WHERE Vendors.id = goods.company AND cname ='公司 A');
```

执行结果如图 15-12 所示。

	name
1	NULL
2	32GU盘
3	iPhone
4	USB风扇
5	固态硬盘
6	华为手机
7	家用电器
8	鲈鱼
9	品8商
10	品商品7
11	商品10
12	商品11
13	商品9
14	鼠标
15	数码
16	未分类

（a）SQL Server 数据库

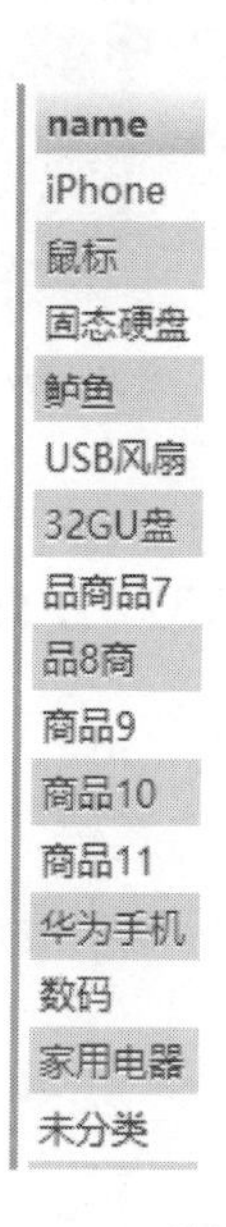

name
iPhone
鼠标
固态硬盘
鲈鱼
USB风扇
32GU盘
品商品7
品8商
商品9
商品10
商品11
华为手机
数码
家用电器
未分类

（b）MySQL 数据库

图 15-12　执行结果

15.3.4　比较 IN 和 EXISTS

虽然 IN 和 EXISTS 的功能类似，但是两者还是有区别的，具体说明如下。

（1）IN 语句：只执行一次，确定给定的值是否与子查询或列表中的值相匹配。IN 在查询时，首先查询子查询的表，然后将内表和外表做一个笛卡儿积，然后按照条件进行筛选。所以内表数据量比较小时，IN 的速度较快。

（2）EXISTS 语句：执行 *n* 次（外表行数），指定一个子查询，检测行的存在。能够遍历循环外表，检查外表中的记录有没有和内表的数据一致的。

（3）如果子查询得出的结果集记录较少，主查询中的表数据量较大且又有索引时应该用 IN。反之，如果外层的主查询记录较少，子查询中的表数据量较大，又有索引时使用 EXISTS。

区分 IN 和 EXISTS 主要看造成驱动顺序的改变(这是性能变化的关键),如果是 EXISTS，那么以外层表为驱动表，先被访问；如果是 IN，那么先执行子查询，所以会以驱动表的快速返回为目标，那么就会考虑到索引及结果集的关系 ，另外 IN 不对 NULL 进行处理。

如果查询语句使用 NOT IN，那么内外表进行全表扫描，没有用到索引；而 NOT EXISTS 的子查询依然能用到表上的索引。所以无论哪个表数据量大，用 NOT EXISTS 都比 NOT IN 要快。

第 16 章　添 加 数 据

在使用数据库存储数据时，经常需要向数据库中添加数据。在 SQL 语句中，可以使用 INSERT INTO 语句向数据库中插入新的数据信息。在本章将详细讲解使用 INSERT INTO 语句的基本用法、注意事项和实战技巧。

16.1　INSERT INTO 语句的基本用法

在 SQL 语句中，INSERT INTO 语句的功能是向某个数据库表中插入新的记录信息。虽然在某些数据库产品中可以省略 INTO，但是本书强烈建议大家使用其完整形式：INSERT INTO，因为这样有利于后期的项目维护。

16.1.1　使用 INSERT INTO 语句的语法

关于 INSERT INTO 的使用有两种语法格式。

第 1 种：

```
INSERT INTO table_name
VALUES (value1,value2,value3,...);
```

第 2 种：

```
INSERT INTO table_name (column1,column2,column3,...)
VALUES (value1,value2,value3,...);
```

注意：强烈建议使用第 2 种方式，这样可以更加清晰地展示列的名字和对应值，有利于项目的理解和后期维护。

相关参数说明如下：

- column_name1、column_name2、column_name3…：表示要插入数据的数据库表中列的名字，其对应的值分别是 Valuel、Value2、Value3…；
- INSERT INTO：插入语句，在有些时候可以省略 INTO，但是不建议这样做；
- value1、value2、value3…：表示插入的数值，value1、value2、value3 的序号和前面 column_name1、column_name2、column_name3 一一对应，例如将数据 value1 插入列 column_name1 中，将数据 value2 插入列 column_name3 中……，依此类推。
- table_name：数据库表的名字。

上述 SQL 语句的功能是，分别将数据 value1、value2、value3…插入数据库表 table_name 内的列 column_name1、column_name2、column_name3…中。

我们来看一个具体的示例。

【示例 16-1】向数据库表 Vendors 中添加一条新的制造商信息。

SQL 语句如下：

```
INSERT INTO Vendors(cname,
        phone,
        address,
        manage)
VALUES('公司 D',
      '123456',
      '上海市',
      '老崔');
```

通过上述 SQL 语句中的 INSERT INTO 向表中添加一条新的制造商信息。此时查询数据库表 Vendors 中的数据，会发现刚刚添加的这条信息；原来的数据如图 16-1 所示，添加这条数据后的执行结果如图 16-2 所示。

	id	cname	phone	address	manage
1	3	公司A	1234567	北京市西城区	老管
2	14	公司B	0531123	济南市历下区龙奥北路	老李
3	15	公司C	0532345	青岛市市南区	老张

图 16-1 原来的数据

	id	cname	phone	address	manage
1	3	公司A	1234567	北京市西城区	老管
2	14	公司B	0531123	济南市历下区龙奥北路	老李
3	15	公司C	0532345	青岛市市南区	老张
4	16	公司D	123456	上海市	老崔

（a）SQL Server 数据库

id	cname	phone	address	manage
3	公司A	1234567	北京市西城区	老管
14	公司B	0531123	济南市历下区龙奥北路	老李
15	公司C	0532345	青岛市市南区	老张
16	公司D	123456	上海市	老崔

（b）MySQL 数据库

图 16-2 添加一条数据后的执行结果

16.1.2 注意数据重复的问题

在示例 16-1 中，我们向数据库表 Vendors 中插入了一条新的制造商信息。需要注意的是，每当执行上述 SQL 语句一次，就会插入一条内容完全相同的制造商信息，只是表 Vendors 中主键列 id 的值不相同。例如，再次执行示例 16-1 中的 SQL 语句，会发现再次向表 Vendors 中添加一条新的制造商信息，如图 16-3 所示。

	id	cname	phone	address	manage
1	3	公司A	1234567	北京市西城区	老管
2	14	公司B	0531123	济南市历下区龙奥北路	老李
3	15	公司C	0532345	青岛市市南区	老张
4	16	公司D	123456	上海市	老崔
5	17	公司D	123456	上海市	老崔

（a）SQL Server 数据库

id	cname	phone	address	manage
3	公司A	1234567	北京市西城区	老管
14	公司B	0531123	济南市历下区龙奥北路	老李
15	公司C	0532345	青岛市市南区	老张
16	公司D	123456	上海市	老崔
17	公司D	123456	上海市	老崔

（b）MySQL 数据库

图 16-3 执行结果

由此可见，如果重复执行示例 16-1 中的 SQL 语句，会重复添加相同的数据信息，也就是每条数据的列 cname、phone、address 和 manage 的值相同，只是主键编号 id 的值不相同。在使用 INSERT INTO 语句时，一定要注意添加重复数据的问题。

16.1.3　注意主键的问题

在数据库表 Vendors 中，将列 id 设置为主键，并且设置其标识是自增加 1。所以在示例 16-1 中的 INSERT INTO 语句中，虽然没有为新添加的数据设置编号，但是数据库会根据上一条数据的 id 号自动加 1 并作为新添加数据的编号，这就是主键标识自动加 1 的作用。这一点，我们通过比较图 16-2 和 16-3 的结果可以清晰地看到。

由此可见，在使用 INSERT INTO 语句向数据库中添加数据时，可以省略自增加 1 的主键 id。如果在 INSERT INTO 语句中设置一个 id 会发生什么呢？我们还以示例 16-1 为例，SQL 语句如下：

```
INSERT INTO Vendors(id,
         cname,
         phone,
         address,
         manage)
VALUES('2',
        '公司 D',
        '123456',
        '上海市',
        '老崔');
```

通过上述 SQL 语句，我们向数据库表 Vendors 中添加了一条新的制造商信息，并把这条新信息的 id 编号设置为 2。此时查询数据库表 Vendors 中的数据，会发现刚刚添加的这条信息。原来的数据如图 16-4 所示，添加这条数据后的执行结果如图 16-5 所示。

	id	cname	phone	address	manage
1	3	公司A	1234567	北京市西城区	老管
2	14	公司B	0531123	济南市历下区龙奥北路	老李
3	15	公司C	0532345	青岛市市南区	老张
4	16	公司D	123456	上海市	老崔
5	17	公司D	123456	上海市	老崔

图 16-4　原来的数据

消息

消息 544，级别 16，状态 1，第 1 行

当 IDENTITY_INSERT 设置为 OFF 时，不能为表 'Vendors' 中的标识列插入显式值。

（a）SQL Server 数据库

id	cname	phone	address	manage
2	公司E	123456	上海市	老哈
3	公司A	1234567	北京市西城区	老管
14	公司B	0531123	济南市历下区龙奥北路	老李
15	公司C	0532345	青岛市市南区	老张
16	公司D	123456	上海市	老崔

（b）MySQL 数据库

图 16-5　执行结果

在 SQL Server 数据库中发生错误的原因是将编号 id 设置为了自增加 1 的标识，但是此时编号 id 的值被 SQL Server 锁定了，开发者无权操作这个值。如果将 SQL Server 数据库中列 id 的标识取消，然后再次重复执行上述 SQL 语句，就会成功添加一条 id 为 2 的制造商信息，如图 16-6 所示。

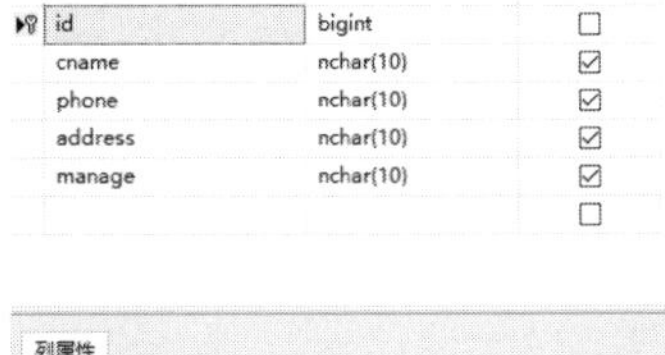

列属性	
数据类型	bigint
允许 Null 值	否
表设计器	
RowGuid	否
标识规范	否
(是标识)	否
标识增量	
标识种子	
不用于复制	否
大小	8
计算列规范	
简洁数据类型	bigint
具有非 SQL Server 订阅服务器	否

（a）取消列 id 的标识

	id	cname	phone	address	manage
1	2	公司D	123456	上海市	老崔
2	3	公司A	1234567	北京市西城区	老管
3	14	公司B	0531123	济南市历下区龙奥北路	老李
4	15	公司C	0532345	青岛市市南区	老张
5	16	公司D	123456	上海市	老崔
6	17	公司D	123456	上海市	老崔

（b）成功添加 id 为 2 的信息

图 16-6　执行结果

16.1.4　省略部分列

在使用 INSERT INTO 语句向数据库表中添加数据时，可以省略一个列，这样做可以减少代码编写量。下面示例的功能是向数据库表 Vendors 中添加一条新的制造商信息，在添加时省略列“id”和列“phone”的值。

【示例 16-2】向数据库表 Vendors 中添加一条新的制造商信息(省略列 id 和 phone)。

SQL 语句如下：

```
INSERT INTO Vendors(cname,
       address,
       manage)
VALUES('公司 E',
      '上海市',
      '老崔');
```

执行结果如图 16-17 所示。注意，不能省略主键列，但在 SQL Server 数据库中，如果主键列被设置为自动加 1 标识，那么也可以省略主键列。

	id	cname	phone	address	manage
1	3	公司A	1234567	北京市西城区	老管
2	14	公司B	0531123	济南市历下区龙奥北路	老李
3	15	公司C	0532345	青岛市市南区	老张
4	16	公司D	123456	上海市	老崔

（a）SQL Server 数据库

id	cname	phone	address	manage
3	公司A	1234567	北京市西城区	老管
14	公司B	0531123	济南市历下区龙奥北路	老李
15	公司C	0532345	青岛市市南区	老张
16	公司D	123456	上海市	老崔

（b）MySQL 数据库

图 16-17　执行结果

注意：如果某个数据库表的定义允许，完全可以像上述示例中那样在 INSERT 操作中省略某些列，但是这些省略的列必须满足以下某个条件：

- 该列定义为允许 NULL 值（无值或空值）；
- 在表定义中给出默认值，表示如果不给出值，将使用默认值。

16.2　插入多行数据

在前面的内容中，所有的演示示例都是一次插入一行数据信息。为了提高插入数据的效率，可以使用 INSERT INTO 语句向数据库表中添加多行数据。本节将详细讲解向数据库表中插入多行数据的知识和具体使用方法。

16.2.1　使用 INSERT INTO 插入多行数据的语法格式

在 SQL 语句中，使用 INSERT INTO 语句插入多行数据的语法格式如下：

```
INSERT INTO table_name (column1,column2,column3,...)
VALUES (value1,value2,value3,...),
 (value4,value5,value6,...),
(value7,value8,value9,...)…;
```

上述 SQL 语句的功能是，分别将数据 value1、value2、value3…插入数据库表 table_name 内的列 column_name1、column_name2、column_name3…中。其中一个小括号表示一行数据，多个小括号表示多行数据。

我们来看一个具体的示例。

【示例 16-3】向数据库表 Vendoes 中添加 3 条新的制造商信息。

SQL 语句如下：

```
INSERT INTO Vendors(cname,
        phone,
        address,
        manage)
VALUES('公司 F','123456','天津市', '老 A'),
      ('公司 G','123456','成都市', '老 B'),
      ('公司 G','123456','重庆市', '老 C');
```

在上述 SQL 语句中，我们使用 INSERT INTO 语句添加 3 条新的制造商信息。此时查询数据库表 Vendors 中的数据，会发现刚刚添加的这 3 条信息。原来的数据如图 16-8 所示，添加这条数据后的执行结果如图 16-9 所示。

	id	cname	phone	address	manage
1	2	公司D	123456	上海市	老崔
2	3	公司A	1234567	北京市西城区	老管
3	14	公司B	0531123	济南市历下区龙奥北路	老李
4	15	公司C	0532345	青岛市市南区	老张
5	16	公司D	123456	上海市	老崔
6	17	公司D	123456	上海市	老崔
7	18	公司E	NULL	上海市	老崔

图 16-8　原来的数据

	id	cname	phone	address	manage
1	2	公司D	123456	上海市	老崔
2	3	公司A	1234567	北京市西城区	老管
3	14	公司B	0531123	济南市历下区龙奥北路	老李
4	15	公司C	0532345	青岛市市南区	老张
5	16	公司D	123456	上海市	老崔
6	17	公司D	123456	上海市	老崔
7	18	公司E	NULL	上海市	老崔
8	19	公司F	123456	天津市	老A
9	20	公司G	123456	成都市	老B
10	21	公司G	123456	重庆市	老C

（a）SQL Server 数据库

id	cname	phone	address	manage
2	公司E	123456	上海市	老哈
3	公司A	1234567	北京市西城区	老管
14	公司B	0531123	济南市历下区龙奥北路	老李
15	公司C	0532345	青岛市市南区	老张
16	公司D	123456	上海市	老崔
18	公司E	NULL	上海市	老崔
19	公司F	123456	天津市	老A
20	公司G	123456	成都市	老B
21	公司G	123456	重庆市	老C

（b）MySQL 数据库

图 16-9　执行结果

16.2.2　使用 INSERT SELECT 语句插入多行查询结果数据

SELECT 语句除了具有查询功能外，还可以结合 INSERT INTO 语句向数据库表中插入多行查询结果数据。INSERT INTO 可以将 SELECT 语句的查询结果插入数据库表中，这就是所谓的 INSERT SELECT。INSERT SELECT 是由一条 INSERT 语句和一条 SELECT 语句组成的，具体语法格式如下：

```
INSERT INTO table_name1
SELECT column1,column2,column3,...
From table_name2;
```

相关参数说明如下：

- table_name1：表示要插入数据的数据库表的名字；
- column1、column2 和 column3：数据库表中列的名字；
- table_name2：要查询的数据库表的名字。

上述 SQL 语句的功能是使用 SELECT 语句查询数据库表 table_name2 中列 column_name2 和 column_name3 的信息，并将查询结果添加到数据库表 table_name1 中。

接下来我们在数据库 shop 中新建一个名为 company 的表，然后设置其设计结构与表 Vendors 的结构完全一致，如图 16-10 所示。

列名	数据类型	允许 Null 值
id	bigint	☐
cname	nchar(10)	☑
phone	nchar(10)	☑
address	nchar(10)	☑
manage	nchar(10)	☑

图 16-10　表“company”的设计结构

我们来看一个具体的示例。

【示例 16-4】将数据库表 Vendors 中的数据全部添加到表 company 中。

SQL 语句如下：

```
INSERT INTO company
SELECT cname,
       phone,
       address,
       manage
From Vendors;
```

数据库表 Vendors 中的数据如图 16-11 所示，将表 Vendors 中的数据全部添加到表 company 中后的效果如图 16-12 所示。细心的读者会发现，MySQL 数据库是完全复制了表 Vendors 中的数据，包括主键 id 的值。而 SQL Server 数据库则不是，结果表 company 中的主键 id 是按照顺序排列的。

	id	cname	phone	address	manage
1	2	公司D	123456	上海市	老崔
2	3	公司A	1234567	北京市西城区	老管
3	14	公司B	0531123	济南市历下区龙奥北路	老李
4	15	公司C	0532345	青岛市市南区	老张
5	16	公司D	123456	上海市	老崔
6	17	公司D	123456	上海市	老崔
7	18	公司E	NULL	上海市	老崔
8	19	公司F	123456	天津市	老A
9	20	公司G	123456	成都市	老B
10	21	公司G	123456	重庆市	老C

图 16-11　表 Vendors 中的数据

	id	cname	phone	address	manage
1	11	公司D	123456	上海市	老崔
2	12	公司A	1234567	北京市西城区	老管
3	13	公司B	0531123	济南市历下区龙奥北路	老李
4	14	公司C	0532345	青岛市市南区	老张
5	15	公司D	123456	上海市	老崔
6	16	公司D	123456	上海市	老崔
7	17	公司E	NULL	上海市	老崔
8	18	公司F	123456	天津市	老A
9	19	公司G	123456	成都市	老B
10	20	公司G	123456	重庆市	老C

（a）SQL Server 数据库

id	cname	phone	address	manage
2	公司E	123456	上海市	老哈
3	公司A	1234567	北京市西城区	老管
14	公司B	0531123	济南市历下区龙奥北路	老李
15	公司C	0532345	青岛市市南区	老张
16	公司D	123456	上海市	老崔
18	公司E	NULL	上海市	老崔
19	公司F	123456	天津市	老A
20	公司G	123456	成都市	老B
21	公司G	123456	重庆市	老C

（b）MySQL 数据库

图 16-12　表 company 中的数据

除此之外，在 MySQL 数据库中，还可以使用下面的简写形式将数据库表 Vendors 中的数据全部添加到表 company 中，这样可以节省代码编写量。但是 SQL Server 数据库则不可以，必须要写明具体列的名字。

```
INSERT INTO company
SELECT * From Vendors;
```

另外，在使用 INSERT SELECT 语句时，还可以在 SELECT 语句中使用 WEHERE 子句来限制插入的数据。下面示例的功能是将数据库表 Vendors 中的部分数据添加到表 company 中。

【示例 16-5】将数据库表 Vendors 中办公地址是“上海市”的数据信息添加到表 company 中。

SQL 语句如下：

```
INSERT INTO company
SELECT cname,
       phone,
       address,
       manage
From Vendors WHERE address='上海市';
```

在上述 SQL 语句中，向数据库表 company 中添加数据时，我们使用 WHERE 子句限制了办公地址为“上海市”；执行结果如图 16-13 所示。

	id	cname	phone	address	manage
1	11	公司D	123456	上海市	老崔
2	12	公司A	1234567	北京市西城区	老管
3	13	公司B	0531123	济南市历下区龙奥北路	老李
4	14	公司C	0532345	青岛市市南区	老张
5	15	公司D	123456	上海市	老崔
6	16	公司D	123456	上海市	老崔
7	17	公司E	NULL	上海市	老崔
8	18	公司F	123456	天津市	老A
9	19	公司G	123456	成都市	老B
10	20	公司G	123456	重庆市	老C
11	21	公司D	123456	上海市	老崔
12	22	公司D	123456	上海市	老崔
13	23	公司D	123456	上海市	老崔
14	24	公司E	NULL	上海市	老崔

（a）SQL Server 数据库

（b）MySQL 数据库

图 16-13　执行结果

因为MySQL数据库会完全复制表Vendors中的数据，包括主键id的值。而在数据库表Vendors和company中，办公地址是“上海市”的数据有3条，id号分别是2、16和18，如图16-14所示。而上述SQL语句试图向表company中再次添加id号分别是2、16和18的数据，这是主键id所不允许的，所以会出错。

id	cname	phone	address	manage
2	公司E	123456	上海市	老哈
3	公司A	1234567	北京市西城区	老管
14	公司B	0531123	济南市历下区龙奥北路	老李
15	公司C	0532345	青岛市市南区	老张
16	公司D	123456	上海市	老崔
18	公司E	NULL	上海市	老崔
19	公司F	123456	天津市	老A
20	公司G	123456	成都市	老B
21	公司G	123456	重庆市	老C

图16-14　表Vendors和company中的数据（MySQL数据库）

16.2.3　复制数据的另一种方式

在使用SQL语句的过程中，有时候想将一个数据库表中的数据复制到另一个数据库表中，此时最常见的方法是使用INSERT SELECT语句。但是前面曾经介绍过，在设置主键id后，SQL Server数据库会在新表中为复制的数据自动创建id，但是在MySQL数据库中会出错。

在MySQL数据库和Oracle数据库中，我们还可以使用CREATE TABLE SELECT语句复制一个表中的多行数据，具体语法格式如下：

```
CREATE TABLE table_name1
SELECT column1,column2,column3,...
From table_name2;
```

上述SQL语句的功能是，首先创建一个全新的数据库表table_name1，然后使用SELECT查询数据库表table_name2中列column_name2和column_name3的信息，并将查询结果添加到数据库表table_name1中。

下面示例的功能是新建数据库表companyA，然后将数据库表Vendors中符合条件的数据添加到表companyA中。

【示例16-6】将数据库表Vendors中办公地址是“上海市”的数据信息添加到表companyA中。

SQL语句如下：

```
CREATE TABLE companyA
```

```
SELECT cname,
       phone,
       address,
       manage
From Vendors WHERE address='上海市';
```

执行结果如图 16-15 所示。

id	cname	phone	address	manage
2	公司E	123456	上海市	老哈
3	公司A	1234567	北京市西城区	老管
14	公司B	0531123	济南市历下区龙奥北路	老李
15	公司C	0532345	青岛市市南区	老张
16	公司D	123456	上海市	老崔
18	公司E	NULL	上海市	老崔
19	公司F	123456	天津市	老A
20	公司G	123456	成都市	老B
21	公司G	123456	重庆市	老C

（a）表 Vendors 中的数据

cname	phone	address	manage
公司E	123456	上海市	老哈
公司D	123456	上海市	老崔
公司E	NULL	上海市	老崔

（b）表 companyA 中的数据

图 16-15　执行结果

第 17 章　更 新 数 据

在使用数据库存储数据时，经常需要更新数据库中的数据，例如修改数据库中某些已经存在的数据信息，或者删除数据库中已经存在的某些信息。在本章的内容中，将详细讲解使用 UPDATE 修改数据和使用 DELETE 语句删除数据的知识和具体使用方法。

17.1　使用 UPDATE 语句更新数据

当使用 INSERT INTO 语句向数据库表中插入数据后，有时发现添加的数据错误，例如“将商品销售单价登记错了”等。这时并不需要把数据删除后再重新插入，只需使用 UPDATE 语句就可以修改表中的数据。

17.1.1　使用 UPDATE 语句的语法

在 SQL 语句中，使用 UPDATE 语句的语法格式如下：

```
UPDATE table_name
SET column1=value1,column2=value2,...
WHERE some_column=some_value;
```

相关参数说明如下：

- column1、column2...：表示要修改的数据库表列的名字；
- value1、value2...：表示修改的数值，value1、value2...的序号和前面 column1、column2...一一对应；
- table_name：数据库表的名字；

上述 SQL 语句的功能是，修改数据库表 table_name 中的列 column1、column2...的值，将这几个列的值分别修改为 value1、value2...。我们还是来看一个具体的示例。

【示例 17-1】修改数据库表 company 中所有制造商的办公地点信息。

SQL 语句如下：

```
UPDATE company
  SET address = '北京北京';
```

UPDATE 语句总是以要更新的表名开始。通过上述 SQL 语句，要更新的表名为 company。SET 命令用来将新值赋给被更新的列，将数据库表 company 中列“address”的所有信息修改为“北京北京”。执行结果如图 17-1 所示。

id	cname	phone	address	manage
25	公司D	123456	广州	老崔
26	公司A	1234567	北京	老管
27	公司B	0531123	广州	老李
28	公司C	0532345	深圳	老张
29	公司D	123456	北京	老崔
30	公司D	123456	广州	老崔
31	公司E	NULL	深圳	老崔
32	公司F	123456	广州	老A
33	公司G	123456	北京	老B
34	公司G	123456	深圳	老C
35	公司 D	123456	广州	老崔
36	公司 F	123456	北京	老 A
37	公司 G	123456	深圳	老 B
38	公司 G	123456	广州	老 C

（a）原来的数据

结果 消息

	id	cname	phone	address	manage
1	25	公司D	123456	北京北京	老崔
2	26	公司A	1234567	北京北京	老管
3	27	公司B	0531123	北京北京	老李
4	28	公司C	0532345	北京北京	老张
5	29	公司D	123456	北京北京	老崔
6	30	公司D	123456	北京北京	老崔
7	31	公司E	NULL	北京北京	老崔
8	32	公司F	123456	北京北京	老A
9	33	公司G	123456	北京北京	老B
10	34	公司G	123456	北京北京	老C
11	35	公司 D	123456	北京北京	老崔
12	36	公司 F	123456	北京北京	老 A
13	37	公司 G	123456	北京北京	老 B
14	38	公司 G	123456	北京北京	老 C

（b）修改后的数据

图 17-1 执行结果

17.1.2 修改指定行的数据信息

在示例 17-1 中，我们成功修改了所有制造商的办公地点信息。如果想修改具体某个制造商的办公地点信息，应该如何实现呢？我们来看下面的示例。

【示例 17-2】修改数据库表 company 中编号为 25 的制造商的办公地点信息。

SQL 语句如下：

```
UPDATE company
  SET address = '上海' WHERE id=25;
```

通过上述 SQL 语句，修改数据库表 company 中编号（id）为 25 的数据信息，将这行数据的列“address”的信息修改为“上海”，如图 17-2 所示。UPDATE 语句以 WHERE 子句结束，如果没有使用 WHERE 子句，数据库将会用地址“上海”更新表 company 中的所有行，这不是我们希望的。

结果 消息

	id	cname	phone	address	manage
1	25	公司D	123456	北京北京	老崔
2	26	公司A	1234567	北京北京	老管
3	27	公司B	0531123	北京北京	老李
4	28	公司C	0532345	北京北京	老张
5	29	公司D	123456	北京北京	老崔
6	30	公司D	123456	北京北京	老崔
7	31	公司E	NULL	北京北京	老崔
8	32	公司F	123456	北京北京	老A
9	33	公司G	123456	北京北京	老B
10	34	公司G	123456	北京北京	老C
11	35	公司 D	123456	北京北京	老崔
12	36	公司 F	123456	北京北京	老 A
13	37	公司 G	123456	北京北京	老 B
14	38	公司 G	123456	北京北京	老 C

（a）原来的数据

结果 消息

	id	cname	phone	address	manage
1	25	公司D	123456	上海	老崔
2	26	公司A	1234567	北京北京	老管
3	27	公司B	0531123	北京北京	老李
4	28	公司C	0532345	北京北京	老张
5	29	公司D	123456	北京北京	老崔
6	30	公司D	123456	北京北京	老崔
7	31	公司E	NULL	北京北京	老崔
8	32	公司F	123456	北京北京	老A
9	33	公司G	123456	北京北京	老B
10	34	公司G	123456	北京北京	老C
11	35	公司 D	123456	北京北京	老崔
12	36	公司 F	123456	北京北京	老 A
13	37	公司 G	123456	北京北京	老 B
14	38	公司 G	123456	北京北京	老 C

（b）修改后的数据

图 17-2 执行结果

17.1.3 修改多个列的信息

不知大家注意到没有，前面的示例中，我们只是修改了一个列的数据信息。其实我们可以在 SQL 语句中同时修改多个列的数据信息，在更新多个列的数据信息时，只需使用一条 SET 命令，在每个“列=值”对之间用逗号分隔（最后一列之后不用逗号）。

下面我们修改一下数据库表 company 中的两个列的信息。

【示例 17-3】修改数据库表 company 中所有制造商的办公地点和联系电话信息。

SQL 语句如下：

```
UPDATE company
  SET address = '天津',phone = '12345';
```

通过上述 SQL 语句，将列“address”的所有信息修改为“天津”，将列“phone”的所有信息修改为“12345”。执行结果如图 17-3 所示。

	id	cname	phone	address	manage
1	11	公司D	123456	上海	老崔
2	12	公司A	1234567	北京北京	老管
3	13	公司B	0531123	北京北京	老李
4	14	公司C	0532345	北京北京	老张
5	15	公司D	123456	北京北京	老崔
6	16	公司D	123456	北京北京	老崔
7	17	公司E	NULL	北京北京	老崔
8	18	公司F	123456	北京北京	老A
9	19	公司G	123456	北京北京	老B
10	20	公司G	123456	北京北京	老C
11	21	公司D	123456	北京北京	老崔
12	22	公司D	123456	北京北京	老崔
13	23	公司D	123456	北京北京	老崔
14	24	公司E	NULL	北京北京	老崔

（a）原来的数据

	id	cname	phone	address	manage
1	11	公司D	12345	天津	老崔
2	12	公司A	12345	天津	老管
3	13	公司B	12345	天津	老李
4	14	公司C	12345	天津	老张
5	15	公司D	12345	天津	老崔
6	16	公司D	12345	天津	老崔
7	17	公司E	12345	天津	老崔
8	18	公司F	12345	天津	老A
9	19	公司G	12345	天津	老B
10	20	公司G	12345	天津	老C
11	21	公司D	12345	天津	老崔
12	22	公司D	12345	天津	老崔
13	23	公司D	12345	天津	老崔
14	24	公司E	12345	天津	老崔

（b）修改后的数据

图 17-3 执行结果

17.1.4 使用运算符

在 SQL 语句中使用 UPDATE 修改数据库表中的数据时，可以使用常用的运算符达到辅助修改的目的。下面我们看一下两个常见运算符的实践案例。

【示例 17-4】同时修改数据库表 company 中编号为 11 和 12 的两个制造商的办公地点信息（使用运算符 OR）。

SQL 语句如下：

```
UPDATE company
  SET address = '上海' WHERE id=11 OR id=12;
```

通过上述 SQL 语句，我们使用运算符 OR 同时修改了编号（id）为 11 和 12 的两个制造商的办公地点信息，将这两行数据的列“address”的信息修改为“上海”，执行结果如图 17-4 所示。

	id	cname	phone	address	manage
1	11	公司D	12345	天津	老崔
2	12	公司A	12345	天津	老管
3	13	公司B	12345	天津	老李
4	14	公司C	12345	天津	老张
5	15	公司D	12345	天津	老崔
6	16	公司D	12345	天津	老崔
7	17	公司E	12345	天津	老崔
8	18	公司F	12345	天津	老A
9	19	公司G	12345	天津	老B
10	20	公司G	12345	天津	老C
11	21	公司D	12345	天津	老崔
12	22	公司D	12345	天津	老崔
13	23	公司D	12345	天津	老崔
14	24	公司E	12345	天津	老崔

（a）原来的数据

	id	cname	phone	address	manage
1	11	公司D	12345	上海	老崔
2	12	公司A	12345	上海	老管
3	13	公司B	12345	天津	老李
4	14	公司C	12345	天津	老张
5	15	公司D	12345	天津	老崔
6	16	公司D	12345	天津	老崔
7	17	公司E	12345	天津	老崔
8	18	公司F	12345	天津	老A
9	19	公司G	12345	天津	老B
10	20	公司G	12345	天津	老C
11	21	公司D	12345	天津	老崔
12	22	公司D	12345	天津	老崔
13	23	公司D	12345	天津	老崔
14	24	公司E	12345	天津	老崔

（b）修改后的数据

图 17-4　执行结果

【示例 17-5】将数据库表 goods 中“数码”类型的商品价格统一加 2（使用加法运算符）。

SQL 语句如下：

```
UPDATE goods
   SET price = price + 2
 WHERE type = '数码';
```

在上述 SQL 语句中，通过使用加法运算符，将数据库表中“数码”类型的商品价格统一加 2，执行结果如图 17-5 所示。

	id	name	price	reserve	sales	company	ship	time1	time2	type
1	1	iPhone	45	155	290	3	AA01	2020-01-01 15:42:32.000	2020	数码
2	2	鼠标	45	34	23	14	BC03	2020-02-01 15:42:32.000	2020	数码
3	3	固态硬盘	456	2345	2999	15	AS43	2020-07-01 15:42:32.000	2021	数码
4	4	鲈鱼	56	100	200	3	DF21	2020-10-01 15:42:32.000	2020	生鲜
5	5	USB风扇	56	200	500	14	FD34	2020-01-14 15:42:32.000	1999	家用电器
6	6	32GU盘	56	12	700	15	23DE	2020-01-15 15:42:32.000	2020	数码
7	7	品商品7	77	20	600	3	DF11	2020-08-01 15:42:32.000	2020	未分类
8	8	品8商	99	45	50	14	GG00	2020-09-01 15:42:32.000	2019	未分类
9	9	商品9	87	67	45	15	TH12	2020-11-01 15:42:32.000	2018	未分类
10	10	商品10	55	60	67	3	23HD	2020-01-03 15:42:32.000	2017	未分类
11	11	商品11	60	20	NULL	14	12FB	2020-01-16 15:42:32.000	2009	NULL
12	12	华为手机	5888	20	21	11	12DF	2020-01-16 15:42:32.000	2019	NULL
13	27	餐巾纸	55	121	200	16	CV03	2020-01-01 00:00:00.000	2021	生活用品
14	28	餐巾纸	55	121	200	16	CV03	2020-01-01 00:00:00.000	2021	生活用品

（a）原来的数据

图 17-5　执行结果

	id	name	price	reserve	sales	company	ship	time1	time2	type
1	1	iPhone	47	155	290	3	AA01	2020-01-01 15:42:32.000	2020	数码
2	2	鼠标	47	34	23	14	BC03	2020-02-01 15:42:32.000	2020	数码
3	3	固态硬盘	458	2345	2999	15	AS43	2020-07-01 15:42:32.000	2021	数码
4	4	鲔鱼	56	100	200	3	DF21	2020-10-01 15:42:32.000	2020	生鲜
5	5	USB风扇	56	200	500	14	FD34	2020-01-14 15:42:32.000	1999	家用电器
6	6	32GU盘	58	12	700	15	23DE	2020-01-15 15:42:32.000	2020	数码
7	7	品商品7	77	20	600	3	DF11	2020-08-01 15:42:32.000	2020	未分类
8	8	品8商	99	45	50	14	GG00	2020-09-01 15:42:32.000	2019	未分类
9	9	商品9	87	67	45	15	TH12	2020-11-01 15:42:32.000	2018	未分类
10	10	商品10	55	60	67	3	23HD	2020-01-03 15:42:32.000	2017	未分类
11	11	商品11	60	20	NULL	14	12FB	2020-01-16 15:42:32.000	2009	NULL
12	12	华为手机	5888	20	21	11	12DF	2020-01-16 15:42:32.000	2019	NULL
13	27	餐巾纸	55	121	200	16	CV03	2020-01-01 00:00:00.000	2021	生活用品
14	28	餐巾纸	55	121	200	16	CV03	2020-01-01 00:00:00.000	2021	生活用品

（b）修改后的数据

图 17-5　执行结果（续）

17.1.5　NULL 清空

在 SQL 语句中使用 UPDATE 进行更新时，也可以将某列的数据信息更新为 NULL（该更新通常称为 NULL 清空），此时只需将赋值表达式右侧的值直接写为 NULL 即可。

【示例 17-6】将数据库表 company 中编号为 11 的制造商的办公地点信息修改为 NULL。

SQL 语句如下：

```
UPDATE company
  SET address = NULL WHERE id=11;
```

通过上述 SQL 语句，将编号（id）为 11 的制造商的办公地点信息修改为 NULL，执行结果如图 17-6 所示。

	id	cname	phone	address	manage
1	11	公司D	12345	上海	老崔
2	12	公司A	12345	上海	老管
3	13	公司B	12345	天津	老李
4	14	公司C	12345	天津	老张
5	15	公司D	12345	天津	老崔
6	16	公司D	12345	天津	老崔
7	17	公司E	12345	天津	老崔
8	18	公司F	12345	天津	老A
9	19	公司G	12345	天津	老B
10	20	公司G	12345	天津	老C
11	21	公司D	12345	天津	老崔
12	22	公司D	12345	天津	老崔
13	23	公司D	12345	天津	老崔
14	24	公司E	12345	天津	老崔

（a）原来的数据

	id	cname	phone	address	manage
1	11	公司D	12345	NULL	老崔
2	12	公司A	12345	上海	老管
3	13	公司B	12345	天津	老李
4	14	公司C	12345	天津	老张
5	15	公司D	12345	天津	老崔
6	16	公司D	12345	天津	老崔
7	17	公司E	12345	天津	老崔
8	18	公司F	12345	天津	老A
9	19	公司G	12345	天津	老B
10	20	公司G	12345	天津	老C
11	21	公司D	12345	天津	老崔
12	22	公司D	12345	天津	老崔
13	23	公司D	12345	天津	老崔
14	24	公司E	12345	天津	老崔

（b）修改后的数据

图 17-6　执行结果

17.2　使用 DELETE 语句删除数据

在数据库中保存了大量的数据，但是随着时间的推移，有些数据是不需要的，需要删除这些数据以节约数据库的存储空间。在 SQL 语句中，可以使用 DELETE 语句删除数据库中指定的数据信息。

17.2.1　使用 DELETE 语句的语法

在 SQL 语句中，使用 DELETE 语句的语法格式如下：

```
DELETE FROM table_name
WHERE some_column=some_value;
```

相关参数说明如下：

- table_name：数据库表的名字；
- some_column：表示要删除的数据库表列的名字；
- column=some_value：设置要删除数据行的过滤条件。

上述 SQL 语句的功能是，删除数据库表 table_name 中满足条件“column=some_value”的列的信息。我们来看一个具体的示例。

【示例 17-7】删除数据库表 company 中编号是 12 的制造商信息。

SQL 语句如下：

```
DELETE FROM company
WHERE id=12;
```

在上述代码中，我们通过 DELETE 语句删除了数据库表 company 中编号（id）是 12 的制造商信息。执行结果如图 17-7 所示。

	id	cname	phone	address	manage
1	11	公司D	123456	上海市	老崔
2	12	公司A	1234567	北京市西城区	老管
3	13	公司B	0531123	济南市历下区龙奥北路	老李
4	14	公司C	0532345	青岛市市南区	老张
5	15	公司D	123456	上海市	老崔
6	16	公司D	123456	上海市	老崔
7	17	公司E	NULL	上海市	老崔
8	18	公司F	123456	天津市	老A
9	19	公司G	123456	成都市	老B
10	20	公司G	123456	重庆市	老C
11	21	公司D	123456	上海市	老崔
12	22	公司D	123456	上海市	老崔
13	23	公司D	123456	上海市	老崔
14	24	公司E	NULL	上海市	老崔

（a）原来的数据

	id	cname	phone	address	manage
1	11	公司D	12345	NULL	老崔
2	13	公司B	12345	天津	老李
3	14	公司C	12345	天津	老张
4	15	公司D	12345	天津	老崔
5	16	公司D	12345	天津	老崔
6	17	公司E	12345	天津	老崔
7	18	公司F	12345	天津	老A
8	19	公司G	12345	天津	老B
9	20	公司G	12345	天津	老C
10	21	公司D	12345	天津	老崔
11	22	公司D	12345	天津	老崔
12	23	公司D	12345	天津	老崔
13	24	公司E	12345	天津	老崔

（b）删除后的数据

图 17-7　执行结果

17.2.2 使用 WHERE 子句设置删除条件

在使用 DELETE 语句删除相关数据时，我们还可以加入 WHERE 子句来设置删除条件；但使用时需谨慎，因为稍不注意，就会错误地删除表中的多行数据，甚至是所有的行。

【示例 17-8】删除数据库表 company 中编号大于 36 的制造商信息。

SQL 语句如下：

```
DELETE FROM company
WHERE id>36;
```

在上述 SQL 语句中，我们使用 DELETE 语句和 WHERE 子句删除了数据库表 company 中编号（id）大于 36 的制造商信息。执行结果如图 17-8 所示。

结果 消息

	id	cname	phone	address	manage
1	25	公司D	123456	上海	老崔
2	26	公司A	1234567	北京北京	老管
3	27	公司B	0531123	北京北京	老李
4	28	公司C	0532345	北京北京	老张
5	29	公司D	123456	北京北京	老崔
6	30	公司D	123456	北京北京	老崔
7	31	公司E	NULL	北京北京	老崔
8	32	公司F	123456	北京北京	老A
9	33	公司G	123456	北京北京	老B
10	34	公司G	123456	北京北京	老C
11	35	公司 D	123456	北京北京	老崔
12	36	公司 F	123456	北京北京	老 A
13	37	公司 G	123456	北京北京	老 B
14	38	公司 G	123456	北京北京	老 C

（a）原来的数据

结果 消息

	id	cname	phone	address	manage
1	25	公司D	123456	上海	老崔
2	26	公司A	1234567	北京北京	老管
3	27	公司B	0531123	北京北京	老李
4	28	公司C	0532345	北京北京	老张
5	29	公司D	123456	北京北京	老崔
6	30	公司D	123456	北京北京	老崔
7	31	公司E	NULL	北京北京	老崔
8	32	公司F	123456	北京北京	老A
9	33	公司G	123456	北京北京	老B
10	34	公司G	123456	北京北京	老C
11	35	公司 D	123456	北京北京	老崔
12	36	公司 F	123456	北京北京	老 A

（b）删除后的数据

图 17-8 执行结果

在 WHERE 子句中，还可以使用其他运算符设置删除条件。我们来看一个具体的示例。

【示例 17-9】删除数据库表 company 中经理是“老张”或“老崔”的制造商的信息。

```
DELETE FROM company
WHERE WHERE manage="老张" or manage ="老崔";
```

通过上述 SQL 语句，我们在 WHERE 子句中加入运算符“or”删除数据库表 company 中列“manage”值是“老张”或“老崔”的信息。执行结果如图 17-9 所示。

	id	cname	phone	address	manage
1	11	公司D	12345	NULL	老崔
2	13	公司B	12345	天津	老李
3	14	公司C	12345	天津	老张
4	15	公司D	12345	天津	老崔
5	16	公司D	12345	天津	老崔
6	17	公司E	12345	天津	老崔
7	18	公司F	12345	天津	老A
8	19	公司G	12345	天津	老B
9	20	公司G	12345	天津	老C
10	21	公司D	12345	天津	老崔
11	22	公司D	12345	天津	老崔

（a）原来的数据

	id	cname	phone	address	manage
1	13	公司B	12345	天津	老李
2	18	公司F	12345	天津	老A
3	19	公司G	12345	天津	老B
4	20	公司G	12345	天津	老C

（b）删除后的数据

图 17-9　执行结果

17.2.3　删除所有的数据

在使用 DELETE 语句删除数据库表中的数据时，可以一次性删除表中的所有数据，具体语法如下：

```
DELETE FROM table_name;
```

或者：

```
DELETE * FROM table_name;
```

上述两种语法格式的功能是，删除数据库表 table_name 中的所有数据信息。

【示例 17-10】删除数据库表 company 中所有制造商的信息。

SQL 语句如下：

```
DELETE FROM company;
```

通过上述 SQL 语句，删除数据库表 company 中所有制造商信息。执行结果如图 17-10 所示。

	id	cname	phone	address	manage
1	13	公司B	12345	天津	老李
2	18	公司F	12345	天津	老A
3	19	公司G	12345	天津	老B
4	20	公司G	12345	天津	老C

（a）原来的数据

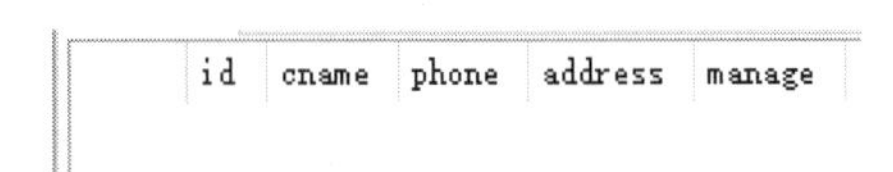

id	cname	phone	address	manage

（b）删除所有数据后为空

图 17-10　执行结果

17.3　总结数据更新和删除

在使用 UPDATE 和 DELETE 语句时，建议尽量使用 WHERE 子句，这样做是很有道理的。如果省略了 WHERE 子句，则 UPDATE 或 DELETE 将被应用到表中所有的行。换句话说，如果执行 UPDATE 而不带 WHERE 子句，则表中每一行都将用新值更新。类似地，如果执行 DELETE 语句而不带 WHERE 子句，表的所有数据都将被删除。

下面列出了 SQL 程序员在使用 UPDATE 或 DELETE 时需要所遵循的重要原则。

- 除非确实打算更新和删除每一行，否则绝对不要使用不带 WHERE 子句的 UPDATE 或 DELETE 语句。
- 保证每个表都有主键，尽可能像 WHERE 子句那样使用它（可以指定各主键、多个值或值的范围）。
- 在 UPDATE 或 DELETE 语句使用 WHERE 子句前，应该先用 SELECT 进行测试，保证它过滤的是正确的记录，以防编写的 WHERE 子句不正确。
- 使用强制实施引用完整性的数据库，这样 DBMS 将不允许删除其数据与其他表相关联的行。
- 有的 DBMS 允许数据库管理员施加约束，防止执行不带 WHERE 子句的 UPDATE 或 DELETE 语句。如果所采用的 DBMS 支持这个特性，应该使用它。
- 若是 SQL 没有撤销（undo）按钮，应该非常小心地使用 UPDATE 和 DELETE，否则你会发现自己更新或删除了错误的数据。

第 18 章　使 用 视 图

一个项目的实际开发过程中涉及复杂业务的时候，不可避免的需要使用中间表来进行数据连接，此时可以用视图实现这个中间表的功能。在数据库技术中，视图是一种基于 SQL 语句结果集的可视化表。视图能够将查询结果以虚拟表的形式保存在数据库中，包含行和列，就像一个真实存在的表一样。视图中的字段就是来自一个或多个数据库中的真实表中的字段。在本章的内容中，将详细讲解视图的知识和方法，并详细讲解通过视图添加、更新和删除数据的知识和具体示例。

18.1　初步认识视图

视图究竟是什么呢？如果用一句话概述，就是“从 SQL 的角度来看视图是一张表”。在使用视图前需要先创建视图，在视图使用完毕后可以删除这个视图。本节将详细讲解视图的基本知识。

18.1.1　视图的基本概念

从 SQL 的角度来看，视图和表是相同的，两者的区别在于表中保存的是实际的数据，而视图中保存的是 SELECT 语句（视图本身并不存储数据）。可以简单地将视图和表的区别概括为一句话：那就是“是否保存了实际的数据”。

通常，在创建某个数据库表时，会通过 INSERT 语句将数据保存到数据库中，而数据库中的数据实际上会被保存到计算机的存储设备（通常是硬盘）中。因此，通过 SELECT 语句查询数据时，实际上就是从存储设备（硬盘）中读取数据，进行各种计算后，再将结果返回给用户的一个过程。

但是使用视图时并不会将数据保存到存储设备中，而且也不会将数据保存到其他任何地方。从视图中读取数据时，视图会在内部执行其保存的 SELECT 语句并创建一张临时表。运行处理视图的过程如图 18-1 所示。

概括来说，视图的主要优点有两点。

（1）由于视图无须保存数据，因此可以节省存储设备的容量。数据库表中的数据最终都会保存到存储设备中，因此会占用存储设备的数据空间。但是，如果把同样的数据作为视图保存，就会节省存储设备的数据空间。

（2）可以将频繁使用的 SELECT 语句保存成视图，这样就不用每次都重新书写。创建好视图后，只需在 SELECT 语句中进行调用，就可以方便地得到想要的结果。特别是在进行汇总以及复杂的查询条件导致 SELECT 语句非常庞大时，使用视图可以大大提高效率。

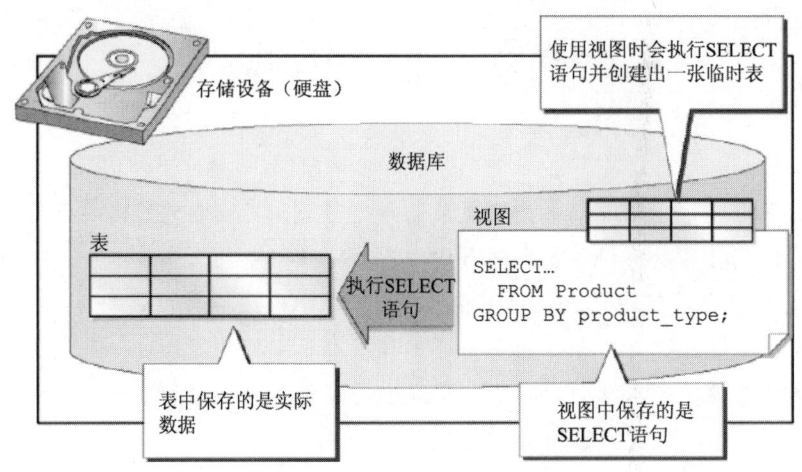

图 18-1　运行处理视图的过程

除此之外，视图会随着原数据库表的变化而自动更新。视图归根结底就是 SELECT 语句，所谓“参照视图”也就是“执行 SELECT 语句”的意思，因此可以保证数据的最新状态，这也是将数据保存在表中所不具备的优势。

18.1.2　使用 CREATE VIEW 语句创建视图

在 SQL 语句中，使用 CREATE VIEW 语句的语法格式如下：

```
CREATE VIEW 视图名称(<视图列名 1>, <视图列名 2>, ……)
AS
<SELECT 语句>
```

在上述格式中，需要将 SELECT 语句书写在关键字 AS 之后，在 SELECT 语句中列的排列顺序和视图中列的排列顺序相同，SELECT 语句中的第 1 列就是视图中的第 1 列，SELECT 语句中的第 2 列就是视图中的第 2 列，依此类推。在视图名称之后的列表中定义视图的列名。我们来看一个具体示例。

【示例 18-1】 创建一个名字为 GoodsPrice 的视图。

SQL 语句如下：

```
CREATE VIEW GoodsPrice
AS
SELECT * FROM goods WHERE price=47;
```

通过上述 SQL 语句，创建一个名字为 GoodsPrice 的视图，在这个视图中保存价格是 47 的商品信息。执行结果如图 18-2 所示，如果此时查看数据库中的表，会发现刚刚创建的视图，如图 18-3 所示。

	id	name	price	reserve	sales	company	ship	time1	time2	type
1	1	iPhone	47	155	290	3	AA01	2020-01-01 15:42:32.000	2020	数码
2	2	鼠标	47	34	23	14	BC03	2020-02-01 15:42:32.000	2020	数码
3	3	固态硬盘	458	2345	2999	15	AS43	2020-07-01 15:42:32.000	2021	数码
4	4	鲈鱼	56	100	200	3	DF21	2020-10-01 15:42:32.000	2020	生鲜
5	5	USB风扇	56	200	500	14	FD34	2020-01-14 15:42:32.000	1999	家用电器
6	6	32GU盘	58	12	700	15	23DE	2020-01-15 15:42:32.000	2020	数码
7	7	品商品7	77	20	600	3	DF11	2020-08-01 15:42:32.000	2020	未分类
8	8	品8商	99	45	50	14	GG00	2020-09-01 15:42:32.000	2019	未分类
9	9	商品9	87	67	45	15	TH12	2020-11-01 15:42:32.000	2018	未分类
10	10	商品10	55	60	67	3	23HD	2020-01-03 15:42:32.000	2017	未分类
11	11	商品11	60	20	NULL	14	12FB	2020-01-16 15:42:32.000	2009	NULL
12	12	华为手机	5888	20	21	11	12DF	2020-01-16 15:42:32.000	2019	NULL
13	27	餐巾纸	55	121	200	16	CV03	2020-01-01 00:00:00.000	2021	生活用品
14	28	餐巾纸	55	121	200	16	CV03	2020-01-01 00:00:00.000	2021	生活用品

（a）数据库中的数据

（b）SQL Server 数据库

✔ MySQL 返回的查询结果为空 (即零行)。 (查询花费 0.0069 秒。)

CREATE VIEW GoodsPrice AS SELECT * FROM goods WHERE price=47

（c）MySQL 数据库

图 18-2　执行结果

（a）SQL Server 数据库

（b）MySQL 数据库

图 18-3　成功创建视图

如果单击数据库中的视图 GoodsPrice，我们会发现里面的数据正是如下 SQL 语句的查询结果集，即价格是 47 的商品信息，如图 18-4 所示。

```
SELECT * FROM goods WHERE price=47;
```

	id	name	price	reserve	sales	company	ship	time1	time2	type
1	1	iPhone	47	155	290	3	AA01	2020-01-01 15:42:32.000	2020	数码
2	2	鼠标	47	34	23	14	BC03	2020-02-01 15:42:32.000	2020	数码

（a）SQL Server 数据库

id	name	price	reserve	sales	company	ship	time1	type
1	iPhone	47	155	290	3	AA01	2020-01-01 15:42:32	数码
2	鼠标	47	34	23	14	BC03	2020-02-01 15:42:32	数码

（b）MySQL 数据库

图 18-4　视图 GoodsPrice 中的数据

此时使用如下 SQL 语句查询视图 GoodsPrice，会是什么执行结果呢？

```
SELECT
*
FROM GoodsPrice;
```

通过上述 SQL 语句，查询视图 GoodsPrice 中所有的数据信息。执行后会显示和图 18-4

完全一样的查询结果。

18.1.3 使用 DROP VIEW 语句删除视图

在 SQL 语句中，使用 DROP VIEW 语句删除视图的语法格式如下：

```
DROP VIEW name(<视图列名 1>, <视图列名 2>, ……)
```

在上述格式中，使用 DROP VIEW 删除名字为“name”的视图。同样，我们来看一个具体的示例。

【示例 18-2】删除名字为 GoodsPrice 的视图。

SQL 语句如下：

```
DROP VIEW GoodsPrice;
```

通过上述 SQL 语句，删除数据库中名字为 GoodsPrice 的视图，如果此时查看数据库中的表，会发现已找不到该视图，如图 18-5 所示。

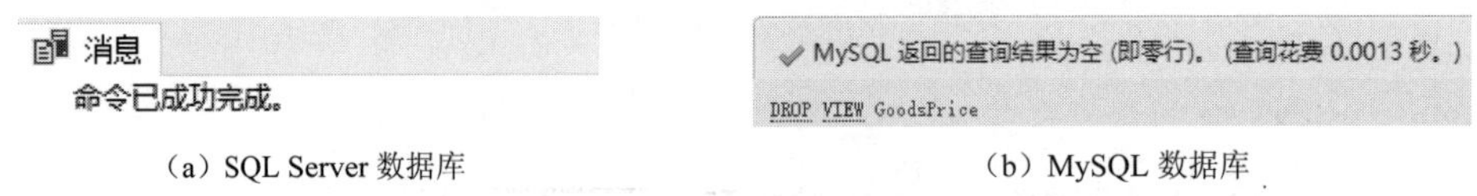

（a）SQL Server 数据库　　（b）MySQL 数据库

图 18-5 执行结果

18.2 视图的基本用法

通过本章前面的学习，已经掌握了创建和删除视图的基本技巧。在本节中，将详细讲解视图的常见用法，包括简化查询操作、过滤数据、使用聚合函数以及使用数学运算符等。

18.2.1 通过视图简化查询操作

在 SQL 语句中，使用视图的最大好处是简化 SELECT 查询语句。在表 goods 中保存商品的信息，如图 18-6 所示。在表 Vendors 中保存制造商的信息，如图 18-7 所示。

id	name	price	reserve	sales	company	ship	time1	time2	type
1	iPhone	47	155	290	3	AA01	2020-01-01 15:42:32.000	2020	数码
2	鼠标	47	34	23	14	BC03	2020-02-01 15:42:32.000	2020	数码
3	固态硬盘	458	2345	2999	15	AS43	2020-07-01 15:42:32.000	2021	数码
4	鲈鱼	56	100	200	3	DF21	2020-10-01 15:42:32.000	2020	生鲜
5	USB风扇	56	200	500	14	FD34	2020-01-14 15:42:32.000	1999	家用电器
6	32GU盘	58	12	700	15	23DE	2020-01-15 15:42:32.000	2020	数码
7	品商品7	77	20	600	3	DF11	2020-08-01 15:42:32.000	2020	未分类
8	品8商	99	45	50	14	GG00	2020-09-01 15:42:32.000	2019	未分类
9	商品9	87	67	45	15	TH12	2020-11-01 15:42:32.000	2018	未分类
10	商品10	55	60	67	3	23HD	2020-01-03 15:42:32.000	2017	未分类
11	商品11	60	20	NULL	14	12FB	2020-01-16 15:42:32.000	2009	NULL
12	华为手机	5888	20	21	11	12DF	2020-01-16 15:42:32.000	2019	NULL
27	餐巾纸	55	121	200	16	CV03	2020-01-01 00:00:00.000	2021	生活用品
28	餐巾纸	55	121	200	16	CV03	2020-01-01 00:00:00.000	2021	生活用品

图 18-6 表 goods 中的数据信息

id	cname	phone	address	manage
2	公司D	123456	上海市	老崔
3	公司A	1234567	北京市西城区	老管
14	公司B	0531123	济南市历下区龙奥北路	老李
15	公司C	0532345	青岛市市南区	老张
16	公司D	123456	上海市	老崔
17	公司D	123456	上海市	老崔
18	公司E	NULL	上海市	老崔
19	公司F	123456	天津市	老A
20	公司G	123456	成都市	老B
21	公司G	123456	重庆市	老C

图 18-7 表 Vendors 中的数据信息

在前面的内容中我们学习过连接的知识，例如通过下面的 SQL 语句，可以查询两个表 Vendors 和 goods 中的数据，返回每个商品的名字、制造商的名字和制造商的办公地址等信息。

```
SELECT name, cname, address
FROM Vendors, goods
WHERE Vendors.id = goods.company;
```

执行结果如图 18-8 所示，由此可见，通过使用一条 SELECT 语句，可以返回两个不同表中的数据。

	name	cname	address
1	iPhone	公司A	北京市西城区
2	鼠标	公司B	济南市历下区龙奥北路
3	固态硬盘	公司C	青岛市市南区
4	鲈鱼	公司A	北京市西城区
5	USB风扇	公司B	济南市历下区龙奥北路
6	32GU盘	公司C	青岛市市南区
7	品商品7	公司A	北京市西城区
8	品8商	公司B	济南市历下区龙奥北路
9	商品9	公司C	青岛市市南区
10	商品10	公司A	北京市西城区
11	商品11	公司B	济南市历下区龙奥北路
12	餐巾纸	公司D	上海市
13	餐巾纸	公司D	上海市

图 18-8 执行结果

使用视图同样可以实现上述查询功能，可以通过如下 SQL 语句创建一个视图，在视图中保存每个商品的名字、制造商的名字和制造商的办公地址等信息。

```
CREATE VIEW goodscompany
 AS
SELECT name, cname, address
FROM Vendors, goods
WHERE Vendors.id = goods.company;
```

通过上述 SQL 语句，创建一个名字为 GoodsPrice 的视图，在这个视图中保存每个商品的名字、制造商的名字和制造商的办公地址等信息。如果此时查看数据库中的表，会发现刚创建的视图，如图 18-9 所示。

（a）SQL Server 数据库 （b）MySQL 数据库

图 18-9 成功创建视图

在成功创建视图 GoodsPrice 后，如果想查询每个商品的名字、制造商的名字和制造商的办公地址等信息，只需通过如下 SQL 语句即可实现。

```
SELECT * FROM goodscompany;
```

执行上述 SQL 语句即可获得每个商品的名字、制造商的名字和制造商的办公地址等信息，如图 18-10 所示。

	name	cname	address
1	iPhone	公司A	北京市西城区
2	鼠标	公司B	济南市历下区龙奥北路
3	固态硬盘	公司C	青岛市市南区
4	鲈鱼	公司A	北京市西城区
5	USB风扇	公司B	济南市历下区龙奥北路
6	32GU盘	公司C	青岛市市南区
7	品商品7	公司A	北京市西城区
8	品8商	公司B	济南市历下区龙奥北路
9	商品9	公司C	青岛市市南区
10	商品10	公司A	北京市西城区
11	商品11	公司B	济南市历下区龙奥北路
12	餐巾纸	公司D	上海市
13	餐巾纸	公司D	上海市

图 18-10　执行结果

这样，如果大家在工作中需要频繁获得某个商品的名字、制造商的名字和制造商的办公地址等信息时，就不用每次都使用连接语句从两个数据库表中取得数据。创建视图后，即可通过非常简单的 SELECT 语句，随时得到这些数据。并且如果表 Vendors 和 goods 中的数据发生变化后，视图也会自动更新，查询结果也会随之更新，非常方便。

18.2.2　使用视图过滤数据

在使用 CREATE VIEW 语句创建视图时，可以使用 WHERE 子句过滤数据信息。在过滤语句中可以使用常见的运算符，例如>、<、=等。

【示例 18-3】 创建查询价格高于 60 的商品信息的视图。

SQL 语句如下：

```
CREATE VIEW sixty
 AS
SELECT
*
FROM goods WHERE price>60;
```

在上述 SQL 语句中，创建一个名字为 sixty 的视图，在这个视图中保存价格高于 60 的商品信息（此处用到了常见运算符“＞”）。接下来执行如下 SQL 语句，即可返回价格高于 60 的商品信息，执行结果如图 18-11 所示。

```
SELECT
*
FROM sixty;
```

id	name	price	reserve	sales	company	ship	time1	time2	type
3	固态硬盘	458	2345	2999	15	AS43	2020-07-01 15:42:32.000	2021	数码
7	品商品7	77	20	600	3	DF11	2020-08-01 15:42:32.000	2020	未分类
8	品8商	99	45	50	14	GG00	2020-09-01 15:42:32.000	2019	未分类
9	商品9	87	67	45	15	TH12	2020-11-01 15:42:32.000	2018	未分类
12	华为手机	5888	20	21	11	12DF	2020-01-16 15:42:32.000	2019	NULL

图 18-11　执行结果

18.2.3　在视图中使用聚合函数

在使用 CREATE VIEW 语句创建视图时，可以使用聚合函数统计数据信息。我们通过一个具体的示例展示一下。

【示例 18-4】创建计算数据库表 goods 中所有商品平均价格的视图。

SQL 语句如下：

```
CREATE VIEW AVGPrice
 AS
SELECT AVG(price) AS '平均价' FROM goods;
```

在上述 SQL 语句中，创建一个名字为 AVGPrice 的视图，在这个视图中保存所有商品的平均价格（此处用到了聚合函数 AVG()）。接下来执行如下 SQL 语句，即可返回所有商品的平均价格，执行结果如图 18-12 所示。

	平均价
1	507

图 18-12　执行结果

```
SELECT
*
FROM AVGPrice;
```

18.2.4　在视图中使用数学运算符

在使用 CREATE VIEW 语句创建视图时，可以使用数学运算符检索数据信息。我们同样通过一个简单的示例来展示。

【示例 18-5】创建查询并显示数据库表 goods 中商品的正常价格和两倍价格信息的视图。

SQL 语句如下：

```
CREATE VIEW TWO
AS
SELECT name,
 price AS "正常价格",
 price * 2 AS "两倍价格"
FROM goods;
```

在上述 SQL 语句中，创建一个名字为 TWO 的视图，在这个视图中保存所有商品的正常价格和两倍价格信息（price*2）。接下来执行如下 SQL 语句，即可查询并显示商品的正常价格和两倍价格信息，执行结果如图 18-13 所示。

```
SELECT
*
FROM TWO;
```

name	正常价格	两倍价格
iPhone	47	94
鼠标	47	94
固态硬盘	458	916
鲈鱼	56	112
USB风扇	56	112
32GU盘	58	116
品商品7	77	154
品8商	99	198
商品9	87	174
商品10	55	110
商品11	60	120
华为手机	5888	11776
餐巾纸	55	110
餐巾纸	55	110

图 18-13　执行结果

18.3　通过视图添加、更新和删除数据

在使用 CREATE VIEW 语句创建视图后，可以和普通的数据库表一样，通过视图向数据库中添加、更新和删除数据。

18.3.1　通过视图添加数据

在 SQL 语句中，通过视图向数据库中添加数据语法格式如下：

```
INSERT INTO view_name
(column_name1,column_name2, column_name3,...)
VALUES (value1,value2,value3,...);
```

相关参数说明如下：

- view_name：视图的名称；
- column_name1、column_name2 和 column_name3：在视图中列的名字；
- value1、value2 和 value3：在视图的列中添加的值，该值同 column_name1、column_name2 和 column_name3 一一对应。

为了更好地讲解本节内容，我们需要先创建一个视图，用于查询数据库表 Vendors 中所有制造商的数据信息。

创建视图的 SQL 语句如下：

```
CREATE VIEW COM
AS
SELECT * FROM Vendors;
```

在上述 SQL 语句中，创建了一个名字为 COM 的视图，在这个视图中保存了数据库表 Vendors 中所有商品制造商的数据信息。接下来执行如下 SQL 语句，即可返回数据库中所有商品制造商的数据信息，执行结果如图 18-14 所示。

```
SELECT
*
FROM COM;
```

id	cname	phone	address	manage
2	公司D	123456	上海市	老崔
3	公司A	1234567	北京市西城区	老管
14	公司B	0531123	济南市历下区龙奥北路	老李
15	公司C	0532345	青岛市市南区	老张
16	公司D	123456	上海市	老崔
17	公司D	123456	上海市	老崔
18	公司E	NULL	上海市	老崔
19	公司F	123456	天津市	老A
20	公司G	123456	成都市	老B
21	公司G	123456	重庆市	老C

图 18-14 执行结果

接下来，我们通过一个示例来展示一下如何借用新创建的视图向数据库中添加新的数据。

【示例 18-6】通过视图 COM 向数据库中添加一行新的制造商信息。

SQL 语句如下：

```
INSERT INTO COM
(cname,
         phone,
         address,
         manage)
VALUES('公司 M',
       '123456',
       '广州市',
       '老 A');
```

在上述 SQL 语句中，使用 INSERT INTO 语句向数据库中添加一条新的制造商信息。此时查询数据库表 Vendors 中的数据，会发现刚添加的这条信息，如图 16-15 所示。并且如果此时查询视图 COM 中的信息，也会发现刚添加的这条信息，如图 16-16 所示。

id	cname	phone	address	manage
2	公司D	123456	上海市	老崔
3	公司A	1234567	北京市西城区	老管
14	公司B	0531123	济南市历下区龙奥北路	老李
15	公司C	0532345	青岛市市南区	老张
16	公司D	123456	上海市	老崔
17	公司D	123456	上海市	老崔
18	公司E	NULL	上海市	老崔
19	公司F	123456	天津市	老A
20	公司G	123456	成都市	老B
21	公司G	123456	重庆市	老C
22	公司M	123456	广州市	老A

图 18-15　数据库表 Vendors 中的数据信息

id	cname	phone	address	manage
2	公司D	123456	上海市	老崔
3	公司A	1234567	北京市西城区	老管
14	公司B	0531123	济南市历下区龙奥北路	老李
15	公司C	0532345	青岛市市南区	老张
16	公司D	123456	上海市	老崔
17	公司D	123456	上海市	老崔
18	公司E	NULL	上海市	老崔
19	公司F	123456	天津市	老A
20	公司G	123456	成都市	老B
21	公司G	123456	重庆市	老C
22	公司M	123456	广州市	老A

图 18-16　视图 COM 中的数据信息

18.3.2　通过视图更新数据

在 SQL 语句中，通过视图更新数据库中数据的语法格式如下：

```
UPDATE view_name
SET column1=value1,column2=value2,...
WHERE some_column=some_value;
```

接下来继续以前面创建的视图 COM 为例进行讲解，在此视图中保存了数据库表中所有制造商的信息。在下面的示例中，通过视图 COM 修改数据库表中指定行的数据信息。

【示例 18-7】通过视图 COM 修改数据库表 Vendors 中编号大于 21 的制造商信息。

SQL 语句如下：

```
UPDATE COM
SET phone='150690',manage='王大壮'
WHERE id>21;
```

在上述 SQL 语句中，使用 UPDATE 语句修改数据库表 Vendors 中编号大于 21 的制造商的信息。此时无论是查询数据库表 Vendors 中的数据，还是查询视图 COM 中的信息，都会发现成功修改了编号大于 21 的制造商的信息，执行结果如图 18-17 所示。

id	cname	phone	address	manage
2	公司D	123456	上海市	老崔
3	公司A	1234567	北京市西城区	老管
14	公司B	0531123	济南市历下区龙奥北路	老李
15	公司C	0532345	青岛市市南区	老张
16	公司D	123456	上海市	老崔
17	公司D	123456	上海市	老崔
18	公司E	NULL	上海市	老崔
19	公司F	123456	天津市	老A
20	公司G	123456	成都市	老B
21	公司G	123456	重庆市	老C
22	公司M	150690	广州市	王大壮

图 18-17　执行结果

18.3.3　通过视图删除数据

在 SQL 语句中，通过视图删除数据库中数据的语法格式如下：

```
DELETE view_name
WHERE some_column=some_value;
```

相关参数说明如下：

- some_column：表示要删除的视图列的名字；

- column=some_value：设置要删除数据行的过滤条件。

上述 SQL 语句的功能是，删除视图 view_name 中满足条件“column=some_value”的信息。接下来继续以前面创建的视图 COM 为例进行讲解，在此视图中保存了数据库表中所有制造商的信息。我们来看一个具体示例。

【示例 18-8】通过视图 COM 删除数据库表 Vendors 中编号是 22 的制造商信息。

SQL 语句如下：

```
DELETE COM
WHERE id=22;
```

在上述 SQL 语句中，使用 DELETE 语句删除了数据库表 Vendors 中编号是 22 的制造商信息。此时无论是查询数据库表 Vendors 中的数据，还是查询视图 COM 中的信息，都会发现成功删除了编号是 22 的制造商信息，执行结果如图 16-18 所示。

id	cname	phone	address	manage
2	公司D	123456	上海市	老崔
3	公司A	1234567	北京市西城区	老管
14	公司B	0531123	济南市历下区龙奥北路	老李
15	公司C	0532345	青岛市市南区	老张
16	公司D	123456	上海市	老崔
17	公司D	123456	上海市	老崔
18	公司E	NULL	上海市	老崔
19	公司F	123456	天津市	老A
20	公司G	123456	成都市	老B
21	公司G	123456	重庆市	老C

图 18-18　执行结果

第 19 章　使用存储过程

存储过程（Stored Procedure）是大型数据库系统中一组为了完成特定功能的 SQL 语句集，它存储在数据库中，一次编译后永久有效，用户通过指定存储过程的名字并给出参数（如果该存储过程带有参数）来执行它。存储过程是数据库中的一个重要对象，在数据量特别庞大的情况下，利用存储过程可以达到倍速的效率提升。在本章中，将详细讲解使用存储过程的知识和具体方法。

19.1　初步认识存储过程

我们可以将存储过程看作是一个记录集，它是由一些 SQL 语句组成的代码块，这些 SQL 语句代码像一个方法一样实现一些功能（对单表或多表的增删改查），然后给这个代码块取一个名字，在用到这个功能时调用这个名字即可。在本节中，将详细讲解存储过程的基本知识。

19.1.1　存储过程的工作机制

存储过程是一种在数据库中存储的复杂程序，以便外部程序调用的一种数据库对象。存储过程是为了完成特定功能的 SQL 语句集，经编译创建并保存在数据库中，用户可通过指定存储过程的名字并给定参数（需要时）来调用执行。

存储过程思想上很简单，就是数据库 SQL 语言层面的代码封装与重用。迄今为止，在前面的学习过程中，使用的大多数 SQL 语句都是针对一个或多个数据库表的单条语句。但是在实际应用中，并非所有操作都这么简单，经常会有一些复杂的操作需要多条语句才能完成，下面举一个简单的例子。

某在线商城处理订单时必须核对信息，以保证库存中有相应的商品。如果商品有库存，需要预定，不再出售给别的人，并且减少商品数据以反映正确的库存量。如果库存中没有的商品需要订购，则需要与供应商进行某种交互。关于哪些商品入库（并且可以立即发货）和哪些商品退订，需要通知相应的顾客。

上面的例子其实并不完整，它甚至超出了前面所用的数据库表，但是已经足以表达我们的意思了。执行这个处理需要针对许多表的多条 SQL 语句。此外，需要执行的具体 SQL 语句及其次序也不是固定的，它们可能会根据商品是否在库存中而变化。

那么，应该怎样编写处理代码呢？可以单独编写每条 SQL 语句，并根据结果有条件地执行其他语句。在每次需要这个处理时（以及每个需要它的应用中），都必须做这些工作。在创建存储过程后，会使上面的工作变得非常简单。概括来说，存储过程就是为以后使用而保存的一条或多条 SQL 语句。可以将其视为批处理文件，虽然它们的作用不仅限于批处理。

19.1.2　存储过程的优缺点

了解了存储过程的工作机制，我们从以下四个方面梳理一下其优点。

（1）存储过程允许标准组件式编程

在创建存储过程后可以在程序中被多次调用执行，而不必重新编写该存储过程的 SQL 语句；而且数据库专业人员可以随时对存储过程进行修改，而对应用程序源代码却毫无影响，从而极大地提高了程序的可移植性。

（2）存储过程能够实现较快的执行速度

如果某一操作包含大量的 T-SQL 语句代码，分别被多次执行，那么存储过程要比批处理的执行速度快得多。因为存储过程是预编译的，在首次运行一个存储过程时，查询优化器对其进行分析、优化，并给出最终被存在系统表中的存储计划。而批处理的 T-SQL 语句每次运行都需要预编译和优化，所以速度就要慢一些。

（3）存储过程减少网络流量

对于同一个针对数据库对象的操作，如果这一操作所涉及的 T-SQL 语句被组织成一存储过程，那么当在客户机上调用该存储过程时，网络中传递的只是该调用语句，否则将会是多条 SQL 语句，从而减少了网络流量，降低了网络负载。

（4）存储过程可被作为一种安全机制来充分利用

系统管理员可以对执行的某一个存储过程进行权限限制，从而能够实现对某些数据访问的限制，避免非授权用户对数据的访问，保证数据的安全。

存储过程并不是完美的，它在以下两个方面还存在局限性。

（1）存储过程往往定制化于特定的数据库上，因为支持的编程语言不同。当切换到其他的数据库系统时，需要重写原有的存储过程。

（2）存储过程的性能调校与撰写，受限于各种数据库系统。

注意：SQLite 数据库不支持存储过程。

19.2　SQL Server 数据库中的存储过程

SQL Server 是最为常用的数据库产品之一，内置了多个系统存储过程，提高了开发效率。在本节中，将详细讲解在 SQL Server 数据库中创建并使用存储过程的知识。

19.2.1 内置的系统存储过程

在 SQL Server 数据库中内置了多个系统存储过程，系统存储过程是系统创建的存储过程，目的在于能够方便地从系统表中查询信息或完成与更新数据库表相关的管理任务。系统存储过程主要存储在 master 数据库中，名字以“sp”加下画线开头。尽管这些系统存储过程在 master 数据库中，但是可以在其他数据库中调用系统存储过程。另外，有一些系统存储过程会在创建新的数据库时被自动创建在当前数据库中。

在 SQL Server 数据库中，常用的系统存储过程如表 19-1 所示。

表 19-1 常用的系统存储过程

存储过程	说明
sp_databases	查看数据库
sp_tables	查看表
sp_columns	查看列
sp_helpIndex	查看索引
sp_helpConstraint student	约束
sp_stored_procedures	返回当前数据库中的存储过程的清单
sp_helptext	查看存储过程的创建、定义语句
sp_rename	修改表、索引、列的名称
sp_renamedb	修改数据库的名称
sp_defaultdb	修改登录名的默认数据库
sp_helpdb	帮助，查询数据库信息

19.2.2 使用 SQL Server Management Studio 创建存储过程

在 SQL Server 数据库中创建存储过程的具体步骤如下。

（1）打开 SQL Server Management Studio，连接数据库服务器引擎的实例，然后展开该实例。

（2）依次展开“数据库”、数据库“shop”和“可编程性”，然后右击“存储过程”，在弹出的快捷菜单中选择“新建”→“存储过程”命令，如图 19-1 所示。

（3）单击 SQL Server Management Studio 顶部菜单栏中的“查询”选项，然后单击“指定模板参数的值”子选项，如图 19-2 所示。

（4）弹出“指定模板参数的值”对话框，在此可以设置存储过程的参数，如图 19-3 所示。

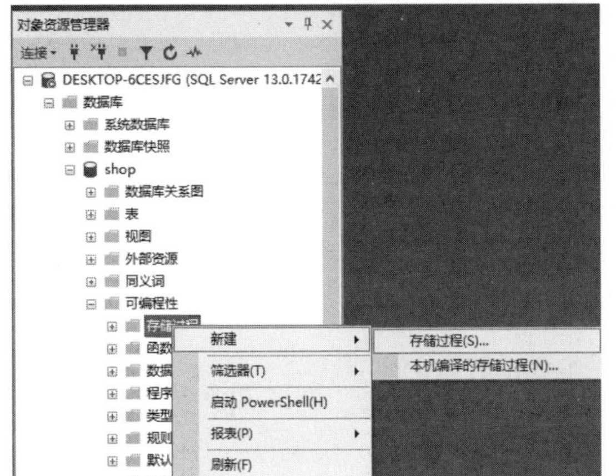

图 19-1　依次单击“新建”“存储过程”

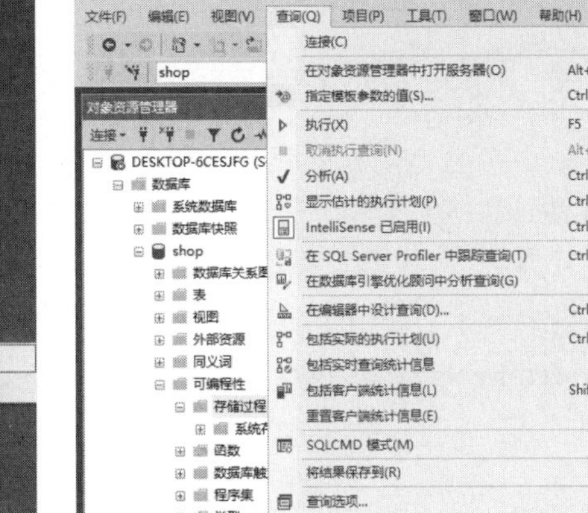

图 19-2　单击“指定模板参数的值”

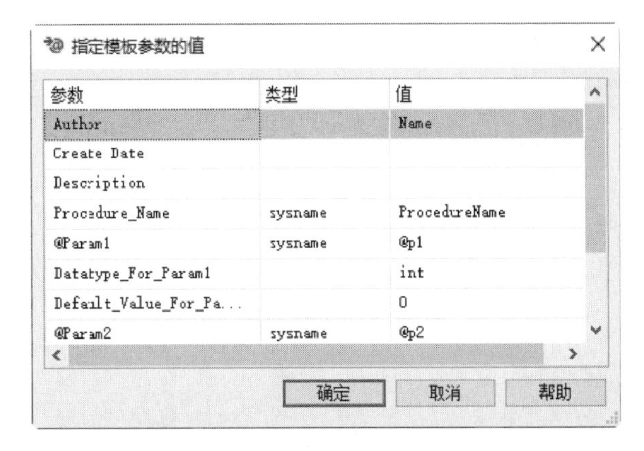

图 19-3　“指定模板参数的值”对话框

在“指定模板参数的值”对话框中可以设置如表 19-2 所示的值。

表 19-2　指定模板参数与对应值

参数	值
作者	您的姓名
创建日期	今天的日期
说明	返回的数据。
Procedure_name	存储过程的名字
@Param1	@LastName
@Datatype_For_Param1	nvarchar(50)
Default_Value_For_Param1	Null
@Param2	@FirstName
@Datatype_For_Param2	nvarchar(50)
Default_Value_For_Param2	Null

（5）在“查询编辑器”界面中，使用以下语句替换 SELECT 语句。

```
SELECT
name,
price
FROM goods
WHERE price = 55 OR price = 77;
```

上述 SQL 语句的功能是，查询数据库表 goods 中商品价格是 55 或 77 的商品信息，在“查询编辑器”界面中添加上述 SQL 语句后，执行这条 SQL 语句即可创建这个存储过程“ProcedureName”，执行结果如图 19-4 所示。

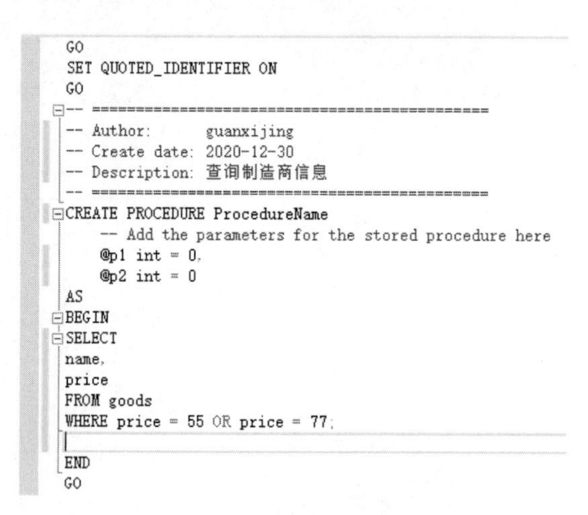

（a）添加 SELECT 查询语句

（b）创建成功提示　　（c）创建的存储过程

图 19-4　执行结果

19.2.3　使用 SQL 创建存储过程

在 SQL 语句中，使用 CREATE PROCEDURE 语句创建存储过程，具体语法格式如下：

```
CREATE PROCEDURE PROCEDURE_NAME
AS
SELECT 语句;
```

相关参数说明如下：

- PROCEDURE_NAME：存储过程的名字；
- SELECT 语句：合法的 SELECT 语句。

上述 SQL 语句的功能是，创建一个名为 PROCEDURE_NAME 的存储过程，这个存储过程的功能是执行 SELECT 语句并返回对应的结果集。下面的示例，创建一个名为 GoodsPrice 的存储过程。

【示例 19-1】创建存储过程 GoodsPrice（查询价格是 55 或销量大于 2 000 的商品信息）。

SQL 语句如下：

```
CREATE PROCEDURE GoodsPrice
AS
SELECT name, price,sales FROM goods
WHERE price = 55 OR sales >2000;
```

通过上述 SQL 语句，创建一个名字为 GoodsPrice 的存储过程，在这个存储过程中，使用 SELECT 语句查询单价是 55 或销量大于 2 000 的商品信息。执行结果如图 19-5 所示。

（a）创建成功提示　　（b）创建的存储过程“GoodsPrice”

图 19-5　执行结果

19.2.4　调用并执行存储过程

在 SQL Server 数据库中创建存储过程以后，就可以使用这些存储过程操作数据库。在 SQL 语句中，使用 EXECUTE 语句执行存储过程，具体语法格式如下：

```
EXECUTE PROCEDURE PROCEDURE_NAME;
```

其中，参数“PROCEDURE_NAME”表示要执行的存储过程的名字。

1. 使用系统存储过程

下面的示例，使用 EXECUTE 调用内置的系统存储过程 sp_databases。

【示例 19-2】查询当前服务器引擎中的数据库名字。

```
EXECUTE sp_databases;
```

通过上述 SQL 语句，调用并运行系统存储过程 sp_databases，执行后会查询当前服务器引擎中的数据库名字，执行结果如图 19-6 所示。

	DATABASE_NAME	DATABASE_SIZE	REMARKS
1	master	7552	NULL
2	model	16384	NULL
3	msdb	21888	NULL
4	shop	16384	NULL
5	tempdb	40960	NULL

图 19-6　执行结果

2. 使用自己编写的存储过程

在前面通过 SQL Server Management Studio 创建了存储过程 ProcedureName。接下来我们使用 EXECUTE 调用并执行存储过程 ProcedureName，SQL 语句如下：

```
EXECUTE ProcedureName;
```

通过上述 SQL 语句，调用并运行系统存储过程 ProcedureName，执行后会查询数据库表中价格是 55 或 77 的商品信息，执行结果如图 19-7 所示。

在前面我们还通过 SQL 语句创建存储过程 GoodsPrice。我们同样使用 EXECUTE 调用并执行存储过程 GoodsPrice，SQL 语句如下：

```
EXECUTE GoodsPrice;
```

通过上述 SQL 语句，调用并运行系统存储过程 GoodPrice，执行后会查询数据库中价格是 55 或销量大于 2 000 的商品信息，执行结果如图 19-8 所示。

	name	price
1	品商品7	77
2	商品10	55
3	餐巾纸	55
4	餐巾纸	55

图 19-7　执行结果

	name	price	sales
1	固态硬盘	458	2999
2	商品10	55	67
3	餐巾纸	55	200
4	餐巾纸	55	200

图 19-8　执行结果

19.2.5　修改存储过程

在 SQL 语句中，使用 ALTER PROCEDURE 语句修改存储过程，具体语法格式如下：

```
ALTER PROCEDURE PROCEDURE_NAME
AS
SELECT 语句;
```

其中，PROCEDURE_NAME 表示要修改的存储过程的名字。

上述 SQL 语句的功能是，修改名为 PROCEDURE_NAME 的存储过程，这个存储过程的功能是执行 SELECT 语句并返回对应的结果集。

我们在前面创建了一个名为 GoodsPrice 的存储过程，功能是查询价格是 55 或销量大于 2 000 的商品信息。下面的示例会修改名为 GoodsPrice 的存储过程。

【示例 19-3】修改存储过程 GoodsPrice（查询数据库表 goods 中价格是 55 的商品信息）。

SQL 语句如下：

```
ALTER PROCEDURE GoodsPrice
AS
SELECT name, price,sales FROM goods
WHERE price = 55;
```

通过上述 SQL 语句，修改名字为 GoodsPrice 的存储过程，在这个存储过程中，使用 SELECT 语句查询单价是 55 的商品的信息。而原来存储过程 GoodsPrice 的功能是查询价格是 55 或销量大于 2 000 的商品信息，通过如下 SQL 命令执行存储过程 GoodsPrice。

```
EXECUTE GoodsPrice;
```

得到新的查询结果，如图 19-9 所示。

	name	price	sales
1	固态硬盘	458	2999
2	商品10	55	67
3	餐巾纸	55	200
4	餐巾纸	55	200

（a）修改前

	name	price	sales
1	商品10	55	67
2	餐巾纸	55	200
3	餐巾纸	55	200

（b）修改后

图 19-9　执行结果

19.2.6　删除存储过程

在 SQL 语句中，可以使用 DROP PROCEDURE 语句删除某个存储过程，具体语法格式如下：

```
DROP PROCEDURE PROCEDURE_NAME;
```

其中，参数“PROCEDURE_NAME”表示要删除的储存过程的名字。

上述 SQL 语句的功能是，删除数据库中名为 PROCEDURE_NAME 的存储过程。下面 SQL 语句将会删除名为 GoodsPrice 的存储过程。

```
DROP PROCEDURE GoodsPrice;
```

执行后的结果如图 19-10 所示。

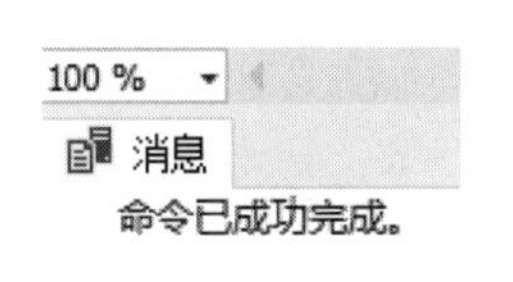

（a）删除成功提示

（b）存储过程 GoodsPrice 已经不存在

图 19-10　执行结果

19.3　MySQL 数据库中的存储过程

MySQL 5.0 以前版本并不支持存储过程，这使得 MySQL 在应用效率上大打折扣。好在从 MySQL 5.0 版本开始支持存储过程，这样可以大大提高数据库的处理速度，同时也可以提高数据库编程的灵活性。在本节的内容中，将详细讲解在 MySQL 数据库中创建并使用存储过程的知识。

19.3.1　使用 SQL 命令创建存储过程

在 SQL 语句中，使用 CREATE PROCEDURE 语句创建存储过程，具体语法格式如下：

```
CREATE PROCEDURE GetAllProducts(参数)
```

```
BEGIN
  SELECT 语句;
END
```

相关参数说明如下：

- GetAllProducts：存储过程的名字；
- 参数：可以是 IN、OUT 或 INOUT。IN 表示向存储过程传入参数，OUT 表示向外传出参数，INOUT 表示定义的参数可以传入存储过程并且可以被存储过程修改后传出到存储过程。因为默认参数是 IN，所以可以省略 IN；
- SELECT 语句：必须是合法的 SELECT 语句。

我们来看下面的示例，尝试创建一个名为 GetAllProducts 的存储过程。

【示例 19-4】创建存储过程 GetAllProducts（查询数据库表 goods 中所有的商品信息）。

SQL 语句如下：

```
CREATE PROCEDURE GetAllProducts()
BEGIN
  SELECT *  FROM goods;
END ;
```

通过上述 SQL 语句，创建一个名字为 GetAllProducts 的存储过程，在这个存储过程中，使用 SELECT 语句查询数据库表 goods 中所有的商品信息。执行结果如图 19-11 所示。

```
mysql> use shop
Database changed
mysql> DELIMITER //
mysql>  CREATE PROCEDURE GetAllProducts()
    ->    BEGIN
    ->    SELECT *  FROM goods;
    ->    END //
Query OK, 0 rows affected (0.00 sec)
```

图 19-11　执行结果

19.3.2　使用可视化界面创建存储过程

通过第三方可视化工具可以为 MySQL 数据库创建存储过程，例如 phpMyAdmin、Navicat 等。以 phpMyAdmin 为例，我们来看一个具体的示例。

【示例 19-5】使用 phpMyAdmin 创建一个名为 GetAllVendors 的存储过程（查询数据库表 Vendors 中的制造商信息）。

具体步骤如下。

（1）打开 phpMyAdmin，登录数据库服务器引擎。

（2）打开数据库“shop”，单击“存储过程”选项下面的“新建”子选项，如图 19-12 所示。

图 19-12　单击“新建”子选项

（3）在弹出的对话框中设置存储过程的程序名称是 GetAllVendors，设置定义内容是图 19-13 中的 SQL 语句。

图 19-13　设置存储过程的参数

（4）单击“执行”按钮后，成功创建一个名为 GetAllVendors 的存储过程，如图 19-14 所示。

图 19-14　创建成功

19.3.3　调用并执行存储过程

在 MySQL 数据库中创建存储过程后，即可使用这些存储过程操作数据库。在 SQL 语句中，可以使用 CALL 语句执行存储过程，具体语法格式如下：

```
CALL PROCEDURE_NAME();
```

其中，参数“PROCEDURE_NAME”表示要执行的存储过程的名字。

接下来，我们使用 CALL 语句调用并执行已经创建的存储过程 GetAllProducts，SQL 语句如下：

```
CALL GetAllProducts();
```

通过上述 SQL 语句，调用并运行存储过程 GetAllProducts，执行后会查询数据库表 goods 中所有商品的信息，执行结果如图 19-15 所示。

```
mysql> DELIMITER ;
mysql> CALL GetAllProducts();
```

id	name	price	reserve	sales	company	ship	time1	type
1	iPhone	47	155	290	3	AA01	2020-01-01 15:42:32	数码
2	鼠标	47	34	23	14	BC03	2020-02-01 15:42:32	数码
3	固态硬盘	458	2345	2999	15	AS43	2020-07-01 15:42:32	数码
4	鲈鱼	56	100	200	3	DF21	2020-10-01 15:42:32	生鲜
5	USB风扇	56	200	500	14	FD34	2020-01-14 15:42:32	家用电器
6	32GU盘	58	12	700	15	23DE	2020-01-15 15:42:32	数码
7	品商品7	77	20	600	3	DF11	2020-08-01 15:42:32	未分类
8	品8商	99	45	50	14	GG00	2020-09-01 14:42:32	未分类
9	商品9	87	67	45	15	TH12	2020-11-01 15:42:32	未分类
10	商品10	55	60	67	3	23HD	2020-01-03 15:42:32	未分类
11	商品11	60	20	NULL	15	12FB	2020-01-16 15:42:32	
12	华为手机	5888	20	21	11	12DF	2020-10-21 00:00:00	
13	餐巾纸	55	121	2000	17	CV03	2020-01-01 00:00:00	生活用品

13 rows in set (0.00 sec)

图 19-15　执行结果

在前面我们还使用 phpMyAdmin 创建了一个名为 GetAllVendors 的存储过程，接下来，我们调用并执行一下这个存储过程 GetAllVendors，SQL 语句如下：

```
CALL GetAllVendors();
```

通过上述 SQL 语句，调用并运行了系统存储过程 GetAllVendors，执行后会查询数据库中制造商的信息，执行结果如图 19-16 所示。

id	cname	phone	address	manage
2	公司E	123456	上海市	老哈
3	公司A	1234567	北京市西城区	老管
14	公司B	0531123	济南市历下区龙奥北路	老李
15	公司C	0532345	青岛市市南区	老张
16	公司D	123456	上海市	老崔
18	公司E	*NULL*	上海市	老崔
19	公司F	123456	天津市	老A
20	公司G	123456	成都市	老B
21	公司G	123456	重庆市	老C
22	公司M	123456	广州市	老A

图 19-16　执行结果

19.3.4　修改存储过程

MySQL 数据不支持使用 SQL 语句修改存储过程的方法，只能删除原来的存储过程，然后重新创建这个存储过程。开发者可以使用 phpMyAdmin 等可视化工具来修改存储过程。在前面我们曾经创建了一个名为 GetAllVendors 的存储过程，功能是查询数据库表 Vendors 中所有制造商的信息。我们通过下面的示例修改一下这个存储过程。

【示例 19-6】使用 phpMyAdmin 修改存储过程 GetAllVendors 的功能为：查询数据库表 Vendors 中编号大于 10 的制造商信息。

下面是具体操作步骤。

（1）打开 phpMyAdmin，登录数据库服务器引擎。

（2）打开数据库“shop”，单击“存储过程”选项下面的“新建”子选项，列出当前已经创建的存储过程，如图 19-17 所示。

（3）单击将要修改的存储过程 GetAllVendors，在弹出的对话框界面中可以重新设置存储过程的参数，例如将定义内容修改为下面的 SQL 语句，功能是查询数据库表 Vendors 中编号大于 10 的制造商信息。如图 19-18 所示。

```
BEGIN
  SELECT *  FROM vendors WHERE id>10;
END
```

图 19-17　已创建的存储过程

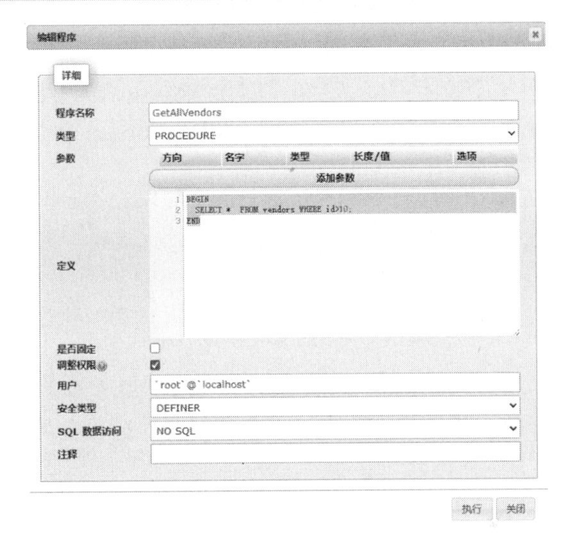

图 19-18　修改存储过程的参数

（4）单击“执行”按钮后，成功修改存储过程 GetAllVendors，在 phpMyAdmin 中输入下面的 SQL 语句运行修改后的存储过程，得到新的查询结果，如图 19-19 所示。

```
CALL GetAllVendors();
```

id	cname	phone	address	manage
2	公司E	123456	上海市	老哈
3	公司A	1234567	北京市西城区	老管
14	公司B	0531123	济南市历下区龙奥北路	老李
15	公司C	0532345	青岛市市南区	老张
16	公司D	123456	上海市	老崔
18	公司E	NULL	上海市	老崔
19	公司F	123456	天津市	老A
20	公司G	123456	成都市	老B
21	公司G	123456	重庆市	老C
22	公司M	123456	广州市	老A

（a）修改前的执行结果

id	cname	phone	address	manage
14	公司B	0531123	济南市历下区龙奥北路	老李
15	公司C	0532345	青岛市市南区	老张
16	公司D	123456	上海市	老崔
18	公司E	NULL	上海市	老崔
19	公司F	123456	天津市	老A
20	公司G	123456	成都市	老B
21	公司G	123456	重庆市	老C
22	公司M	123456	广州市	老A

（b）修改后的执行结果

图 19-19　执行结果

19.3.5 删除存储过程

在 SQL 语句中，可以使用 DROP PROCEDURE 语句删除某个存储过程，具体语法格式如下：

```
DROP PROCEDURE  PROCEDURE_NAME;
```

其中，参数“PROCEDURE_NAME”表示要删除的存储过程的名字。

上述 SQL 语句的功能是，删除数据库中名为 PROCEDURE_NAME 的存储过程，需要注意的是，在上面存储过程的名字中没有小括号“()”。下面 SQL 语句的功能是删除名为 GetAllVendors 的存储过程。

```
DROP PROCEDURE GetAllVendors;
```

执行后会发现存储过程 GetAllVerdors 已经不存在，结果如图 19-20 所示。

图 19-20 执行结果

注意：开发者也可以使用 phpMyAdmin 等可视化工具来删除存储过程。在 phpMy Admin 中打开数据库“shop”，单击“存储过程”选项会展示当前已经创建的存储过程，如图 19-21 所示。

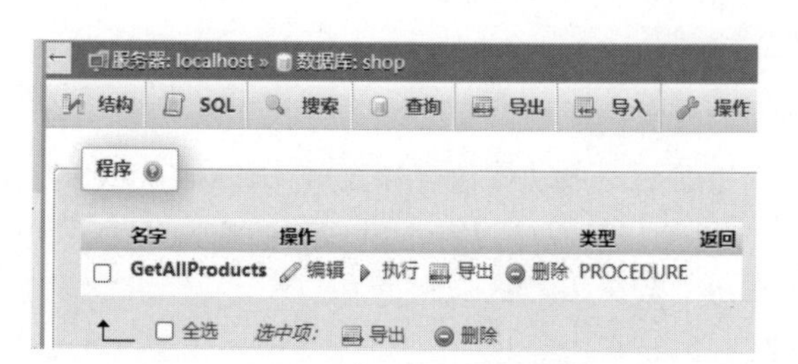

图 19-21 phpMyAdmin 中的存储过程

在图 19-21 中，单击“编辑”“执行”“删除”三个按钮会对存储过程进行修改、执行和删除等操作。

第 20 章　数据库管理

在本书前面的内容中，使用 SQL 语句多次操作了数据库中的表；其实 SQL 语句除了可以操作数据表的数据外，还可以操作数据库，例如创建数据库、修改数据库和删除数据库等。在本章的内容中，将详细讲解使用 SQL 语句创建、修改和删除数据库的知识，并讲解了控制数据库大小的方法。

20.1　SQL Server 数据库的基本操作

SQL Server 数据库具有很强的健壮性，可以支持多种 SQL 内置方法实现对数据库的操作。在操作数据库之前，需要先创建一个数据库。在本节中，将详细讲解使用 SQL 语句操作 SQL Server 数据库的知识，包括修改数据库、收缩数据库（文件）的大小以及删除数据库等；并通过具体的示例展示这些操作的使用方法。

20.1.1　在 SQL Server 中创建数据库

在 SQL Server 数据库中，可以使用 CREATE DATABASE 语句新建一个数据库，具体语法格式如下：

```
CREATE DATABASE dbname;
```

其中，参数“dbname”表示要创建的数据库名字，在使用上述 SQL 语句时，必须确保这个名字的数据库不存在，否则会出错。

接下来，我们新建一个数据库，SQL 语句如下：

```
CREATE DATABASE person;
```

通过上述 SQL 语句，创建一个名字为 person 的数据库，执行结果如图 20-1 所示。

（a）创建成功提示

（b）新创建的数据库 person

图 20-1　执行结果

这样就在当前服务器引擎中创建了数据库 person，但是这里有一个问题，为了保证数据库名称的唯一性，如果想再次通过如下 SQL 语句重复创建 person 则会出错，如图 20-2 所示。

```
CREATE DATABASE person;
```

消息
消息 1801，级别 16，状态 3，第 1 行
数据库 'person' 已存在。请选择其他数据库名称。

图 20-2　错误提示

为了避免发生上述的重复问题，我们可以使用 if exists 语句提前验证要创建的数据库名称是否已经存在。请看下面的 SQL 语句，在创建数据库之前使用 if 语句进行了验证。

```
if exists (select * from sysdatabases where name = 'person')
    DROP DATABASE person
CREATE DATABASE person;
```

相关参数说明如下：

- select：在当前数据库引擎中查询名字为 person 的数据库信息；
- if exists：验证数据库 person 是否存在；如果存在，则调用后面的 DROP DATABASE 语句删除这个数据库；
- CREATE DATABASE：创建数据库 person。

通过上述 SQL 语句，避免了因为创建已存在数据库而发生错误的问题，执行结果如图 20-3 所示。

图 20-3　执行结果

使用 CREATE DATABASE 语句创建数据库后，为这个数据库设置默认的属性信息，例如主文件名、日志文件名、主文件的容量、日志文件的容量等信息，在“数据库属性”窗口中可以看到这些信息，如图 20-4 所示。

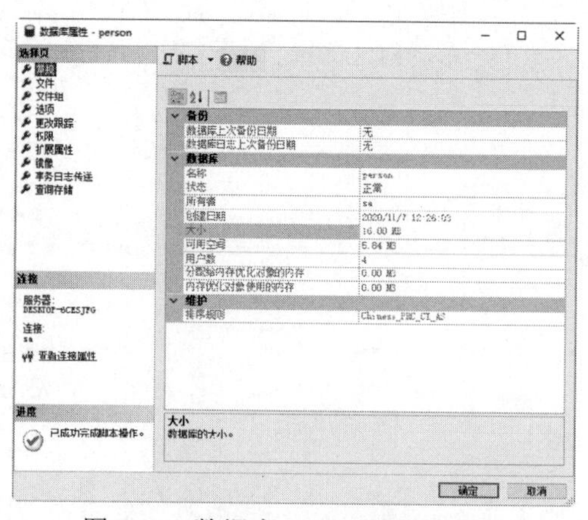

图 20-4　数据库 person 的属性信息

在“数据库属性”窗口中也可以修改这些信息；除此之外，我们还可以在使用 CREATE

DATABASE 语句在创建数据库时直接设置数据库的属性信息。例如下面这个示例。

【示例 20-1】新建数据库 Sales 并设置数据库的属性信息。

SQL 语句如下：

```
    CREATE DATABASE Sales
    ON
    ( NAME = Sales_dat,
       FILENAME = 'C:\Program Files\Microsoft SQL Server\MSSQL13.MSSQLSERVER\
MSSQL\DATA\saledat.mdf',
       SIZE = 10,
       MAXSIZE = 50,
       FILEGROWTH = 5 )
    LOG ON
    ( NAME = Sales_log,
       FILENAME = 'C:\Program Files\Microsoft SQL Server\MSSQL13.MSSQLSERVER\
MSSQL\DATA\salelog.ldf',
       SIZE = 5MB,
       MAXSIZE = 25MB,
       FILEGROWTH = 5MB ) ;
```

我们来看一下上述代码中的相关属性。

（1）CREATE DATABASE Sales：在当前数据库引擎中创建名字为 Sales 的数据库。

（2）ON：列出了主文件的配置信息，主文件主要用于存储数据信息。

- NAME = Sales_dat：设置当前数据库主文件的逻辑名称是“Sales_dat”。
- SIZE = 10：主文件的初始大小。
- MAXSIZE = 50：主文件的最大容量值。
- FILEGROWTH = 5：主文件的增量，也就是增长幅度。

（3）LOG ON：在里面列出了日志文件的配置信息，日志文件主要用于存储日志信息。

- NAME = Sales_log：设置当前数据库日志文件的逻辑名称是“Sales_log”。
- SIZE = 5：日志文件的初始大小。
- MAXSIZE = 25：日志文件的最大容量值。
- FILEGROWTH = 5：日志文件的增量，也就是增长幅度。

执行上述 SQL 语句后根据设置的属性信息创建数据库 Sales，执行结果如图 20-5 所示。

（a）成功提示　　（b）新创建的 Sales

图 20-5　执行结果

（c）数据库 Sales 的相关属性信息

图 20-5 执行结果（续）

20.1.2 在 SQL Server 中修改数据库

在 SQL Server 数据库中，可以使用 ALTER DATABASE 语句修改一个数据库，具体语法格式如下：

```
ALTER DATABASE dbname;
```

其中，参数“dbname”表示要修改的数据库名字，在使用上述 SQL 语句时，必须确保这个名字的数据库存在，否则会出错。

关于在 SQL Server 中修改数据库的常见操作主要包括添加主文件、修改数据库名称、添加/删除文件组、修改数据库文件大小等，接下来我们通过几个小例子具体介绍。

1. 向数据库中添加主文件

SQL 语句如下：

```
Alter DataBase Sales
Add File
(
    Name = 'Test_data2',
    FileName = 'C:\Program Files\Microsoft SQL Server\MSSQL13.MSSQLSERVER\
MSSQL\DATA\Test_data2.ndf',
    Size = 10MB,
    FileGrowth = 1MB
)
```

通过上述 SQL 语句，向数据库 Sales 添加新的主文件，具体如下：

- Name = 'Test_data2'：表示添加的主文件名是“Test_data2”；

- FileName：设置主文件的具体路径；
- SIZE = 10MB：主文件的初始大小；
- FileGrowth = 1：主文件的增量，也就是增长幅度。

执行结果如图 20-6 所示。

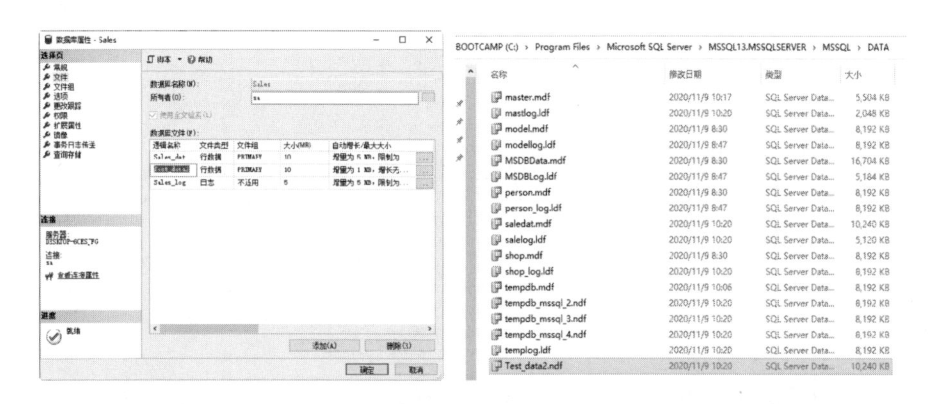

图 20-6　执行结果

在“数据库属性”窗口中，在 FileName 设置的路径中可以看到添加的主文件。

2. 修改数据库名称

SQL 语句如下：

```
Alter DataBase Sales
Modify Name = MyTest
```

通过上述 SQL 语句，将数据库 Sales 的名称修改为 MyTest，执行结果如图 20-7 所示。

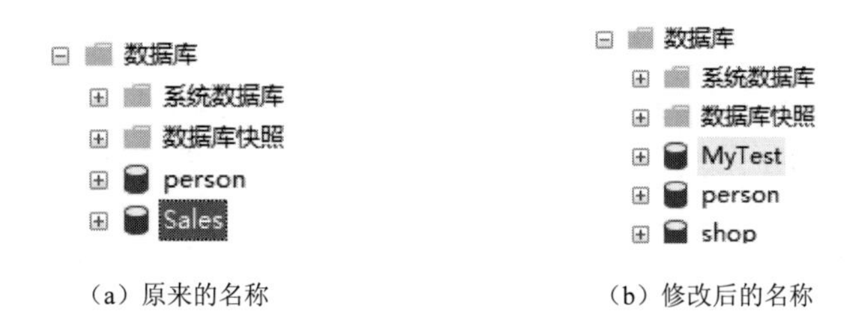

（a）原来的名称　　（b）修改后的名称

图 20-7　执行结果

3. 向数据库中添加文件组

SQL 语句如下：

```
Alter DataBase MyTest
ADD filegroup glad
```

通过上述 SQL 语句，向数据库 MyTest 中添加名字为 glad 的文件组，执行结果如图 20-8 所示。

消息

命令已成功完成。

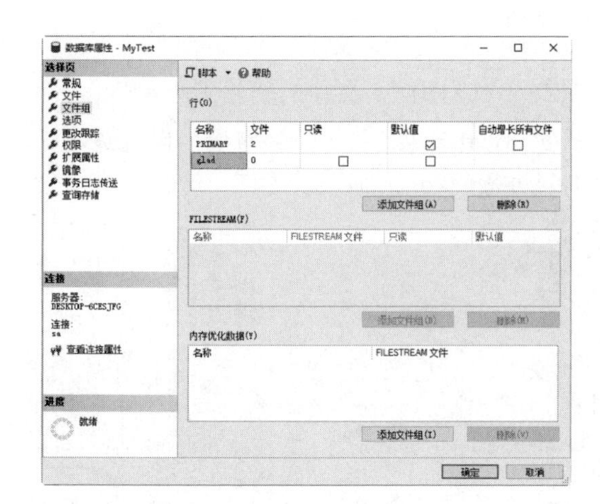

（a）添加成功提示　　　　（b）新添加的文件组

图 20-8　执行结果

4．删除数据库中的文件组

SQL 语句如下：

```
Alter DataBase MyTest
REMOVE filegroup glad
```

通过上述 SQL 语句，在数据库 MyTest 中删除名字为 glad 的文件组，执行结果如图 20-9 所示。

消息

文件组'glad' 已删除。

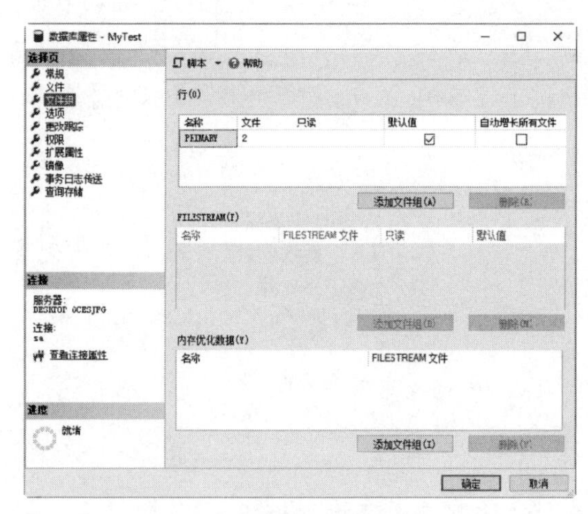

（a）删除成功提示　　　　（b）文件组 glad 已经不见了

图 20-9　执行结果

5．修改数据库中文件的大小

SQL 语句如下：

```
Alter DataBase MyTest
MODIFY File
```

```
    (
        Name = 'Test_data2',
        Size = 50MB
    )
```

通过上述 SQL 语句，将数据库 MyTest 中主文件 Test_data2 的大小修改为 50 MB，执行结果如图 20-10 所示。

（a）原来的大小

（b）修改后的大小

图 20-10　执行结果

注意：修改数据库文件的大小时，设置的 size 值必须大于当前值，如果小于原来的数值，会造成原有数据文件的损坏，出现错误。

20.1.3　收缩数据库的大小

在 SQL Server 数据库中，可以使用 SHRINKDATABASE 语句收缩当前数据库的大小，这样可以节省所占用服务器的空间。使用 SHRINKDATABASE 语句的语法格式如下：

```
DBCC SHRINKDATABASE
( database_name | database_id | 0
     [ , target_percent ]
     [ , { NOTRUNCATE | TRUNCATEONLY } ]
)
```

相关参数说明如下：

- database_name | database_id | 0：要收缩的数据库名称或 ID。0 指定使用当前数据库；
- target_percent：数据库收缩后的数据库文件中所需的剩余可用空间百分比；

- NOTRUNCATE：将分配的页面从文件的末尾移动到文件前面的未分配页面，这样会压缩文件中的数据。文件末尾的可用空间不会返回给操作系统，并且文件的物理大小也不会更改。 因此，指定 NOTRUNCATE 时，数据库似乎不会收缩。只适用于数据文件，NOTRUNCATE 不影响日志文件；
- TRUNCATEONLY：将文件末尾的所有可用空间释放给操作系统，不移动文件内的任何页面。如果使用 TRUNCATEONLY 指定，则会忽略 target_percent。

我们来看下面的 SQL 语句。

```
DBCC SHRINKDATABASE(MyTest,20,NOTRUNCATE)
```

通过上述 SQL 语句，将数据库 MyTest 的大小收缩为 20 MB，执行结果如图 20-11 所示。

	DbId	FileId	CurrentSize	MinimumSize	UsedPages	EstimatedPages
1	7	3	6400	1280	8	8

图 20-11 执行结果

20.1.4 收缩数据库文件的大小

在 SQL Server 数据库中，可以使用 DBCC SHRINKFILE 语句收缩当前数据库中指定数据或日志文件的大小。使用它将一个文件中的数据移到同一文件组的其他文件中，这样会清空文件，从而允许删除数据库。可以将文件收缩到小于创建时的大小，同时将最小文件大小重置为新值。使用 DBCC SHRINKFILE 语句的语法格式如下：

```
DBCC SHRINKFILE
(
    { file_name | file_id }
    { [ , EMPTYFILE ]
    | [ [ , target_size ] [ , { NOTRUNCATE | TRUNCATEONLY } ] ]
    }
)
[ WITH NO_INFOMSGS ]
```

上述代码中各个参数的具体说明如表 20-1 所示。

表 20-1 SHRINKFILE 语句的参数说明

参　数	说　明
file_name	要收缩的文件的逻辑名称
file_id	要收缩的文件的标识（ID）号。 若要获取文件 ID，请使用 FILE_IDEX 系统函数，或查询当前数据库中的 sys.database_files 目录视图
target_size	整数，表示文件的新大小（以 MB 为单位）。如果未指定，DBCC SHRINKFILE 缩小到文件创建时大小

续表

参　　数	说　　明
EMPTYFILE	将指定文件中的所有数据迁移到同一文件组中的其他文件内。也就是说，EMPTYFILE 将指定文件中的数据迁移到同一文件组中的其他文件内。EMPTYFILE 确保不会将任何新数据添加到文件中（尽管此文件不是只读文件）。可以使用 ALTER DATABASE 语句删除文件。如果使用 ALTER DATABASE 语句更改文件大小，只读标志会重置，并能添加数据
NOTRUNCATE	无论是否指定 target_percent**，将数据文件末尾中的已分配页移到文件开头的未分配页区域中。操作系统不会回收文件末尾的可用空间，文件的物理大小也不会改变。因此，如果指定 NOTRUNCATE，文件看起来就像没有收缩一样。NOTRUNCATE 只适用于数据文件。日志文件不受影响。FILESTREAM 文件组容器不支持此选项
TRUNCATEONLY	将文件末尾的所有可用空间释放给操作系统，但不在文件内部移动任何页。数据文件只收缩到最后分配的区。如果使用 TRUNCATEONLY 指定，则会忽略 target_size
WITH NO_INFOMSGS	取消显示所有信息性消息

我们通过一行具体的 SQL 语句体会一下数据库文件大小的缩放。

```
DBCC SHRINKFILE(Test_data2,5,NOTRUNCATE)
```

通过上述 SQL 语句，将数据库文件 Test_data2 的大小缩放为 5MB，执行结果如图 20-12 所示。

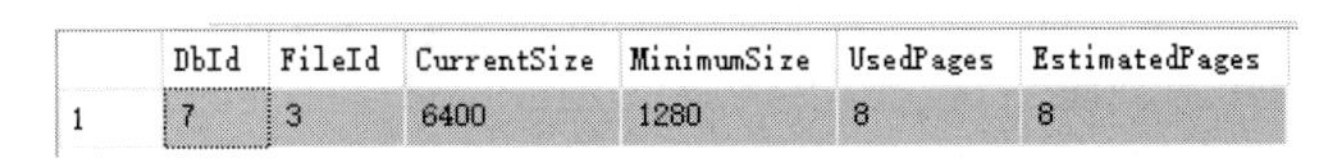

	DbId	FileId	CurrentSize	MinimumSize	UsedPages	EstimatedPages
1	7	3	6400	1280	8	8

图 20-12　执行结果

20.1.5　删除数据库

在 SQL Server 数据库中，可以使用 DROP DATABASE 语句删除某个已存在的数据库。使用 DROP DATABASE 语句的语法格式如下：

```
DROP DATABASE database_name
```

其中，参数“database_name”表示要删除的数据库的名字，如果这个名字的数据库不存在则会出现错误。如果想删除正在使用的数据库，也会出现错误。

1. 删除指定的数据库

SQL 语句如下：

```
DROP DATABASE person
```

通过上述 SQL 语句，删除当前数据库引擎中的数据库 person，执行结果如图 20-13 所示。

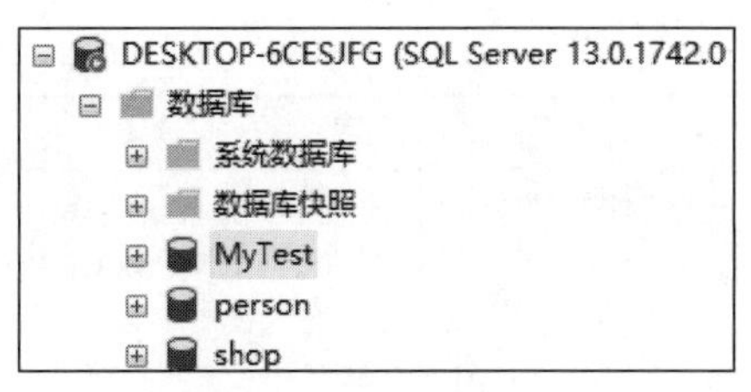

（a）删除前的数据库列表

（b）删除后的数据库列表

图 20-13 执行结果

2. 同时删除多个数据库

SQL 语句如下：

```
DROP DATABASE data1,data2
```

通过上述 SQL 语句，删除当前数据库引擎中的数据库 data1 和 data2，执行结果如图 20-14 所示。

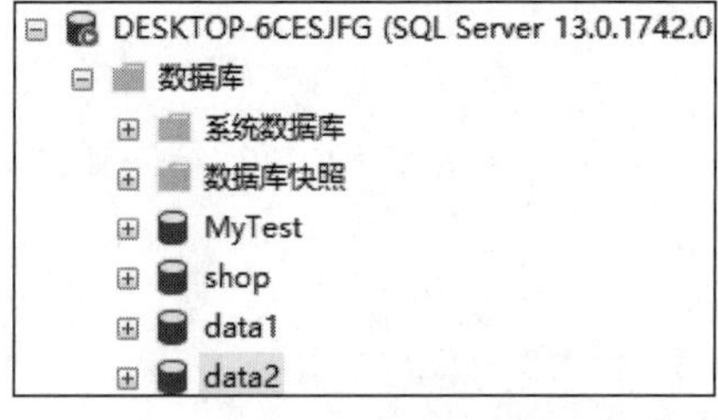

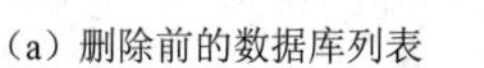
（a）删除前的数据库列表

（b）删除后的数据库列表

图 20-14 执行结果

20.2 MySQL 数据库的基本操作

MySQL 数据库也具有很强的健壮性，同样支持多种 SQL 内置方法实现对数据库的操作。在本节的内容中，将详细讲解使用 SQL 语句操作 MySQL 数据库的知识。

20.2.1 在 MySQL 中创建数据库

在 MySQL 数据库中，可以使用 CREATE DATABASE 语句新建一个数据库，具体语法格式如下：

```
CREATE DATABASE dbname;
```

其中，参数“dbname”表示要创建的数据库名字，在使用上述 SQL 语句时，必须确保这个名字的数据库不存在，否则会出错。

我们通过下面的 SQL 语句在 MySQL 中新建一个数据库。

```
CREATE DATABASE person;
```

通过上述 SQL 语句，创建一个名字为 person 的数据库，执行结果如图 20-15 所示。

✔ MySQL 返回的查询结果为空 (即零行)。(查询花费 0.0019 秒。)

CREATE DATABASE person

（a）创建成功提示

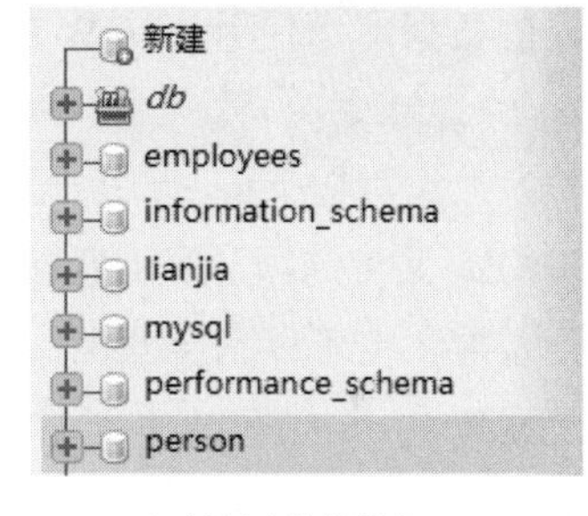

（b）新创建的数据库 person

图 20-15　执行结果

和 SQL Server 数据库一样，MySQL 中数据库的名称要保持唯一性，否则会报错；为了避免重复，我们可以用 IF NOT EXISTS 语句先进行验证，SQL 语句如下：

```
CREATE DATABASE IF NOT EXISTS person;
```

通过上述 SQL 语句，避免了因为创建已存在数据库发生错误的问题，执行结果如图 20-16 所示。

✔ MySQL 返回的查询结果为空 (即零行)。(查询花费 0.0005 秒。)

CREATE DATABASE IF NOT EXISTS person

图 20-16　执行结果

在使用 CREATE DATABASE 创建 MySQL 数据库时可以设置字符集和校对规则；我们来看下面的示例，它会创建另一个名字是 test_db_char 的数据库，设置其默认字符集为 utf8，默认校对规则为 utf8_unicode_ci。

【示例 20-2】在创建 MySQL 数据库时设置字符集和校对规则。

SQL 语句如下：

```
CREATE DATABASE IF NOT EXISTS test_db_char
DEFAULT CHARACTER SET utf8
DEFAULT COLLATE utf8_unicode_ci
```

执行结果如图 20-17 所示。

✔ MySQL 返回的查询结果为空 (即零行)。(查询花费 0.0004 秒。)

CREATE DATABASE IF NOT EXISTS test_db_char DEFAULT CHARACTER SET utf8 DEFAULT COLLATE utf8_unicode_ci

（a）创建成功提示

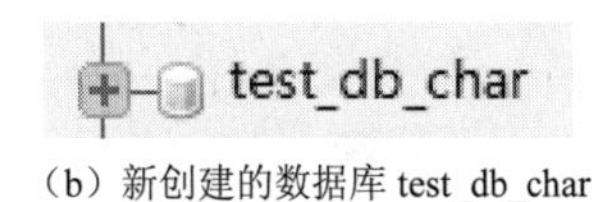

（b）新创建的数据库 test_db_char

图 20-17　执行结果

20.2.2　在 MySQL 中查看数据库

在 MySQL 数据库中，可使用 SHOW DATABASES 语句来查看或显示当前用户权限范围以内的数据库。使用 SHOW DATABASES 语句的语法格式如下：

```
SHOW DATABASES [LIKE '数据库名'];
```

相关参数说明如下：

- LIKE：是可选项，用于匹配指定的数据库名称。LIKE 可以部分匹配，也可以完全匹配；
- 数据库名：由单引号括起来。

我们通过如下的 SQL 语句来查看当前系统内的所有数据库。

```
SHOW DATABASES;
```

在 phpMyAdmin 中的执行结果如图 20-18 所示。

Database
information_schema
db_database08
db_database16
db_database18
db_library
employees
lianjia
mysql
performance_schema
person
qapi
scrapy_django
shop
sql1
sys
test_db_char
u1
zhaopin_test

图 20-18 执行结果

在图 20-18 的执行列表中，其中有 4 个数据库是在安装 MySQL 时自动创建的，其各自功能如表 20-2 所示。

在其他 MySQL 数据库系统中，还会内置如下两个数据库。

- world：MySQL 自动创建的数据库，该数据库中只包括 3 张数据表，分别保存城市、国家和国家使用的语言等内容。
- sakila：MySQL 提供的样例数据库，该数据库共有 16 张表，这些数据表都是比较常见的，在设计数据库时，可以参照这些样例数据表来快速创建所需的数据表。

表 20-2 自动创建的 4 个数据库

数据库名	说　明
information_schema	主要存储了系统中的一些数据库对象信息，比如用户表信息、列信息、权限信息、字符集信息和分区信息等
mysql	MySQL 的核心数据库，类似于 SQL Server 中的 master 表，主要负责存储数据库用户、用户访问权限等 MySQL 自己需要使用的控制和管理信息。比如在 MySQL 数据库的 user 表中修改 root 用户密码
performance_schema	主要用于收集数据库服务器性能参数
sys	MySQL 5.7 版本独有的，在安装完成后会多一个 sys 数据库。sys 数据库主要提供了一些视图，数据都来自于 performation_schema，主要是让开发者和使用者更方便地查看性能问题

除了查看所有数据库外，我们还可以设置具体的查询条件；例如，下面的 SQL 语句便是查看当前系统内在名字中包含“sql”的数据库。

```
SHOW DATABASES LIKE '%sql%';
```

执行结果如图 20-19 所示。

Database (%sql%)
mysql
sql1

图 20-19 执行结果

20.2.3 修改数据库

在 MySQL 数据库中，可以使用 ALTER DATABASE 语句修改数据库的相关参数。使用 ALTER DATABASE 语句的语法格式如下：

```
ALTER DATABASE [数据库名] {
[ DEFAULT ] CHARACTER SET <字符集名> |
[ DEFAULT ] COLLATE <校对规则名>}
```

相关参数说明如下：

- ALTER DATABASE：用于更改数据库的全局特性；
- CHARACTER SET：用于更改默认的数据库字符集。

我们以修改数据库的字符集和校对规则为例，SQL 语句如下：

```
ALTER DATABASE test_db_char
DEFAULT CHARACTER SET gb2312
DEFAULT COLLATE gb2312_chinese_ci;
```

通过上述 SQL 语句，将数据库 test_db_char 的字符集修改为 gb2312，将编码校对规则修改为 gb2312_chinese_ci。执行结果如图 20-20 所示。

图 20-20　执行结果

20.2.4　删除数据库

在 MySQL 数据库中，可以使用 DROP DATABASE 语句删除不需要的数据库。使用 DROP DATABASE 语句的语法格式如下：

```
DROP DATABASE [ IF EXISTS ] <数据库名>
```

上述语法格式中的 DROP DATABASE 表示删除数据库中的所有表格并同时删除数据库。使用此语句时要非常小心，以免错误删除。如果要使用 DROP DATABASE，需要获得数据库的 DROP 权限。

注意：在安装 MySQL 数据库后，会自动创建两个十分重要的系统数据库：information_schema 和 mysql，其中存放了一些和数据库配置相关的信息，如果删除这两个数据库，MySQL 将不能正常工作。所以务必谨慎操作。

我们来看一行具体的数据库删除的 SQL 语句。

```
DROP DATABASE test_db_char;
```

通过上述 SQL 语句，删除我们在 20.2.1 小节中创建的名称为 test_db_char 的数据库。

第 21 章　数据库表管理

在本书前面的内容中，我们已经多次讲述了操作数据库表中相关数据的知识和示例，但是 SQL 语句除了可以查询、修改和删除数据库表中的数据外，还可以对整个数据库表进行操作，例如创建和删除数据库表，同时还可以查看数据库表的相关信息。在本章的内容中，将详细讲解使用 SQL 操作数据库表的知识和方法。

21.1　SQL Server 数据库表的基本操作

在实际应用中，所有的数据是保存在数据库表中的。在本节中，将详细讲解使用 SQL 语句操作 SQL Server 数据库表的知识，主要包括数据库表的创建、查看、修改以及删除等操作。

21.1.1　在 SQL Server 中创建数据库表

在 SQL Server 数据库中，可以使用 CREATE TABLE 语句新建一个数据库表，具体语法格式如下：

```
USE DATABASE_NAME
CREATE TABLE table_name
(
column_name1 data_type(size),
column_name2 data_type(size),
column_name3 data_type(size),
....
);
```

相关参数说明如下：

- data_type：设置列的数据类型，例如 varchar、integer、decimal 和 date 等；
- size：设置表中列的最大长度。

我们来新建一个数据库表 Persons，并创建 5 个不同的列，SQL 语句如下：

```
USE MyTest
CREATE TABLE Persons
(
PersonID int,
LastName varchar(255),
FirstName varchar(255),
Address varchar(255),
City varchar(255)
);
```

通过上述 SQL 语句，在数据库 MyTest 中创建一个名字为 Persons 的数据库表，并在表 Persons 中创建 5 个列，列的数据类型在代码中较为清楚，不再赘述。

执行结果如图 21-1 所示。

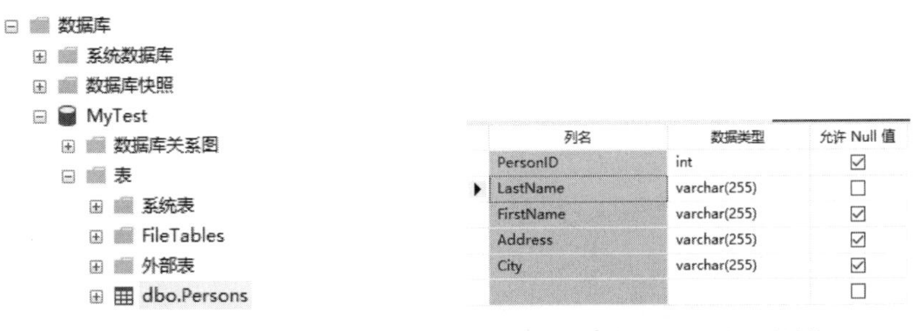

（a）成功创建的表 Persons　　（b）表 Persons 的设计结构

图 21-1　执行结果

和数据库管理一样，数据库表的名称也具有唯一性，因此我们可以使用 IF EXISTS 语句先判断我们要创建的数据库表的名称是否已经存在。

我们来看下面的 SQL 语句。

```
IF EXISTS (SELECT * FROM sys.objects WHERE name = 'Persons')
BEGIN
   DROP TABLE Persons;
END

CREATE TABLE Persons
(
PersonID int,
LastName varchar(255),
FirstName varchar(255),
Address varchar(255),
City varchar(255)
);
```

通过上述 SQL 语句，避免了因为创建已存在数据库表发生错误的问题，执行结果如图 21-2 所示。

消息
命令已成功完成。

图 21-2　执行结果

在使用 SQL 创建表时，可以使用 primary key 命令将某列设置为主键。我们来看一个具体的小例子，SQL 语句如下：

```
USE MyTest
CREATE TABLE OA
(
OAID int primary key,
OAName varchar(255),
);
```

通过上述 SQL 语句，在数据库 MyTest 中创建了一个名字为 OA 的数据库表，并在表 OA 中创建了 2 个列，并将列“OAID”设置为主键。

执行结果如图 21-3 所示。

（a）成功创建的表 OA

	列名	数据类型	允许 Null 值
▶🔑	OAID	int	☐
	OAName	varchar(255)	☑

（b）表 OA 的设计结构

图 21-3　执行结果

在使用 SQL 创建数据库表时，可以设置某列的值不能为 NULL，也可以为某列设置约束，还可以设置列的取值范围。我们来看下面的具体示例。

【示例 21-1】创建一个保存学生信息的数据库表。

SQL 语句如下：

```
USE MyTest
CREATE TABLE student
(
ID int primary key,
Name varchar(255) not NULL,
Age int unique,
Hight int check(0<=Hight and Hight<=20),
);
```

通过上述 SQL 语句，在数据库 MyTest 中创建了一个名字为 student 的数据库表，并在表 student 中创建了 4 个列，其中：

- 列 ID：int 类型，并将此列设置为主键；
- 列 Name：varchar(255)类型，并设置此列的值不能为 NULL；
- 列 Age：int 类型，并设置此列为 unique，表示列中的值必须唯一；
- 列 Hight：int 类型，并设置此列值的取值范围大于等于 0 且小于等于 20。

执行结果如图 21-4 所示。

（a）成功创建的表 student

列名	数据类型	允许 Null 值
ID	int	☐
Name	varchar(255)	☐
Age	int	☑
Hight	int	☑

（b）表 student 的设计结构

图 21-4　执行结果

在使用 SQL 创建数据库表时，有时候需要为某列设置一个默认值，例如下面这个示例。

【示例 21-2】创建一个员工信息表，并为“员工性别”这一列设置一个默认值。

SQL 语句如下：

```
USE MyTest
CREATE TABLE com
(
ID int primary key,
Name varchar(255) not NULL,
Sex varchar(255) default '男',
);
```

通过上述 SQL 语句，在数据库 MyTest 中创建了一个名字为 com 的数据库表，并在表 com 中创建了 3 个列，其中，列“ID”“Name”与示例 21-1 中相同，而列“Sex”为 varchar(255)类型，并设置此列的默认值为“男”。

执行结果如图 21-5 所示。

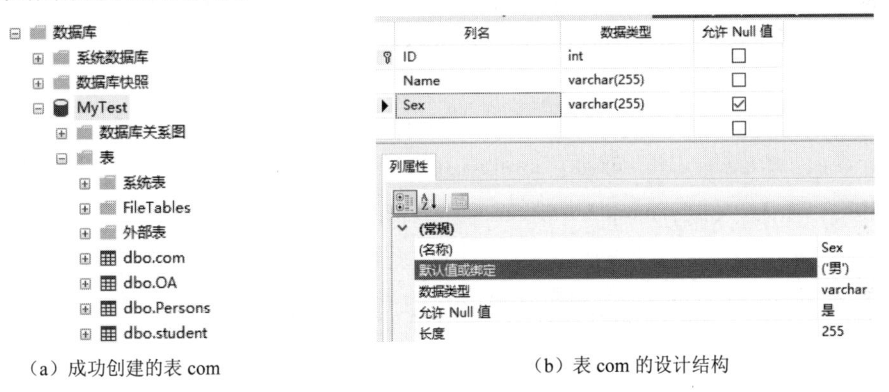

（a）成功创建的表 com　　（b）表 com 的设计结构

图 21-5　执行结果

21.1.2　查看数据库表基本信息

在 SQL Server 数据库中，可以使用存储过程 sp_help 查看某个数据库表的基本信息，具体语法格式如下：

```
sp_help table_name;
```

其中，参数“table_name”表示要查看的表的名字。请看下面的 SQL 语句，功能是查看数据库表 OA 的基本信息。

```
sp_help OA;
```

执行结果如图 21-6 所示。

结果 消息

	Name	Owner	Type	Created_datetime
1	OA	dbo	user table	2020-11-09 21:13:47.143

	Column_name	Type	Computed	Length	Prec	Scale	Nullable	TrimTrailingBlanks	FixedLenNullInSource	Collation
1	OAID	int	no	4	10	0	no	(n/a)	(n/a)	NULL
2	OAName	varchar	no	255			yes	no	yes	Chinese_PRC_CI_AS

	Identity	Seed	Increment	Not For Replication
1	No identity column defined.	NULL	NULL	NULL

	RowGuidCol
1	No rowguidcol column defined.

	Data_located_on_filegroup
1	PRIMARY

	index_name	index_description	index_keys
1	PK__OA__AD7661EE0A800105	clustered, unique, primary key located on PRIMARY	OAID

	constraint_type	constraint_name	delete_action	update_action	status_enabled	status_for_replication	constraint_keys
1	PRIMARY KEY (clustered)	PK__OA__AD7661EE0A800105	(n/a)	(n/a)	(n/a)	(n/a)	OAID

查询已成功执行。 DESKTOP-6CESJFG (13.0 RTM) | sa (58) | MyTest | 00:00:01 | 8 行

图 21-6　执行结果

21.1.3　查看数据库表中的数据行数和存储空间

在 SQL Server 数据库中，可以使用存储过程 sp_spaceused 查看数据库表中的数据行数、保留的磁盘空间以及当前数据库中的表所使用的磁盘空间，或显示由整个数据库保留和使用的磁盘空间。使用 sp_spaceused 的语法格式如下：

```
sp_spaceused table_name;
```

其中，参数“table_name”表示要查看的表的名字。

我们通过下面的 SQL 语句可以查看数据库表 OA 的数据行数和存储空间的相关信息。

```
sp_spaceused OA;
```

执行结果如图 21-7 所示。

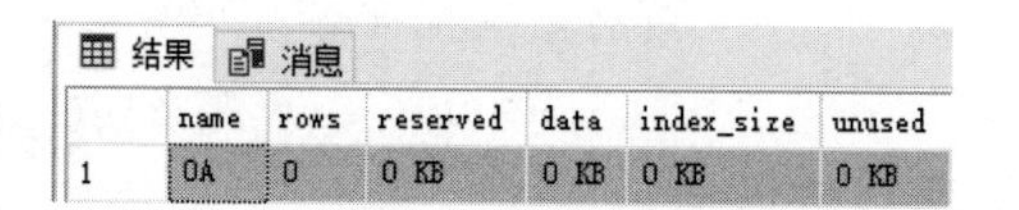

结果 消息

	name	rows	reserved	data	index_size	unused
1	OA	0	0 KB	0 KB	0 KB	0 KB

图 21-7　执行结果

21.1.4　修改数据库表

在 SQL Server 数据库中，可以使用 ALTER TABLE 语句修改表中的数据信息，例如向已有的表中添加、修改或删除列。

1．添加新的列

在 SQL Server 数据库中，可以使用 ALTER TABLE 语句向表中添加新列，具体语法格式如下：

```
ALTER TABLE table_name
ADD column_name datatype
```

在上述语法格式中，datatype 表示数据类型。

上述 SQL 语句的功能是，向表 table_name 中添加一个新列“column_name”，设置这个列的数据类型是 datatype。

【示例 21-3】 向数据库表 OA 中添加一个数据类型是 varchar(255)的新列。

SQL 语句如下：

```
ALTER TABLE OA
ADD manage varchar(255);
```

通过上述 SQL 语句，向数据库表 OA 中添加了一个新列“manage”，并设置这个列的数据类型是 varchar(255)。执行结果如图 21-8 所示。

列名	数据类型	允许 Null 值
OAID	int	☐
OAName	varchar(255)	☑
manage	varchar(255)	☑

图 21-8　执行结果

2. 修改列

在 SQL Server 数据库中，可以使用 ALTER TABLE 语句修改表中列的数据类型和大小，其语法格式如下：

```
ALTER TABLE table_name
ALTER COLUMN column_name datatype
```

上述 SQL 语句的功能是，修改表 table_name 中列“column_name”的信息，将这个列的数据类型修改为 datatype。

我们来看下面的 SQL 语句。

```
ALTER TABLE OA
ALTER COLUMN manage varchar(MAX);
```

通过上述 SQL 语句，将数据库表 OA 中列“manage”的数据类型修改为 varchar(MAX)。执行结果如图 21-9 所示。

列名	数据类型	允许 Null 值
OAID	int	☐
OAName	varchar(255)	☑
manage	varchar(MAX)	☑

图 21-9　执行结果

3. 设置主键

在 SQL Server 数据库中，可以使用 ALTER TABLE 语句设置数据库表的主键，其语法格式如下：

```
ALTER TABLE table_name
ADD PRIMARY KEY(column_name);
```

上述 SQL 语句的功能是，将数据库表 table_name 中的列“column_name”设置为主键。在前面使用的数据库表 OA 中，将列“OAID”设置为主键，现在取消其主键，如图 21-10 所示。

OAID	int	☐
OAName	varchar(255)	☑
manage	varchar(MAX)	☑

（a）列“OAID”曾经是主键

列名	数据类型	允许 Null 值
OAID	int	☐
OAName	varchar(255)	☑
manage	varchar(MAX)	☑

（b）现在列“OAID”不是主键

图 21-10　执行结果

通过下面的 SQL 语句可以将表 OA 中的列“OAID”重新设置为主键。

```
ALTER TABLE OA
ADD PRIMARY KEY(OAID);
```

通过上述 SQL 语句，将数据库表 OA 中的列“OAID”设置为主键。执行结果如图 21-11 所示。

列名	数据类型	允许 Null 值
OAID	int	☐
OAName	varchar(255)	☑
manage	varchar(MAX)	☑

图 21-11　执行结果

4．表的重命名

在 SQL Server 数据库中，可以使用存储过程 sp_rename 修改某个表的名字，其语法格式如下：

```
exec sp_rename 'oldName','newName';
```

下面的 SQL 语句可以将表 OA 的名字修改为 OOAA。

```
exec sp_rename 'OA','OOAA';
```

通过上述 SQL 语句，将数据库表 OA 的名字修改为 OOAA。执行结果如图 21-12 所示。

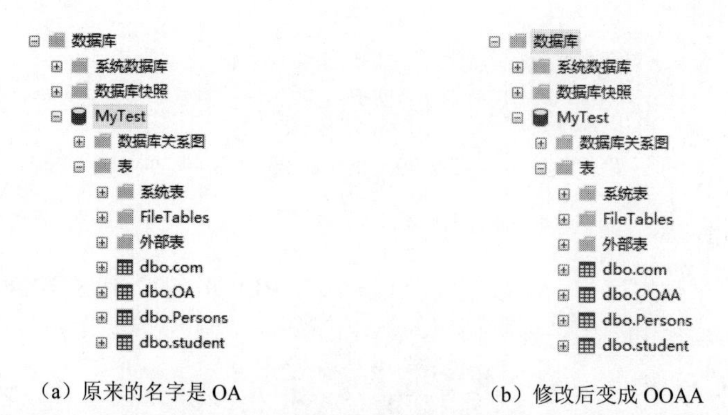

（a）原来的名字是 OA　　（b）修改后变成 OOAA

图 21-12　执行结果

5. 列的重命名

在 SQL Server 数据库中，也可以使用存储过程 sp_rename 修改数据库表中某个列的名字，其语法格式如下：

```
exec sp_rename 'tableName.[oldName]','newName','column';
```

下面的 SQL 语句可以将表 OOAA 中列“OAName”的名字修改为“Name”。

```
exec sp_rename 'OOAA.[OAName]','Name','column';
```

执行结果如图 21-13 所示。

列名	数据类型	允许 Null 值
OAID	int	☐
Name	varchar(255)	☑
manage	varchar(MAX)	☑

图 21-13　执行结果

21.1.5　删除数据库表

数据库表中的删除操作主要是指某个列的删除和数据库表本身的删除，我们分别讲解一下。

1. 删除数据库表中的列

在 SQL Server 数据库中，可以使用 DROP COLUMN 语句删除表中的某个列，具体语法格式如下：

```
ALTER TABLE table_name
DROP COLUMN column_name
```

上述 SQL 语句的功能是，在数据库表 table_name 中删除列“column_name”；例如下面的 SQL 语句。

```
ALTER TABLE OOAA
DROP COLUMN manage
```

通过上述 SQL 语句，删除表 OOAA 中的列“manage”。执行结果如图 21-14 所示。

列名	数据类型	允许 Null 值
OAID	int	☐
Name	varchar(255)	☑
manage	varchar(MAX)	☑

（a）删除列“manage”前的设计结构

列名	数据类型	允许 Null 值
OAID	int	☐
Name	varchar(255)	☑

（b）删除列“manage”后的设计结构

图 21-14　执行结果

2. 删除数据库表

在 SQL Server 数据库中，可以使用 DROP TABLE 语句删除某个数据库表，具体语法格式如下：

```
DROP TABLE table_name1, table_name2…
```

其中，参数 table_name1 和 table_name2 表示要删除的数据库表的名字。上述 SQL 语句的功能是，删除当前数据库中的表 table_name1、table_name2...。

假设现在数据库 MyTest 中有 4 个表：com、OOAA、Persons 和 student。如图 21-15 所示，通过下面的 SQL 语句，可以删除表 com 和 OOAA。

```
DROP TABLE com,OOAA
```

通过上述 SQL 语句，同时删除表 com 和 OOAA。执行结果如图 21-16 所示。

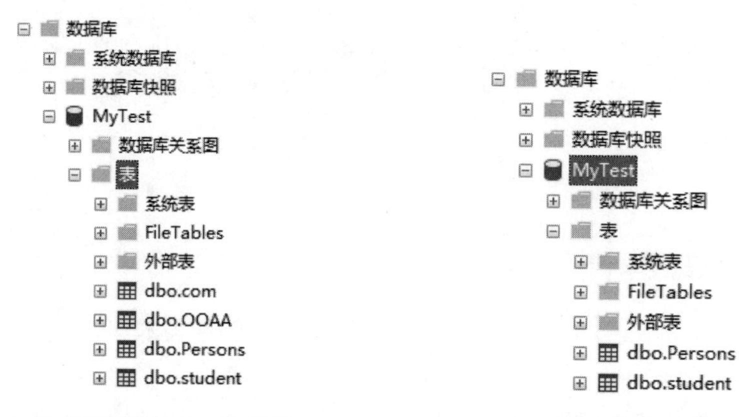

图 21-15 数据库 MyTest 中的表　　图 21-16 执行结果

21.2 MySQL 数据库表的基本操作

我们前面多次讲过，和 SQL Server 数据库一样，MySQL 数据库也具有很强的健壮性，可以支持多种 SQL 内置方法实现对数据库表的操作，并且可以借助第三方工具可视化创建数据库表，例如 AppServ 等。在本节的内容中，将详细讲解使用 SQL 语句操作 MySQL 数据库表的知识。

21.2.1 在 MySQL 中创建数据库表

在 MySQL 数据库中，可以使用 CREATE TABLE 语句新建一个数据库表，具体语法格式如下：

```
CREATE TABLE table_name
(
column_name1 data_type(size),
column_name2 data_type(size),
column_name3 data_type(size),
....
);
```

上述语法格式中，size 用来设置表中列的最大长度。

接下来，我们尝试在 MySQL 数据库中建立一个数据库表，并创建 5 个不同的列，SQL

语句如下：

```
CREATE TABLE Persons
(
PersonID int,
LastName varchar(255),
FirstName varchar(255),
Address varchar(255),
City varchar(255)
);
```

通过上述 SQL 语句，在数据库 MyTest 中创建了一个名字为 Persons 的数据库表，并在表 Persons 中创建了 5 个列，列的类型在上述 SQL 语句中已经交代清楚，不再赘述。执行结果如图 21-17 所示。

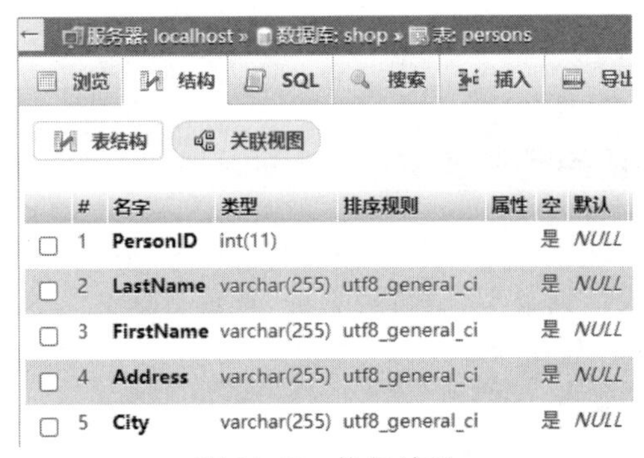

图 21-17　执行结果

为避免存在重复的数据库表名称而出错，我们同样可以使用 IF EXISTS 语句先验证名称唯一性，用更安全的方法创建数据库表，SQL 语句如下：

```
CREATE TABLE if not exists Persons
(
PersonID int,
LastName varchar(255),
FirstName varchar(255),
Address varchar(255),
City varchar(255)
);
```

通过上述 SQL 语句，避免了因为创建相同名称的数据库表而发生错误，执行结果如图 21-18 所示。

消息
命令已成功完成。

图 21-18　执行结果

在使用 SQL 创建表时，可以使用 PRIMARY KEY 命令将某列设置为主键。

【示例 21-4】创建一个数据库表 OA，并将其中的列“OAID”设置为主链。

SQL 语句如下：

```
CREATE TABLE oa
(
```

```
OAID INT(11) PRIMARY KEY,
OAName varchar(255)
);
```

通过上述 SQL 语句，在数据库 MyTest 中创建了一个名字为 oa 的数据库表，并在表 oa 中创建了 2 个列，其中：

- 列 OAID：INT(11)类型，并将此列设置为主键；
- 列 OAName：varchar(255)类型。

执行结果如图 21-19 所示。

#	名字	类型	排序规则	属性	空	默认	注释	额外	操作
1	**OAID**	int(11)			否	*无*			修改 删除
2	**OAName**	varchar(255)	utf8_general_ci		是	*NULL*			修改 删除

图 21-19　执行结果

21.2.2　查看数据库表基本信息

在 MySQL 数据库中，可以使用 DESCRIBE/DESC 语句以表格的形式来展示表的字段信息，包括字段名、字段数据类型、是否为主键、是否有默认值等。使用 DESCRIBE/DESC 语句的语法格式如下：

```
DESCRIBE <表名>;
```

或简写成：

```
DESC <表名>;
```

我们通过下面的 SQL 语句查看一下表 oa 的基本信息。

```
DESCRIBE oa;
```

执行结果如图 21-20 所示。

Field	Type	Null	Key	Default	Extra
OAID	int(11)	NO	PRI	*NULL*	
OAName	varchar(255)	YES		*NULL*	

图 21-20　执行结果

21.2.3　修改数据库表

在 MySQL 数据库中，可以使用 ALTER TABLE 语句来改变原有表的结构，例如增加或删减列、更改原有列类型、重新命名列或表等。

1. 修改表名

在 MySQL 数据库中，通过 ALTER TABLE 语句来实现表名的修改，语法规则如下：

```
ALTER TABLE <oldName> RENAME [TO] < newName>;
```

我们来看一个简单的例子。

```
ALTER TABLE oa RENAME TO ooaa;
```

通过上述 SQL 语句，将表 oa 的名字修改为 ooaa。执行结果如图 21-21 所示。

图 21-21　执行结果

2. 修改表字符集

在 MySQL 数据库中，通过 ALTER TABLE 语句修改表的字符集格式，其语法规则如下：

```
ALTER TABLE 表名 [DEFAULT] CHARACTER SET <字符集名> [DEFAULT] COLLATE <校对规则名>;
```

其中，DEFAULT 是可选参数，使用与否均不影响结果。下面的 SQL 语句中，使用 ALTER TABLE 语句将数据表 ooaa 的字符集修改为 gb2312，将校对规则修改为 gb2312_chinese_ci。

```
ALTER TABLE ooaa CHARACTER SET gb2312  DEFAULT COLLATE gb2312_chinese_ci;
```

执行结果如图 21-22 所示。

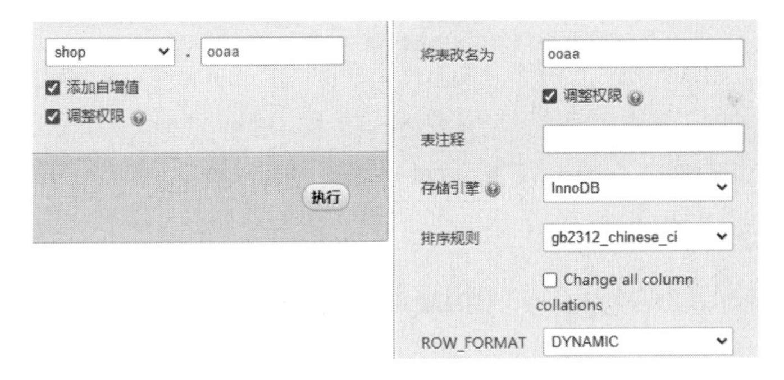

图 21-22　执行结果

3. 修改列的名字和数据类型

在 MySQL 数据库中，修改表中某个列的名字和数据类型的语法格式如下：

```
ALTER TABLE <表名> CHANGE <旧字段名> <新字段名> <新数据类型>;
```

注意：新数据类型是指修改后的数据类型，如果不需要修改字段的数据类型，可以将新数据类型设置成与原来一样，但数据类型不能为空。

在下面的 SQL 语句中，我们使用 ALTER TABLE 语句修改表 ooaa 的结构，将列“OAName”的名字修改为“name”，同时将数据类型修改为 char(30)。

```
ALTER TABLE ooaa
```

```
CHANGE OAName name char(30);
```

执行结果如图 21-23 所示。

#	名字	类型	排序规则	属性	空	默认
1	OAID	int(11)			否	无
2	name	char(30)	gb2312_chinese_ci		是	NULL

图 21-23　执行结果

4．删除列

删除列是将数据表中的某个列从表中移除。在 MySQL 数据库中，使用 ALTER TABLE 删除表中某个列的语法格式如下：

```
ALTER TABLE <表名> DROP <字段名>;
```

其中，“字段名”指需要从表中删除的字段的名称。下面的 SQL 语句中，我们使用 ALTER TABLE 删除表 ooaa 中的列“name”。

```
ALTER TABLE ooaa DROP name;
```

执行结果如图 21-24 所示。

图 21-24　执行结果

5．删除表

在 MySQL 数据库中，可以使用 DROP TABLE 语句删除一个或多个数据库表，具体语法格式如下：

```
DROP TABLE [IF EXISTS] 表名 1 [ ,表名 2, 表名 3 ...]
```

注意：上述语法格式中，如果不加 IF EXISTS，当数据库不存在时，MySQL 将提示错误，中断 SQL 语句的执行；加上 IF EXISTS 后，当数据库表不存在时，SQL 语句可以正常执行，但是会发出警告（warning）。

下面的 SQL 语句中，我们使用 ALTER TABLE 删除整个数据库表 ooaa。

```
DROP TABLE [IF EXISTS] ooaa;
```

注意：在使用 DROP TABLE 语句删除一个或多个数据库表时，用户必须拥有执行 DROP TABLE 命令的权限，否则数据库表不会被删除。